당신이 잘 안다고 착각하는 허 찌르는 분수 이야기

◇ 당신은 언제나 옳습니다. 그대의 삶을 응원합니다. – 라의눈출판그룹

당신이 잘 안다고 착각하는

허 찌르는 분수 이야기

초판 1쇄 | 2022년 11월 25일

지은이 | 박영훈
펴낸이 | 설응도
영업책임 | 민경업
편집주간 | 안은주
디자인 | 박성진

펴낸곳 | 라의눈

출판등록 | 2014년 1월 13일(제2019–000228호)
주소 | 서울시 강남구 테헤란로78길 14–12(대치동) 동영빌딩 4층
전화 | 02–466–1283
팩스 | 02–466–1301

문의(e–mail)
편집 | editor@eyeofra.co.kr
영업마케팅 | marketing@eyeofra.co.kr
경영지원 | management@eyeofra.co.kr

ISBN 979–11–92151–30–4 04410
ISBN 979–11–88726–75–2 04410(세트)

박영훈의 느린수학 ⑪

어른들을 위한 초등수학 ❷

• 박영훈 지음 •

라의눈

★ 프롤로그 ★

이런 세계지도를 본 적이 있습니까?

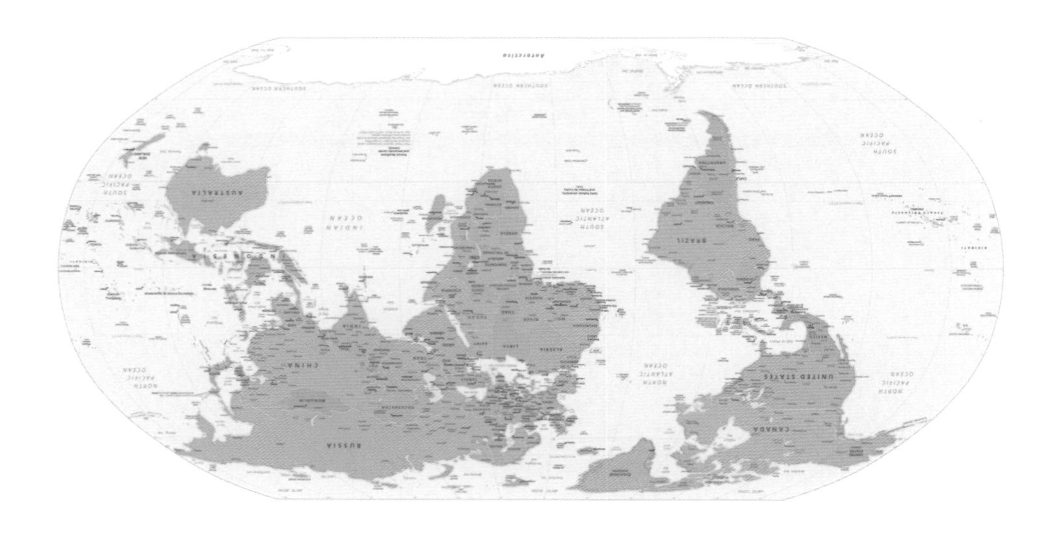

혹시 이 지도를 보는 순간, 인쇄가 잘못됐다고 생각했나요?

분명 지금까지 보았던 세계지도와는 다릅니다. 남쪽이 위를 향하고 있으니 거꾸로 뒤집힌, 잘못된 지도라고 여길 수 있을 겁니다. 하지만 북쪽은 위를 향하고 남쪽은 아래를 향해야 한다는 믿음이 과연 타당한 걸까요?

잠시, 지구를 벗어나 우주공간으로 날아가 봅시다. 그리고 지구를 바라봅니다.

당신은 우주의 어디쯤에서 지구를 바라보고 있나요? 당신의 위치에 따라 상대적일 수밖에 없는데, 어디가 끝인지 알 수 없는 한없이 드넓은 우주에서 어느 쪽이 지구의 위이며 아래인지 가늠하는 것이 과연 가당하기나 한 걸까요?

지구로 돌아와 이번에는 남아프리카공화국의 케이프타운으로 가봅니다. 아니면 호주의 남쪽 태즈메이니아 섬이나, 동쪽으로 더 나아가 아르헨티나의 남쪽 땅끝 마을 우수아이아에 살고 있는 꿈을 꾸어도 좋습니다. 그곳에서 남극을 위쪽, 북극을 아래쪽이라 한들 누가 틀렸다고 말할 수 있을까요? 어쩌면 그곳 사람들은 자신들이 지구의 위쪽에 살고 있다고 생각할지도 모릅니다.

위쪽이 북쪽이라고 처음 생각한 것은 북반구 사람들이었습니다. 앞서 제시한 지도가 거꾸로 뒤집혀 있다고 여기는 것은 순전히 북반구 사람들의 시각입니다. 만일 남반구 사람들이 처음 지도를 만들었다면, 아마도 지금 우리는 앞에서 본 세계지도를 사용하고 있겠죠.

앞의 지도를 다시 한 번 자세히 들여다봅시다. 또 다른 특징이 눈에 들어옵니다. 아프리카 대륙을 중심으로 지도가 펼쳐져 있군요. 그러고 보니 지금껏 보았던 세계지도의 중심은 대부분 유럽 대륙이었다는 사실이 새삼스럽기만 합니다.

지도의 역사를 생각해본다면 어쩌면 당연하다 할 수 있습니다. 인류는 육칠백 년 전, 마르코 폴로의 '동방견문록'을 기점으로 대항해시대의 막이 오를 무렵 세계지도에 관심을 가지게 되었습니다. 당시 유럽인들은 항해할 때 북극성을 길잡이로 삼았고, 그때부터 세계지도는 자연스레 북반구 사람들의 시각을 반영하여 제작될 수밖에 없었죠. 그들은 동쪽으로 항해를 계속했고, 그래서 '해가 뜨는 곳'이라는 뜻을 가진 '오리엔트orient'가 동양을 가리키는 단어로 고착되었답니다.

우리에게 가장 익숙한 대표적 세계지도는 1569년 네덜란드의 메르카토르Mercator가 제작한 지도입니다. 지구가 곡면임에도, 이 지도에서는 두 지점을 연결할 때 가장 짧은 거리인 항정선을 직선으로 나타낼 수 있다고 합니다. 그래서 선박이나 비행기의 항로, 해류, 풍향 등을 나타낼 때 매우 유용합니다.

그런데 메르카토르 도법으로 제작한 지도에는 치명적인 단점이 있습니다. 경선의 간격을 고정한 대신 위선의 간격을 조절한 탓에 적도에서 멀어질수록 축척과 면적이 과장되게 확대되는 것입니다. 그 결과 아프리카 대륙의 넓이가 그린란드(북아메리카 북동부 대서양과 북극해 사이에 있는 세계 최대의 섬)의 14배임에도, 이 지도에서는 비슷한 크기로 보입니다. 유럽 대륙의 넓이도 러시아를 제외하면 미국의 $\frac{2}{3}$밖에 되지 않는데도 훨씬 더 큰 것처럼 왜곡돼 보입니다.

앞에서 본 세계지도는 메르카토르 도법에서 왜곡된 사실들을 제대로 바로잡은 것입니다. 그럼에도 오히려 낯설게만 보이니 도대체 어찌된 것일까요? 그만큼 우리가 북반구 유럽인의 시각으로 세상을 바라보는 것에 익숙해져 있다는 증거입니다.

지도뿐만이 아닙니다. 세계의 역사를 고대, 중세, 근대, 현대로 구분하는 것 또한 유럽인의 시각입니다. 중세를 암흑시대라 규정하는 것은 유럽의 역사에서 그렇다는 것일 뿐, 세계의 역사로 볼 때는 전혀 그렇지 않았습니다. 그 무렵 유럽을 제외한 아랍, 인도, 중국, 그리고 한반도의 고려 왕국은 화려하고 찬란한 문명의 꽃을 피우고 있었답니다. 그럼에도 우리의 학교 교육은 그들의 시각을 반영한 내용으로 상당부분 채워져 있어 간혹 우리의 판단을 흐리게 하고 있음을 부인하기 어려울 겁니다.

지리와 역사만이 아닙니다. 학교에서 배우는 음악과 미술 교과서를 펼쳐보아도, 대부분 유럽의 음악가와 미술가들의 작품으로 채워져 있는 것을 발견하게 됩니다. 우리의 의식과 감성이 학교에서 배운 내용 때문에 자신도 모르는 사이에 편향될 가능성이 높다고 하면 지나친 걱정일까요?

학교에서 배우는 수학도 예외가 아닙니다. 비록 수학의 맹아가 아프리카의 이집트, 아시아의 메소포타미아, 인도와 중국에서 싹트기 시작했지만, 수학의 학문적 체계가 형성된 것은 기원전 5~6세기 무렵의 고대 그리스였으니까요. 잠시 유럽이 중세 로마의 지배에 놓여 정체기에 머물러 있기도 했지만, 이후 르네상스 시대를 거치며 수학의 중심지는 다시 유럽으로 옮겨졌습니다. 따라서 우리의 학교수학 전체 내용도 서양인의 손길과 숨결에서 자유로울 수 없다는 점은 부인할 수 없을 겁니다. 이런 주장에 대하여 행여 누군가는 의심의 눈초리를 보낼지도 모릅니다. 수학은 만국공용어라고도 하는데, 서양이라고 콕 짚어 언급하는 것은 또 다른 종류의 인종자별주의나 편협한 민족주의 또는 극단적인 국수주의를 표방하는 것 아니냐고 말이죠. 그러나 수학의 학문적 체계는 말할 것도 없고 사소한 기호와 용어에 서양인의 의식과 관습이 배어 있다는 사실은 부인할 수 없을 겁니다.

예를 들어 곱셈 2×5의 경우 우리는 2의 5배, 즉 2+2+2+2+2를 뜻하는 반면, 그들은 5의 2배Twice the number 5라고 하여 5+5로 해석합니다. 그래서 한 묶음에 2개씩 5묶음에 들어 있는 사과 전체 개수를 구할 때, 우리는 서양인들과 다른 곱셈식으로 나타냅니다. 우리는 한 묶음에 들어 있는 사과 개수에서 시작하는 곱셈식 2×5로 나타내지만, 그들은 묶음 수 5부터 시작하는 곱셈식 5×2로 나타냅니다. 그래서 미국, 영국, 프랑스, 독일 등의 교과서 및 학술 논문을 읽을 때 이러한 곱셈의 차이를 제대로 구분하지 못하면 전혀 반대의 뜻으로 해석하는 오류를 범할 수도 있습니다.

한편, 분수 $\frac{3}{5}$의 경우 우리는 '5분의 3'이라고 읽으며 먼저 전체를 이어서 부분을 밝히지만, 그들은 정반대로 '3 over 5'라고 해서 부분을 먼저 언급합니다. 문득 미시건 대학의 석좌교수였던 리처스 니스벳의 말이 떠오릅니다. 그는 『생각의 지도』에서 "동양인은 전체를 보고 서양인은 부분을 본다"고 했는데[1] 곱셈은 그 반례이니 절반만 맞고 절반은 틀린 셈이네요.

비록 수학이 서양에서 만들어졌지만, 우리 아이들에게 수학을 가르치려면 이와

---

1 리처드 니스벳은 『생각의 지도*The Geography of Thought*』에서 서양인 가운데에서도 유럽인은 동양인과 앵글로색슨 계통인 영미의 중간 정도라며 구별하고 있지만, 여기서는 함께 서양인의 범주에 분류하였다.

같은 미묘한 차이까지 주의를 기울이며 비판적으로 검토하여 신중에 신중을 거듭해야 하지 않을까요? 특히 '수학은 만국공용어'라는 수사를 곧이곧대로 받아들여 미국이나 유럽의 교과서 내용을 무작정 받아들여서는 안 될 겁니다. 그들의 수학 교과서는 그들 나름의 역사와 사회를 배경으로 기술한 것인 만큼 그 맥락을 제대로 파악하고 이해하지 않으면 엉뚱한 오해를 불러일으킬 수 있으니까요. "동양인과 서양인은 '서로 다른 세상'을 살고 있는 것처럼 보인다."는 니스벳의 주장을 결코 소홀히 여길 수는 없겠죠.

사실 우리가 사용하는 수학용어 거의 대부분이 번역어라는 사실도 간과할 수 없습니다. 한자로 번역된 것을 우리말로 옮겼으니 이중 번역어인 셈이죠. 어느 분야든 용어의 중요성은 아무리 강조해도 지나치지 않습니다. 우리가 사용하는 수학 용어 가운데 혹시 잘못 번역되었거나 번역어의 의미를 제대로 파악하지 못한 용어도 있지 않을까요? 물론 번역어 중에는 오히려 원어보다도 더 나은 표현도 있지만, 수학 용어들도 한 번쯤 반추하는 기회를 가져볼 필요가 있습니다.

수학의 노벨상인 필즈상을 수상한 프랑스 수학자 알랭 콘은 이렇게 말했습니다.

"수학자가 되는 것은 반항을 시작하는 것이다. 수학 공부의 시작은 책에 담겨진 내용과 자신의 주관적 관점이 일치하지 않음을 깨닫게 되는 것이다."

사실 수학자가 하는 가장 중요한 일은 문제 해결이 아니라 문제가 무엇인지를 파악하는 것입니다. 알랭 콘은 그 시작이 책에 있는 내용과 자신의 관점이 다르다는 것을 깨닫는 것에서 출발한다고 언급하면서 이를 '반항'이라고 표현했습니다.

『당신이 잘 안다고 착각하는 허 찌르는 수학 이야기』 시리즈가 추구하는 지향점이 그러하듯, 이 책 역시 알랭 콘이 언급한 '반항'의 몸부림을 담았습니다. 십여 년 전 현장의 선생님들을 대상으로 강의를 진행하며 초등학교 분수와 관련해 우리의 교과서와 교육과정에 들어있는 심각한 오류를 발견하면서 이 책의 집필이 시작되었습니다. 콘의 말을 빌리면, 이 책은 분수의 재발견을 위한 반항의 몸짓이 맺은 결과물입니다.

우선 '분수'라는 번역어와 원어인 'fraction'을 비교하며 어느 것이 더 포괄적이고 풍부한 수학적 의미를 담았는지를 비교하는 용어에 대한 탐색에서 출발합니다. 이 둘 사이의 간극이 너무나 뚜렷하게 벌여져 있다는 사실을 드러내 보이고, 이를 메꾸기 위해 분수의 기원을 찾아 약 오천 년 전 아프리카 이집트로 시간과 공간을 뛰어넘는 여행을 떠납니다. 그때 그곳에서 고대 이집트인들이 분수를 왜 만들었고 어떻게 사용하였는지 그들의 시각에서 탐색하는 시도를 감행합니다. 그 결과 분수에 대한 그들의 접근 방식이 현재 우리가 사용하는 분수라는 용어에 담긴 뜻과 절묘하게 들어맞는다는 사실을 발견하게 됩니다. 그럼으로써 마침내 분수를 처음 도입하는 우리의 초등학교 교과서는 전혀 다른 새로운 방식으로 다시 쓸 수밖에 없다는 사실도 깨닫게 되리라고 기대합니다. 이제부터 분수가 무엇인지 그 실체에 접근하기 위해 저와 함께 반항의 길로 들어서 보실까요?

차례

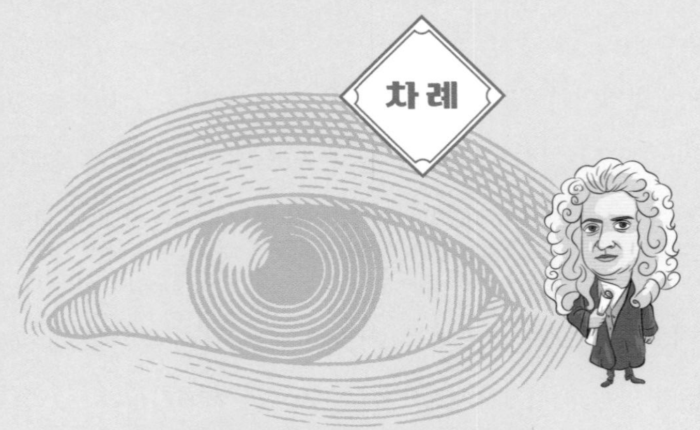

03 분수가 탄생한 이유

04 분수의 정체

05

분수, 제대로 배우면 어렵지 않다

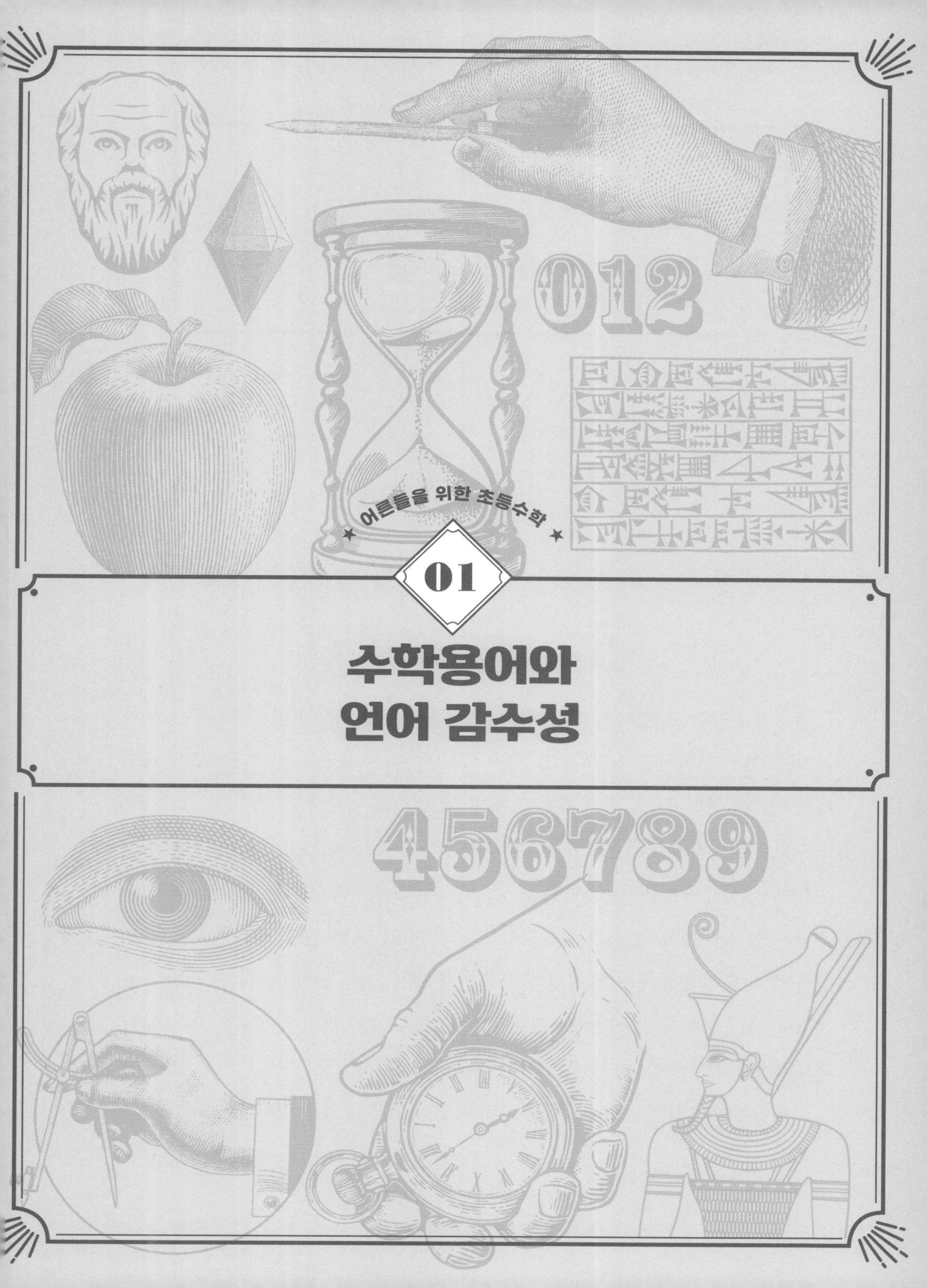

★ 어른들을 위한 초등수학 ★

01

수학용어와 언어 감수성

01

언어 감수성

아무리 훌륭한 표현도 그 뜻이 상대방에게 제대로 전해지지 않으면 아무런 의미가 없습니다. 한자어를 이해하기도 힘겨운데 영어까지 물밀듯 밀어닥쳐 뜻을 헤아리기 어려운 번역어가 난무해 정신을 차리기 힘들 정도입니다.

새로운 바이러스의 출현으로 전대미문의 전염병이 급속도로 번진 최근에는 이런 현상이 더 심각해졌습니다. '팬데믹pandemic', '비말飛沫', '부스터 샷booster shot'과 같은 온갖 의학 용어들이 넘쳐나니까요. 사실 '비말'이라는 단어는 2015년 메르스가 유행할 때 처음 들었습니다. 도대체 무슨 뜻인지 알 수 없는 낯선 단어라서 사전을 뒤져보니 '날아 흩어지거나 튀어 오르는 물방울'이라고 풀이되어 있더군요. 알고 보니 의료계에서 '침방울'을 가리키는 그들만의 단어였습니다.

의료인들끼리 침방울을 어떻게 부르건 특별한 이유가 있을 겁니다. 그러나 재난 상황을 알리고 바이러스 전파를 예방하기 위해 국민의 이해와 협조를 구해야 하는 마당에, 굳이 일반 사람들에게 비말이라는 용어를 학습하게 할 필요가 있을까요. 비말은 그냥 '침방울'이라 하면 되고, 팬데믹은 '세계적인 전염병', 부스터 샷은 '추가 접종'으로 표현하면 될 텐데 말입니다. 소위 해당 분야의 전문가라는 의료인과, 상황을 국민에게 전달할 의무가 있는 언론인들의 언어 감수성[2]이 얼마나 희박한지 알 수 있는 사례입니다. 상대방을 배려하는 마음과 우리 나름의 개념을 만든다는 자세로 누구나 이해할 수 있는 정제된 언어를 선택했더라면 어땠을까, 아쉬움이 남는 것은 저만이 아닐 겁니다.

반면 또 다른 외국어인 '소셜 디스턴싱social distancing'은 '사회적 거리 두기'로 표현하였습니다. 그 의미가 금세 다가오는 것은 아니지만, 잠시만 생각하면 '아하!' 하며 그 뜻을 쉽게 깨우칠 수 있습니다. 어쩌면 K-방역이 다른 나라에 비해 성공적이라고 평가받는 데 이런 훌륭한 표현이 한몫했을 수 있다는 생각이 듭니다. '어떻게 번역할까?'에서 더 나아가 실천할 대상이 누구인가를 고려했기에 '사회적 거리두기'라는 표현을 얻었을 겁니다. 당사자들이 쉽게 이해할 수 있는 새로운 용어를 만들겠다고 마음만 먹으면 얼마든지 가능하다는 것을 보여주는 사례입니다.

그런 관점에서 보면 우리가 배운 수학용어들은 언어 감수성과는 거리가 멀어도 한참 멉니다. 인수분해, 함수, 기하, 유리수, 무리수, 미분, 적분, 확률, … 등의 수학용어들은 아무리 여러 번 반복해서 들어도 여전히 '가까이하기에는 먼 당신'입니다. '비말'이라는 단어를 처음 듣고 나서 "자기네들끼리 어떻게 부르건 상관할 바 없지만, 그걸 왜 우리에게 강요하는 거야!"라고 투덜거렸던 것과 똑같은 반응이 저절로 나오는 겁니다.

---

2 언어 감수성은 고려대학교 신지영의 「언어의 높이뛰기」에 나오는 용어다. "말이든 글이든 언어는 상대를 전제한 행위다. … 상대의 감수성에서 어떻게 들리고 읽히는지를 점검할 필요가 있다."는 그의 글에서 팬데믹과 관련한 내용을 부분 발췌했다.

'분수'라는 용어도 그렇습니다. 분수의 한자 分을 순우리말로 바꿔 '나눔수'라고 해도 여전히 '가까이 하기에는 너무 먼 당신'입니다.

설혹 나중에 더 알기 쉬운 용어를 발견했다 하더라도, 한 번 정해진 학문 용어는 고착화되어 바꾸기가 거의 불가능합니다. 애당초 수학 용어가 만들어질 때부터 언어감수성에 대한 고려는 고사하고 개념조차 존재하지 않았으니 어쩔 수 없습니다. 그래서 듣는 사람(특히 학생)이 쉽게 이해할 수 있도록 하는 노력, 즉 수학용어에 대한 언어 감수성을 회복하는 것은 수학자가 아닌 교육자의 몫으로 떠넘겨졌습니다.

하지만 현실에서는 수학 용어의 맥락은 고사하고 뜻도 제대로 파악하지 못한 채 가르치겠다는 과욕만이 넘쳐납니다. 수학 용어도 사전의 낱말풀이처럼 설명하면 된다는 착각이 주류를 이루고 있습니다. 아마도 문제풀이를 시범으로 보여주고 따르도록 하는 것을 수학을 가르치는 행위라고 잘못 인식하였기 때문일 겁니다. 이런 상황에서 수학 용어의 이해가 언어 감수성과 밀접한 관련이 있다는 사실조차 모르는 것은 어찌 보면 당연합니다.

잃어버린 수학 용어에 대한 언어 감수성부터 되찾아야 합니다. 이를 위해서 우선 수학 용어가 일상적으로 사용하는 생활 용어들과 어떻게 다른지 그 차이점부터 살펴볼 필요가 있습니다. 이제부터 한 걸음씩 천천히 나아가 봅시다.

02

푸른 이빨, 블루투스

블루투스는 정말 물건입니다. 블루투스는 근거리 무선통신 기술로서 컴퓨터와 모니터, 키보드, 마우스까지 모두 무선으로 연결해주고 있으나 우리 눈에는 보이지 않기 때문에 대부분 블루투스의 존재조차 인지하지 못합니다. 지금 노트북으로 작성하고 있는 이 글도 키보드를 누르자마자 멀찌감치 떨어진 대형 모니터에 나타납니다. 덕분에 작은 노트북 화면의 글자를 보기 위해 목을 기다랗게 내밀지 않아도 됩니다. 키보드와 모니터를 연결하는 선도 지저분하게 늘어뜨리지 않아도 됩니다. 가뜩이나 정리에 서툴고 게을러터진 제게는 정말 안성맞춤이 아닐 수 없습니다.

그래서 파란색의 괴상하게 생긴 블루투스 아이콘을 볼 때마다 혼자 슬며시 미소를 짓곤 합니다. 그렇게 블루투스는 별로 잘 웃지도 않는 무뚝뚝한 제가 미소를 짓도록 만드는 귀엽고 고마운 존재입니다.

언제부터인지 모르지만 이놈은 늘 제 곁에 있었습니다. 자동차를 운전하며 손 하나 까딱하지 않고 통화도 할 수 있고, 걷거나 달릴 때는 물론 심지어 수영을 할 때도 이어폰을 귀에 꽂은 채 음악을 감상할 수 있습니다. 이렇게 누리는 모든 호사가 블루투스 덕택입니다. 정말 블루투스는 물건이 아닐 수 없습니다.

그런데 문득 의문이 들었습니다. 블루투스라는 이름은 영어 Blue Tooth를 발음 그대로 우리말로 표기한 것인데, 그 뜻을 직역하면 '푸른 이빨'입니다. 최첨단 기술을 가리키는 이름치고 참 요상합니다. 어떻게 이런 놀라운 최신식 기술에 이빨, 그것도 그냥 이빨이 아니라 푸른색의 이빨이라는 괴이한 이름이 붙게 되었을까요?

어떤 분야건 사용하는 전문용어에는 각기 나름의 배경과 맥락이 들어 있습니다. 그것을 알면 용어의 의미를 더 확실하고 깊이 있게 음미할 수 있다는 것을 경험적으로 알고 있었기에 '블루투스'라는 이름의 유래를 찾아보았습니다.

블루투스는 지금으로부터 1,000여 년 전 덴마크와 노르웨이를 하나의 단일국가로 통일한 국왕의 이름 '하랄 블로탄 고름손'에서 유래되었습니다. 덴마크어로 '고름손'은 '고름의 아들', '블로탄'은 '푸른 이빨'이라는 뜻입니다. 특이하게도 이 왕은 블루베리를 엄청나게 좋아해 너무 많이 먹은 나머지 이빨이 변색되어 늘 푸르죽죽했다는군요. 그래서 블로탄이라는 별명을 갖게 되었다고 합니다.

그런데 어쩌다 그의 별명이 21세기를 목전에 두고 탄생한 획기적인 무선통신 기술의 이름이 되었을까요? 어쩌면 하랄 국왕도 지하세계에서 자신의 이름도 아닌 별명이 1천여 년이나 지나 세상 사람들 입에 오르내리게 된 이유를 무척 궁금해할지도 모릅니다. 그 시발은 1996년 캐나다 몬트리올에서 열렸던 한 국제회의였습니다. 당시 전 세계 통신산업을 주도하던 세 기업(미국의 인텔, 스웨덴의 에릭슨, 핀란드의 노키아)의 대표들이 모였습니다. 서로 다른 전자 제품들을 연결할 수 있는 시스템을 구축하기 위해 근거리 무선 기술의 표준화가 필요함을 인식하고 이를 해결하려는 목적이었습니다.

참석자 가운데 미국 인텔사의 짐 카르다크는 컴퓨터를 전공했지만 역사에도 관심과 조예가 깊은 인물이었습니다. 그는 회의에 앞서 북유럽 스칸디나비아 제국의 역사에 관한 책을 읽었습니다. 함께 회의에 참여할 핀란드 노키아와 스웨덴 에릭슨 사람들을 더 이해하고 더불어 소통하고 싶었기 때문이었죠.

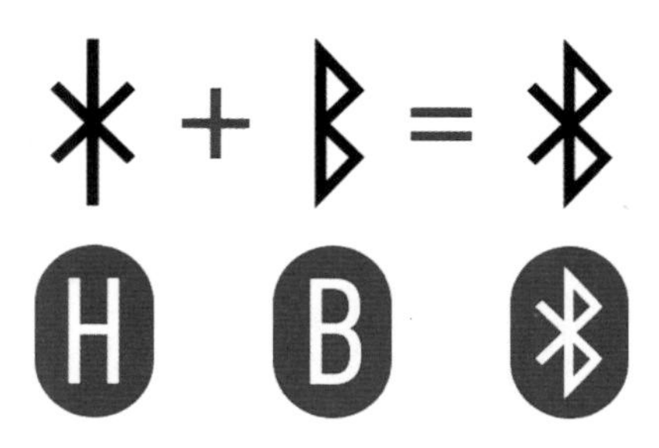

훗날 카르다크는 당시를 회상하며, 회의에서 무선통신 기술의 이름을 결정해야 할 때가 왔을 때 문득 책에서 읽었던 하랄 블로탄 고름손 국왕이 머리에 떠올랐다고 밝혔습니다. 그는 "PC와 셀룰러 산업을 근거리 무선통신으로 연결하려는 것은 바로 958년 하랄 블로탄 고름손 왕이 스칸디나비아 제국을 통일한 것과 다르지 않다"고 지나가듯 말했다고 합니다. 그리고 논의의 대상이었던 코드 이름을 잠정적으로 블루투스로 하자는 제안도 내놓았습니다. 회의가 거듭되면서 새로운 다른 이름들도 제시되었지만, 결국 최종적으로 블루투스로 확정하게 되어 오늘에 이르렀습니다.

아이콘 역시 블루투스라는 이름에 걸맞게 옛날 스칸디나비아 민족이 사용하던 룬 문자를 사용해 디자인했다고 합니다. 그림에서 보는 것과 같이 국왕의 이름 하랄과 별명 블루탄의 앞머리 첫 글자를 결합하여 이빨 모양을 만들고 색깔은 당연히 푸른색으로 결정하였습니다.

03

시라노, 연애조작단

블루투스라는 용어가 생겨난 역사적 배경은 잘 알려져 있지 않습니다. 우리말로 '푸른 이빨'이라는 이상한 뜻을 가졌다는 사실에 주목하는 사람도 별로 없습니다. 사실 사람들은 블루투스라는 상표, 즉 브랜드 이름과 아이콘을 확인하고 주위의 전자기기들과 무선으로 연결하여 사용하는 편리함을 맛보는 것으로 충분히 만족해합니다. 그럼에도 블루투스라는 용어를 추적하다 보니 지금까지 낯설기만 했던 북유럽의 역사까지 엿보게 되는 지적 즐거움도 누릴 수 있었습니다.

상품 브랜드 못지않게 영화 제목도 매우 신중하게 결정합니다. 아주 짧은 시간에 많은 사람들에게 알려야 하니까요. 그런데 간혹 한번에 이해되지 않는 제목의 영화들이 등장합니다. 오래전에 개봉된 영화 「시라노, 연애 조작단」이 그런 사례입니다. '시라노'[3]가 일반인들에게는 생소한 프랑스 희곡의 제목이기 때문입니다.

기형적인 코 때문에 열등의식을 갖고 있던 주인공 시라노는, 미남자 크리스티앙을 사랑하는 록산느에게 고백은 엄두도 내지 못한 채 가슴앓이만 합니다. 한편 크리스티앙은 얄궂게도 록산느에게 보내는 연애편지의 대필을 시라노에게 맡깁니다. 시라노는 비록 대필이지만 자신의 진짜 사랑을 듬뿍 담은 문장으로 록산느의 감탄을 자아내게 합니다. 전형적인 삼각관계를 토대로 한 통속적 줄거리의 희곡입니다.

평소에 연극도 그리 즐겨보지 않는데 프랑스 희곡까지 섭렵할 까닭이 없는 일반 사람들에게 「시라노, 연애 조작단」이라는 영화 제목은 그저 생경할 수밖에 없겠죠. 물론 이를 모른다고 영화 감상에 지장이 있는 것은 아니지만, 제목에 들어 있는 시라노의 뜻을 풍문으로나마 접하였다면 영화의 재미는 배가될 수 있을 겁니다. 실제로 프랑스 희곡 「시라노」가 이 영화의 모티브가 되었다고 하니, 어쩌면 영화제작자는 관객에게 시라노의 뜻 정도는 미리 조사하는 성의를 보이고 이 영화를 보라는 메시지를 전하기 위해 제목을 그렇게 정했을 수도 있다고 추측해봅니다.

제조과정 못지않게 오랫동안 심사숙고를 거듭하여 나름의 깊은 뜻을 담은 브랜드이지만, 정작 소비자는 잘 인지하지 못하는 대표적인 사례가 자동차 이름입니다. 예를 들어 현대자동차의 '쏘나타' 구매자 가운데 자신의 자동차 이름이 '4악장 음악 형식의 악곡'을 가리킨다는 사실을 인지하고 있는 사람이 얼마나 될까요. 쌍용자동차의 '티볼리'가 이탈리아 유명 관광지 지명이고, 친환경 전기자동차 '아이오닉'이 새로운 에너지를 만들어내는 '이온ION'의 특징에 '독창성UNIQUE'을 결합한 이름이라는 것을 아는 사람도 그다지 많지 않을 겁니다. 사실 딱히 알 필요도 없죠. 몰라도 자동차를 구매하거나 운전하는 데는 아무런 지장이 없으니까요.

---

3 이 책의 집필을 마무리할 즈음인 2022년 초에 희곡을 각색한 영화 「시라노」가 개봉되었다. 영화에서는 시라노의 콤플렉스가 '작은 키'라는 점이 '길게 튀어나온 코'였던 원작과는 다르게 설정되었는데, 이는 주연배우 피터 딘클리지가 왜소증을 갖고 있어 그의 캐릭터를 살리기 위한 것으로 보인다.

그러고 보니 가장 대표적인 고유명사가 우리들의 이름이네요! 사람 이름은 낳아주신 부모의 기대와 희망을 담아 지어지곤 하는데, 정작 이름 주인보다 다른 사람이 더 많이 사용합니다. 그렇다고 부르는 사람이 그 이름에 들어 있는 뜻을 제대로 아는 것도 아니므로, 대부분 자신의 이름에 담겨 있는 원래의 뜻은 잊어버린 채 다른 사람의 호명에만 반응하며 살아갑니다. 그래도 살아가는 데 아무런 지장이 없으니, 자신의 이름에 대한 언어감수성은 현저히 낮아질 수밖에 없습니다.

문득 캐나다 루시 모드 몽고메리의 소설 『그린 게이블스의 앤』을 원작으로 하는 드라마 「빨간 머리 앤Anne with an E」의 한 장면을 떠올려봅니다. 주인공 '앤 설린'은 어느 날 우연히 만난 인디언 소녀에게 자신의 이름을 소개하며 아무 의미도 없고 흔해 빠진 이름이라고 속상해합니다. 그러자 인디언 소녀는 앤에게 '멜키타우라문Melita'ulamun'이라는 인디언 이름을 지어주며, 마음을 열고 눈으로 찾는 진정한 용기를 가졌다는 뜻이 담겨 있다고 설명합니다. 진지하게 듣고 있던 앤이 두 눈을 반짝거리며 환한 표정을 짓는 장면이 상당히 인상적이었습니다.

앤과 같이 이름에 유달리 예민한 반응을 보일 필요는 없지만, 잠시 책을 덮고 자신의 이름에 담긴 뜻을 한번 되새겨 보는 시간을 가져보세요. 태어날 때 이름을 지어주신 부모님을 떠올리며 자신의 현재 모습도 되돌아볼 수 있는 기회가 되지 않을까요? 그리고 나서 아이오닉 전기 자동차에 몸을 맡기고 블루투스를 이용해 휴대폰에 저장된 『시라노, 연애 조작단』을 화면에 띄워놓고 감상해보세요. 아이오닉, 블루투스, 시라노라는 단어의 배경을 알게 된 지금 훨씬 더 친근한 느낌을 가질 수 있을 겁니다. 언어 감수성은 언어를 만드는 사람 못지않게 사용하는 사람에게도 필요하다는 사실에 충분히 동의할 겁니다.

04

수학용어는 다르다!

브랜드 이름과 같은 고유명사와 비교할 때, 사과와 같은 보통명사는 가리키는 대상의 범위가 훨씬 더 넓어집니다. 하지만 대부분의 보통명사는 그 뜻을 쉽게 파악할 수 있어 소통에 별 문제가 없습니다. 그렇다고 같은 단어라고 해서 모두 똑같은 이미지를 형성하는 것은 아닙니다. 각자 놓여 있는 상황에 따라 전혀 다른 이미지를 떠올릴 수 있습니다. 카드에 적힌 '사과'라는 글자를 보고 어떤 반응이 나타날 수 있는지 생각해봅시다.

뉴욕시의 레드 빅 애플과 애플로고(1977~1998년)

대부분은 동네마트 과일 진열대의 사과 이미지를 연상할 겁니다. 매우 드물겠지만, 뉴욕을 다녀온 지 얼마 되지 않은 어느 여행자라면 미국 뉴욕 맨해튼 거리에 나부끼는 휘장의 사과 그림을 떠올릴 수도 있습니다. 뉴욕 맨해튼은 사과 마크나 'Big Apple'이라는 문구가 거리 곳곳에서 쉽게 눈에 띄니까요. 누군가는 미국 IT기업 애플의 로고를 떠올릴 수도 있습니다. 왼손 팔목에 애플 워치를 끼고 오른손에는 아이폰, 어깨엔 맥북 프로가 든 가방까지 둘러맸다면 당연한 반응일 겁니다.

한걸음 더 나아가 볼까요? 이런 식으로 사고를 확장하다 보면, 사과라는 문자를 '뱀의 유혹'과 연결하는 사람이 나타날 수도 있습니다. 독일의 르네상스 화가 루카스 크라나흐의 작품「아담과 이브」로부터 강렬한 인상을 받은 사람이라면, 그가 굳이 기독교인이 아니어도 충분히 나올 수 있는 반응이니까요. 크라나흐는 이 그림에서 이브를 수심에 가득 찬 동정적인 인물로 묘사하고 있습니다. 아담에게 금지된 사과를 먹으라고 내밀면서 자신이 무슨 짓을 하고 있는지 분명하게 인식하고 있음을 보여주려는 의도가 반영되었다는군요. 그래서 이브가 아담에게 건네는 그림 속의 사과는 저항할 수 없는 '뱀의 유혹'을 상징하는 하나의 기호입니다. '사과'라는 문자에 대하여 '뱀의 유혹'이라는 반응을 보이는 것은 크라나흐의 그림을 제대로 이해했다는 증거일 테니 충분히 납득할 수 있습니다.

루카스 크라나흐의 작품 「아담과 이브」

또는 다소 의외라고 여길 수도 있지만, 잘못을 인정하고 용서를 비는 것을 가리키는 '사과謝過'를 떠올렸다고 주장하는 사람도 있습니다. 믿거나 말거나!

또 누군가는 자신만의 특별한 사과를 떠올릴 수도 있습니다. 지인 중 한 명은 '사과'라는 단어를 보자마자 아침마다 꼭 챙겨 먹는다는 한 알의 사과에 대해 이야기를 시작했습니다. 그러고 보니 '사과'라는 문자가 "하루 한 개의 사과는 의사를 멀리하게 한다An apple a day keeps the doctor away."는 영국 속담까지 연결되는군요.

이렇듯 보통명사와 같이 일상적 언어를 표현한 문자도, 받아들이는 사람에 따라 얼마든지 다르게 전해질 수 있습니다. 하지만 수학 용어도 그렇다면 곤란하겠죠!

05

인수분해! 약수분해라고 하면 안 되는 이유

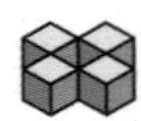

정삼각형, 정사면체 등의 도형 이름을 포함하여 분수, 자연수, 소수, 정수와 같은 수학 용어는 대상의 속성을 가장 잘 드러낼 수 있어야 합니다. 상황에 따라, 사람에 따라 다르게 받아들이면 곤란하니까요. 그래서 수학 용어는 받아들이는 사람을 배려하는 언어 감수성까지 고려할 여유가 없습니다. 때문에 수학 학습의 첫걸음은 용어에 대한 적응력을 높이는 것이며, 그래서 가르치는 사람의 역할이 중요합니다.

수학 용어는 일상적 용어인 보통명사와 다르게 추상적 개념을 나타내므로, 그 대상을 파악하기가 쉽지 않습니다. 게다가 학교 수학에서 용어를 잘못 도입한 경우도 있습니다. 누구나 알고 있다고 생각하는 '인수분해'도 그중 하나입니다.

다음 문자를 보고 무엇이 떠오르는지 생각해보세요. 그리고 용어를 제대로 이해하고 있는지 스스로 확인해보세요.

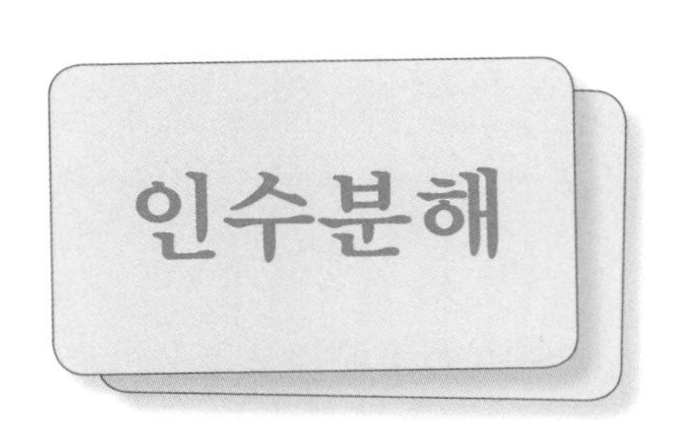

학교 교육을 받은 사람들 대부분은 다음과 같은 공식이 떠오른다고 합니다.

(1) $x^2-(a+b)x+ab=(x-a)(x-b)$

(2) $acx^2+(ad+bc)x+bd=(ax+b)(cx+d)$

(3) $x^2-y^2=(x+y)(x-y)$

....

이는 블루투스가 무엇이냐는 질문에 로고가 새겨진 기기를 가리키거나, 쏘나타가 무엇이냐는 질문에 현대의 쏘나타자동차를 가리키는 것과 같습니다. '인수분해'라는 용어를 보고 인수분해 그 자체에 대한 이해보다는 공식부터 연상하는 것은, 공식 암기에만 몰두하게 만드는 우리 교육의 단면을 상징적으로 보여줍니다. 앞의 사과의 예에서와 같이 인수분해와 관련하여 각자의 경험에서 축적된 느낌과 기억에서 나온 반응인 것이죠.

수학 용어인 '인수분해'는 개인적 경험과는 무관하게 원래 정해진 뜻 그대로를 모두가 똑같이 공유해야만 합니다. 인수분해를 제대로 이해한다는 것은 곧 다음과 같은 질문에 대하여 정확하게 답하는 것을 말합니다. 각자 답해보세요.

- 인수는 무엇인가? 약수와 같은 것일까, 아니면 다른 것일까?
- 만일 다르다면 어떻게 다를까?
- 만일 같다면, 인수분해를 약수분해라고 해도 되는 것 아닌가?

인수분해 공식을 줄줄이 암기할 수 있다고 해서 이 질문에 제대로 답할 수 있는 것은 아닙니다. 온갖 종류의 자동차 이름을 줄줄 나열할 수 있다고 그것이 곧 자동차의 구조를 파악하고 있다고 볼 수 없는 것과 같습니다.

수학 지식 대부분이 그렇듯, 인수분해의 뿌리도 초등학교 수학에서 찾을 수 있습니다. 바로 자연수 곱셈과 나눗셈입니다. 예를 들어 자연수 12는 다음과 같이 나눗셈과 곱셈으로 나타낼 수 있습니다.

$12 \div 2 = 6$		$12 = 2 \times 2 \times 3$
$12 \div 3 = 4$	➡	$= 4 \times 3$
$12 \div 4 = 3$		$= 2 \times 6$
$12 \div 6 = 2$		
(2, 3, 4, 6은 12의 약수)		(2, 3, 4, 6은 12의 인수)

왼쪽의 나눗셈에서 12를 2로 나눌 때, 또는 3으로, 4로, 6으로 나눌 때 모두 나머지가 0입니다. 이를 두고 우리는 '2, 3, 4, 6이 12의 약수다'라고 하는데, 이때 '약約'은 나눗셈을 뜻하는 한자어로 영어 divisor의 번역어입니다.

한편 오른쪽 곱셈식은 12가 2의 배수, 3의 배수, 4의 배수, 6의 배수임을 나타냅니다. 물론 '배倍'는 곱셈을 뜻하는 한자어로서 영어의 multiplication의 번역어입니다. 이 곱셈식은 자연수 12를 그보다 작은 자연수 2, 3, 4, 6으로 분해할 수 있음을 알려줍니다. 이를 두고 우리는 '2, 3, 4, 6이 12의 인수因數(영어 factor의 번역어)다'라고 합니다.

그러므로 2, 3, 4, 6은 12의 약수이며 동시에 12의 인수가 되겠죠. 이처럼 인수와 약수는 다르지 않습니다. 다만 나눗셈식으로 나타낼 때는 약수로, 곱셈식으로 나타낼 때는 인수로 용어를 다르게 표현할 뿐입니다. 다시 말하면, 어떤 식을 기준으로 하느냐에 따라 용어를 다르게 선택하는 겁니다. 특히 $12=2\times2\times3$과 같이, 주어진 자연수를 소수인 인수의 곱으로 나타내는 것을 '소인수분해'라고 합니다.

자연수에서의 곱셈과 나눗셈에서 대상을 다항식으로 바꾸어 그대로 곱셈과 나눗셈에 적용할 수 있습니다. 예를 들어 $x^2-7x+12=(x-3)(x-4)$과 같이 이차식을 두 일차식의 곱으로 나타냈을 때, 이를 인수분해라고 해야겠죠. 그러니까 다항식을 나눗셈이 아닌 곱셈으로 나타냈으므로 약수분해가 아닌 인수분해라고 하는 겁니다. 물론 이차식 $x^2-7x+12$를 일차식 $x-3$으로 나누면 나머지가 0이므로, 수에서와 같이 일차식 $x-3$을 약수라고 하는 것이 이치에 맞지만, 다항식에서는 인수라고 합니다. 이유는 자연수를 대상으로 할 때는 곱셈과 나눗셈을 동등하게 취급하지만, 다항식의 경우에는 나눗셈을 거의 사용하지 않고 곱셈으로만 나타내기 때문입니다.

이렇게 인수와 약수의 차이를 이해하면, 왜 인수분해가 필요한지 그 이유도 자연스럽게 추론할 수 있습니다. 어떤 자연수, 예를 들어 6006을 인수분해하면 $2\times3\times7\times11\times13$이 됩니다. 따라서 자연수 6006의 성질을 알아볼 때, 6006보다 크기가 훨씬 작은 자연수 2, 3, 7, 11, 13으로 파악하는 것이 훨씬 편리하고 간단합니다. 인수분해는 그래서 필요합니다!

$$x^2-7x+12=(x-3)\times(x-4)$$
$$6006=2\times3\times7\times11\times13$$

다항식의 경우도 다르지 않습니다. 주어진 다항식을 인수분해한다는 것은 그보다 차수가 작은 다항식 곱으로 나타내는 것을 말합니다. 차수가 높은 식보다 차수가 낮은 식을 다루는 것이 훨씬 더 간편해서 인수분해를 하는 겁니다.

요약하면, 인수분해를 함으로써 크기가 큰 자연수는 크기가 작은 자연수의 곱으로, 차수가 높은 복잡한 다항식은 차수가 낮은 다항식의 곱으로 나타낼 수 있습니다. 그 결과 원래의 자연수 또는 다항식의 구조가 훤히 드러나게 됩니다. 바로 이것이 인수분해가 필요한 이유입니다. 이제 인수분해와 같은 수학적 용어의 뜻을 제대로 정확하게 파악하는 것이 무엇보다 중요한 수학 학습의 첫 걸음이라는 사실을 이해할 수 있을 겁니다.

06

기하幾何는 어찌 무엇!

우리가 사용하는 수학 용어들은 대부분 번역어입니다. 어원이 라틴어인 영어를 한자로 번역한 것을 다시 한글로 표기하는 이중삼중의 번역 과정을 거쳤으니, 원래의 뜻이 제대로 전달되지 않거나 왜곡될 가능성마저 있습니다. 그만큼 우리는 수학 용어의 뜻을 정확하게 파악하기 어려운 환경에 놓여 있는 것입니다.

그런데 다행스럽게도 한자로 번역된 수학 용어 중에는 원어(영어 또는 라틴어)보다 의미를 훨씬 잘 전달해주는 것도 있습니다. 만일 이 한자 용어를 한글로 표기할 때, 그 뜻도 제대로 살릴 수만 있다면 수학의 첫 단추를 그런대로 잘 꿰었다고 할 수 있습니다. '기하'는 그런 대표적인 수학 용어 가운데 하나입니다.

기하는 '영어 Geometry'의 번역어입니다. 땅을 의미하는 '그리스어 Geo'와 측정의 뜻을 가진 '그리스어 Metra'가 합성된 '라틴어 Geometra'에서 유래되었다는 것은

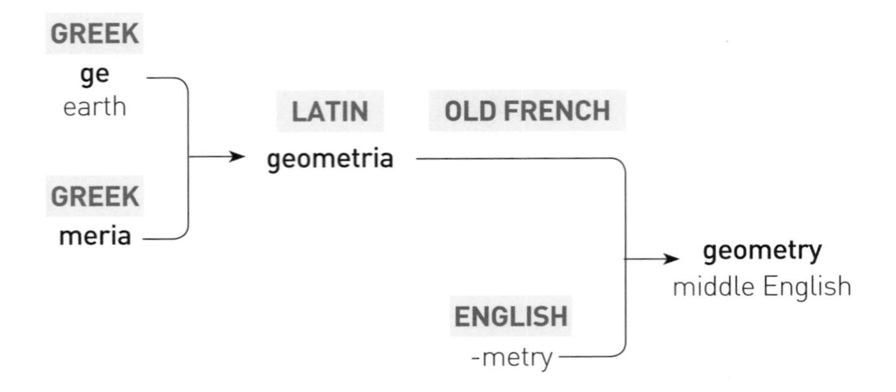

이미 널리 알려져 있습니다. 하지만 실제 기하는 토지 측정과 그다지 관련이 없습니다. 평면도형인 다각형의 넓이 구하는 법을 다루고는 있지만, 기하는 '점, 선, 면, 도형, 공간 등의 성질을 탐구하는 수학의 한 분야'이니까요. 때문에 토지 측정이라는 뜻을 담은 Geometry는 오늘날 기하학의 속성에 비추어볼 때 그리 적절한 용어가 아닙니다.

한자 기하幾何는 어떨까요? 기하의 뜻이 '몇 어찌'라는 사실을 아는 사람은 그리 많지 않을 겁니다. '몇 또는 얼마'를 뜻하는 기幾와 '어찌'를 뜻하는 하何의 두 음절로 이루어져 있으므로 원어 Geometry가 뜻하는 '토지 측정'과는 전혀 관련이 없습니다. 때문에 영어 Geometry가 어떻게 '몇 어찌'라는 뜻을 담은 '기하'로 번역되었는지 자못 궁금해집니다. 제대로 번역했는지조차 의심스러울 정도입니다.

그런데 지금으로부터 1백여 년 전인 1920년, 어느 까까머리 중학교 신입생이 똑같은 의문을 품고 밤잠까지 설치며 고민에 빠졌다고 합니다. 그 중학생은 시간이 한참 흘러 어른이 된 뒤 당시를 회상하며 수필로 남겼는데, 그 가운데 일부를 발췌하여 소개합니다.

[몇 어찌. 기하幾何]

내가 중학교의 전 과정을 단 1년 만에 수료하는 J중학 속성과에 입학한 것은 3.1 운동 이듬해였다. 그때까진 고향에서 한문학에 몰두하고 있었다.

한문학이라면 노상 무불통지無不通知(무엇이든 훤히 통하여 모르는 것이 없음)를 자처하는 나였으나, … (생략) … 참 기괴한 또 한 단어를 발견했는데, 그게 곧 '기하幾何'라는 것이었다.

'기하'의 '기'는 '몇'이란 뜻이요, '하'는 '어찌'란 뜻의 글자임이야 어찌 모르랴만, 이 두 글자로 이루어진 '기하'란 말의 뜻은 도무지 알 수가 없었다.

'기하?', '몇 어찌?'라는 첫 기하 시간이었다. 나는 자리를 정돈하고 앉아서 선생님을 기다렸다. 이윽고 선생님께서 들어오셔서 우리들의 예를 받으시고, 막 강의를 시작하시려던 때였다.

맨 앞줄에 앉았던 나는 손을 번쩍 들고, "선생님, 대체 '기하'가 무슨 뜻입니까? '몇 어찌'라뇨?" 하고 질문을 했다.

선생님께서는 이 기상천외의 질문을 받으시고, 처음에는 선생님을 놀리려는 공연한 시문으로 아셨던지 어디서 왔느냐, 정말 그 뜻을 모르느냐고 물으셨다. 그러나 곧 내게 아무 악의도 없음을 알아채시고, 그 말의 유래와 뜻을 가르쳐 주셨다.

가로되, 영어의 '지오메트리(측지술)'를 중국 명나라 말기의 서광계가 중국어로 옮길 때, 이 말에서 '지오(땅)'를 따서 '지허'라 음역한 것인데, 이를 우리 한자음을 따라 '기하'라 하게 된 것이라고.

"알겠느냐?"

"예."

"너, 한문은 얼마나 배웠느냐?"

"사서삼경, 제자백가 무불통지입니다."

"그런데, '기하'의 뜻을 모른다?"

"한문엔 그런 말이 없습니다."

"허허, 그런데 너 내일부터는 세수 좀 하고 오너라."

"예."

사실 나는 '기하'란 말의 뜻과 그 미지의 내용을 생각하는 데 너무 골똘한 나머지 세수하는 것도 잊고 등교했던 것이다.

나머지 시간은 일사천리로 강의가 계속되어 '점, 선, 면'의 정의를 배우고 '각, 예각, 둔각, 대정각(맞꼭지각)'을 배우고 '공리, 정리, 계'란 용어를 배웠다.

하숙에 돌아온 나는 또, '정리란 증명을 요하는 진리다'와 같은, 참으로 기괴한 문장을 뇌까리면서 다음 기하 시간을 초조하게 기다렸다.

이 글의 주인공 '나'는 이후에 신라 향가 25수의 전편 해독이라는 엄청난 연구 업적을 이룩한 국문학자 양주동입니다. 자신의 업적에 대단한 자부심을 가졌던 그는 스스로를 우리나라의 국보라고 자칭하는 밉지 않은 오만함을 내비치기도 했습니다. 위의 글 「몇 어찌」는 1960년대와 1970년대를 전후하여 중학교 국어 교과서에도 실렸던 적이 있습니다.

수필로 짐작하건데, 이전까지 한문교육만 받았던 양주동은 소위 신교육을 받으려고 막 중학교에 입학하였고, 남에게 뒤떨어지지 않으려고 예습이나 선행학습을 했던 것으로 보입니다. 그런데 그만 '기하'라고 책 표지에 쓰인 제목에서부터 막혀 더 이상 한 발자국도 진도를 나아갈 수 없는 처지에 놓이고 말았습니다. 한문에 능통하다는 자존감이 여지없이 무너져버리는 쓰디쓴 경험을 하게 된 것이었죠. 한자 표기임에도 도무지 그 뜻을 파악할 수 없었던 그는 중국 고사에 나오는 독서백편의 자현讀書百遍義自見, 즉 '모르는 글도 백 번 거듭해서 읽으면 속뜻이 자연스럽게 드러난다'는 말을 철석같이 믿고, 예전에 한문 공부하듯 '기하'라는 용어를 몇 번이고 입으로 되뇌며 밤을 지새웠던 겁니다.

하지만 '기하'는 앞에서 살펴본 블루투스처럼 만든 사람만 이해할 수 있는 방식으로 탄생한 용어였습니다. 맥락에 대한 배경 지식이 없는 사람은 아무리 애를 써도 그 뜻을 파악하기가 불가능할 수밖에요. 오늘날에는 얼마든지 구글 검색에 의지하여 뜻을 찾아낼 수 있지만, 어린 양주동이 아무리 뛰어난 천재라 하더라도 1백 년 전인 1920년에 '기하'라는 용어의 뜻을 스스로 깨우칠 수 없었음은 당연했습니다. 결국 그는 독서백편의자현을 포기하고 학교 선생님에게 도움을 청하였던 겁니다.

수필에 등장하는 양주동의 중학교 선생님에 따르면, '기하幾何'는 영어 Geometry의 음과 뜻을 함께 살리는 소위 음역에 의해 만들어진 한자어입니다. 幾何의 중국어 발음이 '지허'로 영어와 비슷해 이를 음역이라고 합니다. 이와 같은 음역에 의한 한자 표기의 예로 코카콜라와 비틀즈가 있습니다. 코카콜라는 한자 可口可樂가구가락으로 표기하고 '커커우컬러'라고 읽으며, 영국의 4인조 밴드 비틀즈는 한자 髮頭四비두사로 표기하고 '비토우시'라고 읽습니다.

한자 幾何도 같은 방식으로 영어 'Geomtry'를 중국어 발음에 맞추어 음역한 겁니다. 그런데 이 한자를 다시 우리말 '기하'로 표기하는 이중 번역의 과정을 거치는 바람에, 도통 무슨 뜻인지 파악할 수 없는 어려운 용어가 되고 말았습니다. 중학교에 갓 입학한 어린 양주동이 이러한 복잡한 과정을 알 턱이 없었고, 더군다나 이전에 수학이라는 과목을 접한 적도 없었으니 '기하'의 뜻을 파악할 리 만무했던 겁니다.

영어의 한자 번역

영어를 한자로 번역할 때 발음이 비슷한 소위 음역音譯의 몇 가지 예를 보면 자못 흥미롭다. 코카콜라 *Coca Cola*의 한자 표기 可口可樂가구가락은 발음이 '커커우컬러'이면서 동시에 '입에 즐겁게'라는 뜻을 담고 있다. Beatles비틀즈의 한자 표기는 '짐승 갈기가 일어서다'는 뜻을 가진 한자 비髬를 넣어 髬頭四비두사라고 표기하며 '비토우시'라고 발음한다. 여기에는 '짐승 갈기가 일어날 것 같은 헤어스타일을 한 4명'이라는 뜻을 담았으니 정말 절묘한 번역이 아닐 수 없다.

영어	한자	뜻	중국어 발음
Geometry(지오메트리)	幾何(기하)	몇 어찌	지허
Coca–Cola	可口可樂(가구가락)	입을 즐겁게	커커우컬러
Beatles	髬頭四(비두사)	짐승 갈기가 일어날 것 같은 헤어 스타일을 한 4명	비토우시

그러나 모든 영어를 뜻과 발음까지 동시에 살리면서 음역에 의한 한자 표기를 하기란 사실상 불가능하다. 그래서 어쩔 수 없이 발음을 포기하고 뜻만 살려 번역할 수밖에 없는데, 몇 개의 예를 다음 표에 제시하였다.

〈뜻만 고려한 한자 표기〉

영어	한자	뜻	중국어 발음
hotdog(핫도그)	熱狗(열구)	뜨거운 개	르고우
cocktail(칵테일)	鷄尾酒(계미주)	닭 꼬리 술	지웨이죠우
Bluetooth(블루투스)	藍牙(람아)	파란 이빨	란야

위의 표에서 블루투스의 한자 표기도 영어를 그대로 직역한 람아藍牙라는 사실을 알 수 있다.

마찬가지로 대부분의 수학 용어도 발음을 포기하고 뜻만 살려 번역하였다. 함수, 유리수, 무리수 등의 용어가 그런 것들이다. 한자어권에 속하는 우리는 이들 한자를 다시 우리말로 표기해야 한다. 따라서 양주동의 수필에서 보듯, 처음 접하는 수학용어들의 경우 한자 표기를 알아도 뜻을 파악하기가 결코 쉽지 않다. 하물며 한자도 알지 못하는 학생들이 그 뜻을 이해할 수 없음은 당연하다. 이래저래 수학은 어려울 수밖에 없다.

07

Geometry보다는 기하幾何!

양주동의 수필 「몇 어찌」 덕분에 '기하'가 음역으로 만들어진 용어라는 사실을 알았습니다. 정확히 말하면, 양주동의 중학교 수학 선생님 덕분입니다. 그런데 이에 대해 이의를 제기하는 사람도 있습니다. 경제학자 정기준은 기하는 '몇 어찌'가 아니라 '얼마나 많이', 즉 영어의 'how much'의 번역어라고 주장합니다.[4] '기하'는 아리스토텔레스의 분류 중에서 '수량'을 번역한 것이므로, 도형에 관한 학문이 아니라 일반적인 수학을 지칭하는 것으로 해석해야 한다는 것입니다.

어쨌든 '기하'가 음역이든 아니든, '몇 어찌'라는 뜻을 담은 한자 '기하幾何'는 정말

4 정기준, [수학 에세이] 기하(幾何)는 geometry의 역어(譯語)가 아니었다, 『대한수학회소식』 제129호(2010년 1월호)

신의 한 수와도 같은 번역이 아닐 수 없습니다. 'Geometry'보다 훨씬 더 간결하고 정확하게 해당 학문의 특징을 드러내 보여주고 있으니까요. 수학의 역사를 조금만 들여다보면 이를 쉽게 확인할 수 있습니다.

기하학을 하나의 학문으로 정립한 것은 분명 고대 그리스인이지만, 기하학의 맹아는 무려 2천 년이나 앞선 고대 이집트 문명에서 이미 싹트고 있었습니다. 기원전 3천 년 무렵부터 파라오를 중심으로 신권정치 체제를 구축한 고대 이집트 왕조는 북쪽은 바다, 동쪽과 서쪽은 사막으로 둘러싸인 지정학적 이유로 외부 침입이 거의 불가능했던 폐쇄적인 사회였습니다.

그 후 항해술이 발달함에 따라 외부인의 이동이 잦아지면서 조금씩 문호를 열게 되었는데, 기원전 7세기 무렵부터는 그리스인들이 무리지어 이집트를 방문하기 시작합니다. 지적 호기심이 풍부했던 그리스 학자들 여럿도 이 대열에 참여하여 이집트 각지를 여행하며 이국의 문화와 문물을 접하였습니다.

디오도로스를 비롯한 고대 그리스 역사학자들의 기록에 따르면, 이들 가운데는 고대 그리스어로 된 가장 오래된 서사시『일리아드』와『오디세이』를 저술한 시인 호메로스, 서양 철학의 아버지로 불리우는 플라톤, 철학자이자 수학자이며 종교학자인 피타고라스, 정치가 솔론, 인류 최초의 역사학자 헤로도토스, 지리학자 스트라보 등 고대 그리스를 대표하는 학자들이 포함되어 있었습니다. 따라서 고대 이집트 문명은 고대 그리스 문명이 발달하는 데 필요한 영양분을 공급하는 젖줄이었다고 해도 과언이 아닐 겁니다.

이집트를 방문한 고대 그리스인들은 피라미드와 스핑크스를 비롯한 거대 건축물에 압도되었고, 수준 높은 이집트 문명이 담긴 꿀단지를 분주하게 본국으로 실어 나르기 시작합니다. 그 꿀단지 안에는, 2,500여 년이라는 긴 세월에 걸친 나일 강의 범람으로 인해 빈번하게 이루어졌던 토지측정 기술을 비롯해 피라미드와 스핑크스의 건축술, 국가재정 관리에 이르기까지 실용적 목적을 위해 계발하고 축적한 지식이 들어 있었습니다.

물론 여기에는 수학과 관련된 지식도 포함되었습니다. 고대 이집트인들은 우리의 단군 신화가 시작될 무렵에 이미 원주율의 근삿값으로 3.16을 사용했습니다. 뿐만 아니라 직각삼각형에서 빗변의 제곱이 이웃하는 두 변의 제곱의 합과 같다는 피타고라스 정리도 발견하여 실생활의 문제 해결에 응용하고 있었을 정도로 수학적으로 높은 수준에 올라 있었습니다.

Geometry는 이렇게 수준 높은 이집트 문명의 혜택을 받은 고대 그리스인들이 만든 용어였습니다. 고대 이집트인들은 생활에서 맞닥뜨린 문제를 해결하기 위해 양적으로나 질적으로 엄청난 수학적 지식을 발견하였고, 고대 그리스인들은 이를 하나도 놓치지 않고 열심히 수입하여 배웠습니다. 그런데 타고난 철학자들이었던 고대 그리스인들은 이집트의 수학을 그대로 수용하는 데 그치지 않고 자신들의 재능을 살려 전혀 다른 방식으로 체계화함으로써 완전히 새롭게 탈바꿈하였던 겁니다.

예를 들어 이집트의 직선이 두 지점을 팽팽하게 연결하는 현실 세계에 존재하는 밧줄이었다면, 그리스에서의 직선은 두께도 없이 한없이 곧게 뻗어가는 머릿속에만 존재하는 추상적 개념으로 바뀌었습니다. 고대 그리스인들은, 경험의 산물이었던 이집트 수학을 오로지 연역적 추론에 의해서만 입증해야 하는 명제들로 새로이 구축하였던 겁니다. 철학자 그리스인들에 의해 거듭난 수학을 이전 이집트 수학과 비교할 때, 뼈를 완전히 바꾸고 태까지 탈바꿈한다는 환골탈태換骨奪胎라는 표현이 딱 들어맞을 정도입니다. 고대 이집트인들의 수학은 그때그때 실생활의 문제를 해결하기 위한 것이었으므로 각기 단절된 상태로 흩어져 있었지만, 이를 전수받은 고대 그리스인들은 철학적 마인드로 무장하였기에 전혀 다른 모습, 즉 오늘날 수학이라고 일컫는 체계적인 학문으로 탄생시켰던 것입니다.

고대 그리스 기하학의 참모습은 지금으로부터 2000여 년 전인 B.C. 3세기경 유클리드가 집대성한 『원론』에서 찾을 수 있습니다. 『원론』의 내용은 대부분 이미 알려져 있던 것들이지만, 이 책은 내용보다는 방법론이 담긴 책의 구성에 더 중요한 의미가 있습니다. 그런 관점에서 유클리드는 수학자라기보다는 위대한 편집자라 부르는 편이 더 적절할 수도 있습니다. 『허 찌르는 수학』 시리즈의 1권에서 이미 밝혔듯이, 유클리드의 『원론』에는 '공준'이라는 주춧돌 위에 강철과도 같은 튼튼한 '논리'를 사용해 '정리'라는 벽돌을 하나하나 쌓아 올려 어마어마한 규모의 대성당을 짓는 '건축술'이 집대성되어 있으니까요.

유클리드는 그러한 방식으로 실용적 필요 때문에 산발적으로 발견한 도형에 관한 지식들을 전혀 다른 추상적 관점으로 재해석했던 겁니다. 그는 여기서 한 걸음 더 나아가 기하학을 '어찌하여 그것들이 참이 되는가'를 규명하는 학문으로 거듭날 수 있게 하였습니다. 어쩌면 토지의 측정이라는 뜻을 담은 geometry는 기하학의 뿌리가 이집트 수학이라는 것을 밝히고자 했던 고대 그리스인들의 정직함이 만들어 낸 용어일 수도 있습니다. 하지만 고대 그리스의 geometry는 이집트 수학의 핵심인 실용성과는 전혀 먼, 말 그대로 환골탈태의 과정을 거쳐 거듭난 새로운 학문이었습니다. 고대 그리스인들이 만든 수학은 공리적 추론에 의해 참을 규명하는 독특한 체계를 선보였으며, 바로 그 때문에 오늘날 수학이 다른 모든 학문의 기초라는 찬사를 얻게 되었습니다.

이러한 역사적 배경을 고려하였기에 '몇 어찌'라는 뜻을 담은 한자 번역어 '기하幾何'가, 토지 측량이라는 뜻의 geometry보다 그 특성을 훨씬 제대로 반영한 적절한 용어라고 평가하는 것입니다. 푸른색이 쪽빛보다 더 푸르다는 청출어람青出於藍은 이때 적용되는 표현일 겁니다.

08

상자에 수를 담아
함수函數

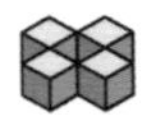

원어 'geometry'보다 '몇 어찌'의 뜻이 담긴 번역어 '기하幾何'가 학문적 특성을 더 잘 드러내는 용어지만, 단순히 우리글 '기하'로만 표기하면 의미가 제대로 전해지지 않을 수 있다는 것도 양주동의 수필에서 알게 되었습니다. 이런 경우 '기하'는 수학 용어임에도 불루투스나 아이오닉과 같은 상품의 브랜드 이름처럼 취급되는 수모를 겪게 됩니다. 대상과 언어 사이의 간격이 너무나 크기 때문입니다.

수학 용어 '함수'도 마찬가지입니다. 함수函數는 영어 function을 번역한 한자지만 '한슈'로 발음되므로 음역은 아닙니다. 음보다는 뜻을 살린 번역어죠. 한자 '함函'은 우편함, 투표함, 사물함의 예에서와 같이 상자를 뜻하는데, 그 이유를 알고 나면 역시 '아하!'를 외치게 됩니다.

원래 함수[5]는 변수 x의 값이 정해짐에 따라 새로운 변수 y의 값이 오직 하나씩 정해지는 관계를 말합니다. 이때 함수를 상자에 비유한 것은, x라는 변수(독립변수)를 상자에 투입하였더니 모종의 변화를 거쳐 새로운 변수(종속변수)인 y라는 결과물이 산출된다는 기능을 강조한 것입니다.

예를 들어 섭씨온도를 화씨온도로 바꾸는 일차함수를 살펴보겠습니다.

$$F = \frac{9}{5}C + 32$$

위의 일차함수식에 의해 섭씨 30도를 화씨 86도로 바꿀 수 있는데, 이때의 함수식을 상자로 간주하면 C=30을 이 상자에 투입(대입)하여 F=86이라는 결과를 얻은 것으로 해석할 수 있습니다. 따라서 함수 상자는 각기 종류에 따라 일차함수, 이차함수, 분수함수, 삼각함수… 등 여러 함수를 나타냅니다. 이 과정은 마치 동전을 넣었을 때 원하는 음료가 나오는 자동판매기를 떠올릴 수 있습니다. 이와 같이 함수函數도 '기하'처럼 영어의 function보다 그 뜻을 훨씬 잘 살린 번역어입니다.

---

5 본문에 있는 함수에 대한 정의는 19세기 말에 집합론이 등장하면서 다음과 같이 두 집합 사이의 대응관계로 바뀐다.
"공집합이 아닌 두 집합 X, Y에 대하여 X의 원소 각각에 대하여 Y의 원소가 오직 하나씩 대응할 때, 이 대응관계 f를 X에서 Y로의 함수라 한다."
중학교 수학은 본문에 있는 정의를, 그리고 고등학교 수학은 이 정의를 따른다. 집합을 이용한 정의는, 함수의 적용범위가 수에만 국한되지 않고 삼라만상 거의 모든 분야까지 확장하게 되는 획기적인 변화를 불러일으켰다.

물론 함수를 처음 접하는 사람(학생)에게 한자에 담긴 뜻이 제대로 전달된다는 전제에서 그렇다는 것입니다. 용어를 만든 사람보다 가르치는 사람의 예민한 언어 감수성이 요구되는 것도 그 때문입니다. 수학 용어가 가르치는 사람에게는 일상 언어처럼 익숙하다고 무심코 지나치면 안 된다는 겁니다. 새로운 용어를 소개할 때는 학생들을 배려하는 언어 감수성이 번역자 못지않게 중요합니다.

한편 일본에서는 함수를 관수關数(칸슈라고 읽음)라고 하는데, 독립변수 x와 종속변수 y사이의 관계를 나타낸다는 뜻의 번역어로 짐작됩니다. 관수도 영어의 function보다는 함수의 의미를 더 잘 나타낸 번역어지만, 깊이에 있어서는 함수에 훨씬 미치지 못한다고 보아야겠지요.

09

수초를 닮아 마름모!

대부분의 수학용어는 한자어이지만, 간혹 순우리말로 표현한 경우도 있습니다. 짝수, 홀수, 세모, 네모, 덧셈, 뺄셈, 곱셈, 나눗셈 등이 순우리말 수학 용어입니다. 한자어를 우리말로 바꾼 경우도 있는데 원의 직경直徑과 반경半徑은 각각 지름과 반지름으로, 사사오입四捨五入은 반올림으로 옮긴 것입니다. 평행사변형平行四邊形과 대각선對角線은 각각 나란히꼴과 맞모금으로, 암산暗算과 필산筆算은 각각 속셈과 붓셈이라고 합니다.

실제로 1955년 1차 교육과정에 따른 첫 번째 수학교과서에는 '나란히꼴'이 등장하였는데, 그 후 1966년 2차 교육과정에 따른 교과서에는 평행사변형으로 변경되어 지금까지 사용되고 있습니다. 순우리말을 한자어로 바꾼 배경이나 경위에 대한 설명이나 자료를 찾을 수 없어 아직 그 이유는 밝혀진 바 없습니다.

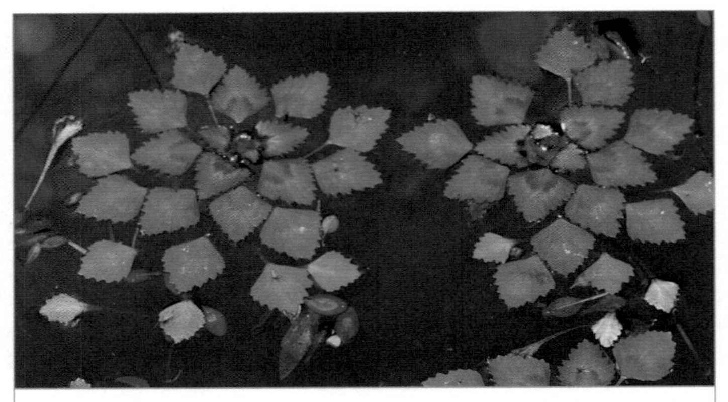

마름과의 한해살이풀. 잎몸은 마름모꼴 비슷한 삼각형이며 잔 톱니가 있다.

한자어를 우리말로 바꾼 수학 용어 중에 특이한 사례가 있는데, '마름모'라는 도형의 이름입니다. 원래 마름모는 회전운동을 뜻하는 그리스어와 라틴어에 비롯된 영어 rhombus의 순우리말 번역어입니다. rhombus를 한자로 번역한 것이 능형菱形이었는데, 이때의 한자 능菱이 마름이라는 수초 이름입니다. 그러니까 마름모의 '마름'은 연꽃과 같이 물속이나 물가에 자라는 한해살이풀 이름으로 순우리말입니다. 누가 처음에 능형菱形이라 하였는지 명확하지 않지만, 아마도 정원문화가 발달하여 주위에서 마름이라는 수초를 쉽게 발견할 수 있는 중국이나 일본에서 번역되었을 거라는 추측만 가능합니다.

보통 다각형은 삼각형, 사각형, 오각형 등과 같이 각의 개수에 따라 이름이 정해지는데 평행사변형, 사다리꼴, 마름모는 각각 모양을 본떠 한자어 또는 순우리말로 이름을 정한 것이죠.

그렇다고 모든 한자 용어를 순우리말로 바꿔야 한다고 주장하는 것은 아닙니다. 순우리말인가 아닌가의 여부가 아니라 사용하는 대상이 이해할 수 있는 용어 선정에 초점을 두어야 한다는 것이죠. 마름모가 순우리말일지라도 마름이라는 수초를 모르는 사람에게는 전혀 와 닿지 않는 용어일 수밖에 없으니까요. 이런 경우에는 뜻도 모른 채 용어만 몇 번이고 되뇌어 암기해야 하니, 상품의 브랜드 이름을 외우는 것과 다르지 않습니다.

지금까지 우리가 사용하는 수학 용어 가운데 몇 개를 살펴보았습니다. 언어는 우리의 사고를 나타내고, 문자는 이 언어를 시각화한 일종의 기호입니다. 의사소통의 수단인 문자에는 만든 사람의 의도가 담겨 있다는 사실은 굳이 기호의 해석을 다루는 기호학과 연계하지 않아도 누구나 알고 있습니다. 결국 언어는 의사소통을 위한 것이므로, 사용하는 대상이 이해할 수 있는가에 초점을 두어야 한다는 것입니다. 수학 용어에 대한 이해가 부족한 것을 받아들이는 사람(학습자)의 탓이라고 책임을 전가하지만, 이를 소개하는 사람(수학자 또는 수학교육학자)의 탓은 아닌지 살펴볼 필요가 있음을 이제 이해하실 겁니다.

'분수'라는 수학적 용어도 그런 관점에서 과연 적절하게 번역되어 제대로 사용되는지 살펴보려 합니다. 혹시 분수를 어려워하는 이유가 용어 때문이 아닐까 의문을 던져봅니다. 또한 분수를 처음 접하는 아이들에게 분수라는 용어의 뜻을 제대로 전해줄 수 있는 방안은 무엇인지를 모색해보고자 합니다. 우선 분수는 영어 fraction의 번역어라는 점을 먼저 지적해둡니다.

★ 어른들을 위한 초등수학 ★

02

분수가 왜 어려울까?

첫 단추를 잘못 꿴 fraction(분수)

01

서양의 분수는 fraction(작은 조각)

영어 'fraction'의 어원은 '여러 개의 작은 조각으로 부수다'는 뜻을 가진 라틴어 fractio입니다. 이를 번역한 한자 分數는 중국어로 '펜슈'라고 발음하므로, 음역은 아니고 뜻만 살린 번역어임이 분명합니다. 하지만 한자 표기 分數는 영어 fraction에 들어 있는 '작은 조각'이나 '잘게 부수다'라는 뜻과는 전혀 관련이 없으므로 직역한 것도 아닙니다. '기하'가 'geometry'를 직역한 표기가 아닌 것처럼, 분수分數도 그 뜻을 살려 새로 만든 용어인 것이죠.

우리에게 '분수'는 생활용어가 아닌 전문어로서 수학용어입니다. 그에 반해 영어권에서 'fraction'은 수학용어이기 전에 일상적으로 사용하는 언어라는 사실에 주목할 필요가 있습니다. 몇 가지 사용례를 다음 문장에서 확인해보세요.

- at a mere fraction of the cost (매우 적은 비용으로)
- I've done only a fraction of my homework. (숙제를 아주 조금밖에 하지 못했다.)
- a tiny fraction (매우 작은 파편)
- There is not a fraction of truth in his statement. (그의 말에는 손톱만큼의 진실도 들어 있지 않다.)

예문에서 알 수 있듯 영어 fraction은 '아주 작다(any little bit)'는 뜻을 나타내는 일상적 언어입니다. 독일어로 분수는 Brüche, 프랑스어로는 철자가 영어와 동일한 fraction으로 모두 같은 뜻으로 사용됩니다. 그러니까 미국, 영국, 독일, 프랑스 등 서양 학교에서는 분수 단원을 시작할 때 일상생활에서 사용하던 언어를 그대로 사용할 수 있습니다. 다시 말하면 '주어진 전체의 작은 일부'를 뜻하는 일상적 언어를 자연스럽게 수학적 용어로 전환할 수 있다는 점이 우리와는 사뭇 다릅니다.

때문에 그들의 분수 학습은 '1보다 작은 수'를 나타내는 수가 '분수'라는 사실로부터 시작합니다. 서양 교과서의 분수 첫 단원이 거의 예외 없이 똑같은 크기로 자르는 분할 활동부터 시작되는 까닭도 이 때문입니다. 피자 한 판 또는 머핀이나 빵 한 개를 등분하고 조각의 개수를 세어 분수를 어떻게 표기하는지 알려줍니다. 이때 분수라는 용어, 즉 fraction이 무엇인지 굳이 설명할 필요 없이 분자와 분모만 알려주면 됩니다. 분수라는 생소하고 낯선 수학적 용어를 처음 접해야 하는 우리 아이들의 상황과 비교할 때, 서양 아이들은 분수 학습에 있어 매우 유리한 위치에 놓여 있는 것이죠.

다음 그림에서 fraction이 무엇인지 설명하지 않고, 처음부터 $\frac{1}{2}$과 $\frac{1}{3}$이라는 예를 제시하고 있는 것에 주목하세요. 머핀이나 빵을 같은 크기로 자르는 분할 활동의 결과로 얻어진 조각을 보여주고, 이런 것이 $\frac{1}{2}$이고 저런 것이 $\frac{1}{3}$이라며 fraction

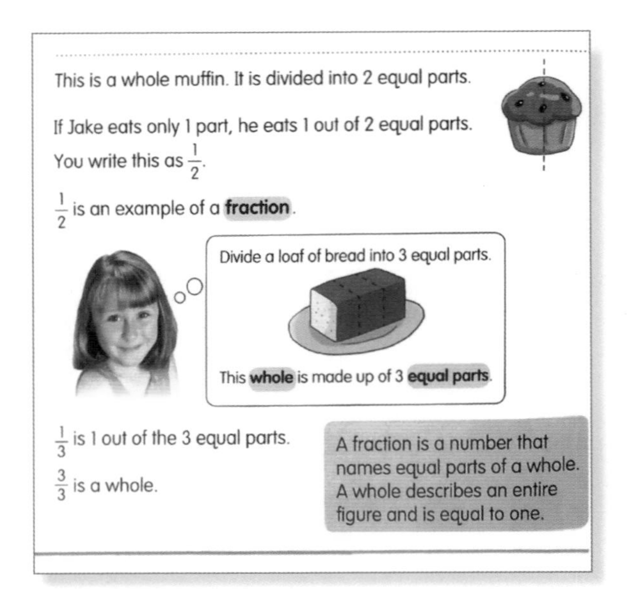

Math in focus 2B, 76p

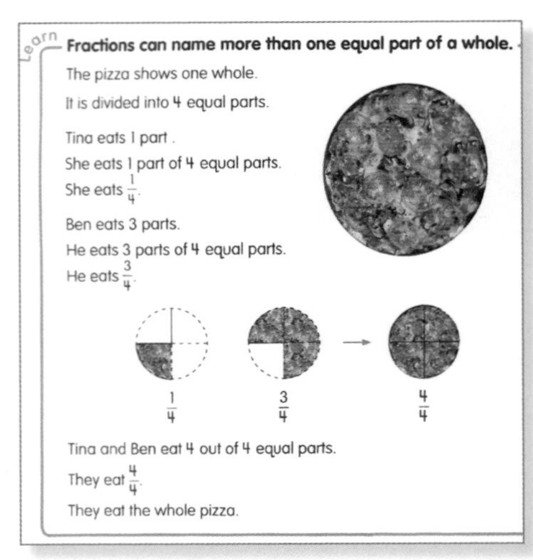

Math in Focus 2B, 90p

을 소개합니다. 그리고 나서 "분수fraction는 전체whole를 똑같이 나눈 것 중의 부분part을 나타내는 수"라고 알려줍니다. 아이들은 '작은 양'이라는 뜻의 일상적 언어인 fraction을 그대로 수학적 언어로 사용하므로 별다른 저항감을 느끼지 않습니다.

이어서 일상생활에서 늘 접하는 피자, 머핀, 식빵을 같은 크기로 자른 전체 조각의 개수를 분모로, 그 부분인 조각의 개수를 분자로 쓰는 분수 표기를 익히면서 분수 도입을 완성하게 됩니다. 즉, 다음 문제와 같이 기하학적 도형을 제시하고 등분된 것과 그렇지 않은 것을 구별하는 활동을 사전에 실행합니다.(왼쪽 사진) 그 후에는 이미 등분된 기하학적 도형을 제시하고 색칠한 부분을 분수로 나타내는 연습을 실행합니다. 전체 조각의 개수를 세어 분모에, 색칠한(또는 색칠하지 않은) 조각의 개수를 분자에 넣으며 분수 표기를 익히는 겁니다.(오른쪽 사진)

이렇게 미국이나 유럽 아이들은 fraction분수이라는 용어에 대한 설명이 없어도 분수를 익힐 수 있습니다. 등분 활동과 함께 분모와 분자를 어떻게 표기하는지 알

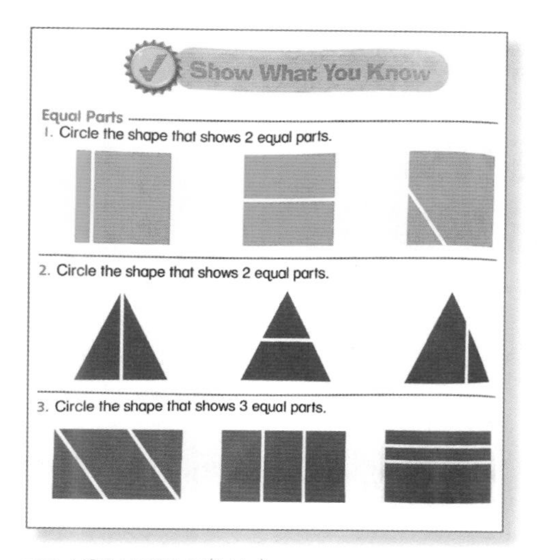

HSP MATH G1(344p)

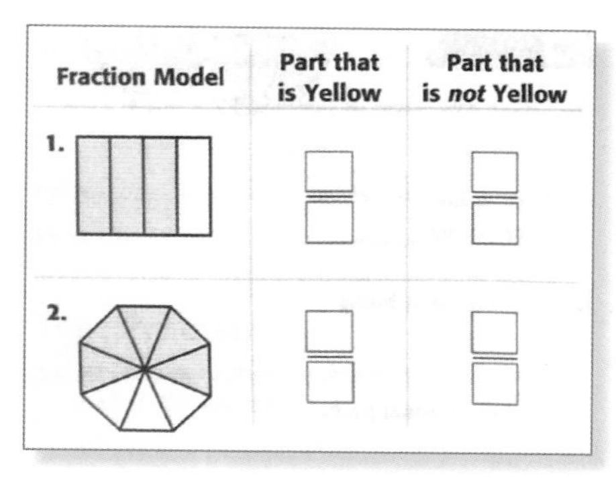

MY MATH 3-vol 2(576p)

려주면 분수로 나타낼 수 있습니다. 그리고 역으로, 주어진 분수를 이미 제시된 도형에 색칠하면서 분수를 익힐 수도 있습니다. 이처럼 서양의 교과서에서는 일상적 언어 fraction이 '작은 양'이라는 의미를 담고 있어 '1보다 작은 수'라는 수학적 용어로 자연스럽게 전환될 수 있는 지렛대 역할을 담당합니다.

지금까지의 설명을 다음과 같이 정리할 수 있습니다.

(1) 작은 양을 뜻하는 fraction이라는 일상적 언어를 수학적 용어로도 사용한다.

(2) fraction은 1보다 작은 수를 나타내는 수다.

(3) fraction은 전체의 일부, 즉 전체와 부분의 관계를 나타내는 수다.

(4) fraction의 분모는 전체 조각의 개수이고 분자는 부분을 나타내는 조각의 개수이므로 분자를 나타내는 자연수는 분모를 나타내는 자연수보다 작다.

02

'분수 표기'와 '수 개념'의 불일치

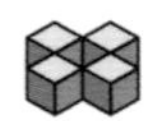

피자나 머핀, 직사각형이나 정삼각형을 똑같은 크기로 나눈 조각들을 분수로 나타낼 수 있다고 해서 분수 개념이 형성되었다고 볼 수는 없습니다. 예를 들어 그림과 같은 직사각형을 8등분한 전체 개수 8을 분모에, 색칠한 조각의 개수 3을 분자에 넣어 분수 $\frac{3}{8}$이라고 표기하는 것이 곧 수 개념의 형성으로 이어지는 것은 아니라는 겁니다.

분수 개념이 형성되었는지 검증하는 하나의 방법은, 다음과 같은 문제를 제시하였을 때 어떤 반응을 보이는지 관찰하는 것입니다.

분수 $\frac{1}{2}$과 $\frac{1}{4}$의 크기를 비교하는 단순한 문제입니다. 하지만 사과와 수박이라는 구체적인 사물을 대상으로 분수 $\frac{1}{2}$과 $\frac{1}{4}$을 나타냈기에 일종의 인지적 갈등을 야기하는 다소 고약한 문제입니다. 분수 $\frac{1}{4}$로 표기되는 '수박 반의 반쪽'이 분수 $\frac{1}{2}$로 표기되는 '사과 반쪽'보다 훨씬 커보이니까요. 따라서 겉으로 보이는 것에 흔들리지 않고, 주어진 대상의 크기에 관계없이 '분수 $\frac{1}{4}$이 분수 $\frac{1}{2}$보다 작다'라고 판단해야만 비로소 분수에 대한 수 개념이 형성되었다고 할 수 있습니다. 수박이 더 크다고 답한다면, 아직 분수 개념이 형성되지 않은 것이죠. 대상의 크기를 비교하는 현실 세계에서의 감각과, 분수의 크기를 비교하는 수학적 개념이 구별되어야 하니까요.

2장의 설명을 주의 깊게 읽은 독자라면, 지금쯤 분수의 도입이 기존의 자연수 도입과는 확연히 다르다는 사실을 눈치챘을 겁니다. 자연수는 아주 어린 나이부터 수없이 반복된 수 세기 활동을 경험하며 개념을 서서히 익힙니다. 그리고 자연수 개념이 어느 정도 형성될 무렵에 이를 표기하는 아라비아 숫자를 쓰는 과정을 거칩니다. 반면에 서양의 교과서에 따르면, 분수는 개념이 형성되기 전에 표기하는 방식부터 배워야 하므로 자연수 학습과는 대조됩니다.

03

'일상적 삶에서의 분수'는 fraction

우리말 '분수'는 수학적 용어로서, 일상의 언어가 아닙니다.[6] 하지만 영어 fraction은 작은 양을 나타내기 위해 일상생활에서 사용되는 단어입니다. 특히 미국인들은 일상생활에서 분수를 접하는 경우가 훨씬 많습니다. 25센트 동전을 '쿼터quater'라 하여 1달러의 $\frac{1}{4}$로 표기하고, 10센트 동전 '다임dime'은 1달러의 $\frac{1}{10}$로 표기합니다. 그러므로 미국 아이들은 매일같이 fraction을 온몸으로 체험할 수밖에 없습니다. fraction을 어떻게 표기하는지는 알지 못할지라도 이미 익숙해져 있는 것은 틀림없습니다.

6 물론 여기서 말하는 분수란 '사람이 자기 분수를 알아야지' 또는 '뜨거운 여름날 시원하게 내뿜는 분수가 더위를 식혀준다'에서 쓰이는 동음이어 분수를 뜻하는 것은 아니다. '절반' 또는 '반의 반'과 같이 양을 측정하는 상황을 접하기도 하지만, 수학적 의미의 분수 용어가 직접 우리의 일상생활에서 사용되는 예는 거의 찾아보기 어렵다.

	1달러	1
	쿼터(25센트)	$\frac{1}{4}$
	다임(10센트)	$\frac{1}{10}$

그 외에도 자동차가 삶의 필수인 미국인들은 주유소에 들를 때마다 분수와 만납니다. 주유소 입구의 간판에는 가솔린과 디젤 가격을 센트까지 표기하고 1센트 이하는 분수로 표기하고 있습니다. 예를 들어 $649\frac{9}{10}$는 6달러 49.9센트를 뜻합니다.

가솔린 가격을 분수로 표기하는 관행은 연방세가 부과되기 시작한 1930년대로 거슬러 올라갑니다. 당시 가솔린 가격은 갤런당 몇 센트에 지나지 않았습니다. 그러니 $\frac{1}{10}$센트가 차지하는 비중은 상당히 클 수밖에 없었고, 당연히 이를 분수로 표기해야만 했던 것이죠. 하지만 그로부터 거의 백 년 가까운 시간이 흐른 지금은 가솔린 가격이 워낙 높게 형성되어 있기 때문에 그 차이가 미미합니다. 실제 30리터(약 8갤런)가량의 가솔린을 주유한다고 가정할 때, 분수를 표기하지 않았을 때와의 가격 차이가 우리 돈으로 겨우 2~3원에 불과합니다. 따라서 이제는 1센트 이하의 분수 표기가 그다지 쓸모가 없습니다. 그런데도 주유소에 들를 때마다 필요 없는

미국 워싱턴주 주유소의 분수표기

분수 계산을 강요당하는 즐겁지 않은 경험을 해야 하는 것은, 아마도 예전부터 이어져온 그들만의 전통과 관례 때문일 겁니다.

분수는 집 안에서도 쉽게 발견할 수 있습니다. 요리할 때 사용하는 주방기구에도 분수가 적혀 있으니까요. 레시피에서 흔히 테이블스푼과 티스푼으로 양을 표시하는데, 이보다 더 적은 양을 계량하는 도구에는 각 스푼의 $\frac{1}{2}$, $\frac{1}{4}$, $\frac{1}{8}$…과 같이 세분된 용량 표시를 분수로 표기해 놓았습니다.

따라서 미국인에게 fraction은 1보다 작은 양을 나타내는 것이라는 사실이 머릿속에 확고하게 자리잡을 수밖에 없을 겁니다. 이렇게 분수fraction는 자연수와 마찬가지로 그들의 삶에서 떼려야 뗄 수 없는 필수 요소이므로, 아이들 역시 fraction의 개념을 자연스럽게 받아들일 수 있습니다. 물론 1보다 작은 양이라는 의미로 그렇다는 것입니다.

04

수학에서도 분수는 fraction일까?

분수 표기가 없다고 분수를 사용하지 않는 것은 아닙니다. 단지 겉으로 드러나지 않을 뿐 분수는 우리의 두뇌 안에서 작동하고 있습니다. 적어도 제게는 그렇습니다.

8시에 시작한 한 시간짜리 강의를 하다가 정면 벽에 걸린 시계를 슬쩍 바라봅니다. 8시45분을 가리키는 시계 바늘을 보며 머릿속으로 '이제 전체 강의의 $\frac{1}{4}$이 남았구나.'라고 생각하면서 강의 속도를 조절합니다. 가르치는 직업을 가진 사람들은 누구나 공감할 수 있는 얘기일 텐데, 이때의 분수도 역시 1보다 작은 양을 뜻하는 fraction이라 할 수 있습니다.

사우나에 비치된 모래시계를 바라볼 때도 시간 측정을 위해 분수를 사용합니다. 뜨거운 사우나 안의 공기를 얼마나 참고 버텨야 할까를 가늠해보는 겁니다. 위와 아래의 모래 양을 비교하며 무의식적으로 분수를 활용하는데, 이때의 분수 또한 전체의 부분을 나타내므로 fraction은 적절한 용어입니다. 이와 같이 일상생활에서 사용되는 분수는 작은 양, 즉 전체의 부분을 나타내기 위한 일상적 용어 fraction과 차이가 없습니다.

TV 드라마 제목에도 분수가 사용된 적이 있습니다. 일본에서 인기를 끌었던 TV 드라마 「절반, 푸르다半分、青い」가 그런 예입니다. 주인공인 초등학교 3학년 여자아이가 소풍날 아침에 비가 그치자 하늘을 우러러보며 안도하는 마음을 표현하는 대사를 그대로 제목으로 사용했다고 합니다. 하늘에 떠 있는 구름을 보며 무의식적으로 분수 개념을 적용하여 "하늘의 절반이 푸르다."는 대사를 만들었다는데, 아마도 이 드라마 작가는 초등학교 수학에 대한 이해가 깊었던 것으로 보입니다.

분수는 이처럼 우리 삶 곳곳에 감초처럼 비집고 들어와 있습니다. 이때의 분수

「절반, 푸르다半分、青い」 포스터

는 대부분 1보다 작은 양을 나타내는 데 쓰입니다. 그러므로 전체와 부분의 관계를 나타내는 fraction이 분수의 원래 용어였다는 사실과, 서양에서 분수를 처음 도입할 때 1보다 작은 양을 먼저 제시하는 이유를 충분히 이해할 수 있습니다.

하지만 분수가 일상적 활용에서 벗어나 본격적으로 수학에서 사용될 때는 더 이상 fraction이라는 용어는 적절하지 않습니다. 1보다 작은 양보다 1보다 큰 양을 나타내는 경우가 훨씬 많을 뿐만 아니라, 전체-부분의 관계가 아닌 전혀 다른 의미로 사용되기 때문입니다.

05

수학에서 사용하는 분수의 의미

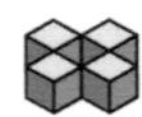

서양, 특히 미국에서는 작은 양을 뜻하는 용어 fraction이 일상적 언어이고, 생활에서 분수가 빈번하게 사용되고 있음을 보았습니다. 따라서 유럽과 미국 학교에서 일상적 언어인 fraction을 1보다 작은 양을 나타내는 수학적 언어로 도입한 것은, 분수에 대한 아이들의 거부감을 최소화하려는 교육적 의도에서 비롯되었다고 할 수 있습니다. 아이들도 fraction이라는 용어와, 전체-부분의 관계를 나타내는 $\frac{1}{2}$, $\frac{2}{3}$, $\frac{4}{5}$와 같은 분수 표기를 그리 어렵지 않게 익히고 사용할 수 있을 겁니다.

그런데 fraction이 과연 수학에서 사용하는 분수에까지 적용된다고 확신할 수 있을까요? 다시 말하면 1보다 작은 값을 뜻하는, 그들의 일상적 용어인 fraction이 수학적 용어로 적합한지에 대한 의문을 제기하는 것입니다. 또한 앞서 살펴본 서양의 여러 교과서에 제시된, 전체를 똑같이 나눈 조각의 개수를 세어 표기하는 분수가 과연 이후의 수학에서 얼마나 쓰이는지에 대해서도 의문을 제기합니다.

이러한 의구심을 풀어보기 위해 초등학교에서 도입된 분수가 이후 중등학교 수학에서 어떻게 사용되는지 직접 확인해보겠습니다.

먼저 중학교에 1학년에서 처음 배우는 일차방정식 풀이 과정에서 초등학교 때 배웠던 분수를 만날 수 있습니다. 예를 들어 일차방정식의 풀이 과정을 다음과 같이 제시합니다.

$3x=7$

$(3x)\div 3=7\div 3$

$(3\div 3)x=7\div 3$

$1x=\frac{7}{3} \quad \therefore\ x=\frac{7}{3}$

일차방정식 $3x=7$의 미지수 x의 해로 분수 $\frac{7}{3}$을 얻었습니다. 간단한 일차방정식이므로 풀이 과정도 단순합니다. 미지수 x의 계수 3을 1로 바꾸기 위해 주어진 등식의 양변을 3으로 나누었습니다.

그러므로 이때의 분수 $\frac{7}{3}$은 전체를 똑같이 등분하여 얻은 것이 아니라 나눗셈으로 얻은 값입니다. 따라서 전체-부분의 관계를 뜻하지 않습니다. 뿐만 아니라 분수 $\frac{7}{3}$은 1보다 작은 양도 아니므로 작은 양을 뜻하는 용어인 fraction을 사용하는 것도 적절하다고 할 수 없습니다. 다시 정리하면, 분수 $\frac{7}{3}$은 전체를 똑같이 조각으로 자르는 등분에 의해 얻은 값이 아니라, 등식의 좌변과 우변을 미지수 x의 계수 3으로 나눈 나눗셈으로 얻은 수입니다.

중학교 수학에서 분수가 사용되는 또 다른 예를 3학년 〈삼각비〉 단원에서 찾을 수 있습니다. 주어진 직각삼각형 ABC에서 세 개의 삼각비, 즉 사인, 코사인, 탄젠트는 다음과 같이 삼각형 세 변 중에서 선택된 두 변의 길이의 비로 정의합니다.

sinA = 높이 : 빗변 = BC : AB

cosA = 밑변 : 빗변 = AC : AB

tanA = 높이 : 밑변 = BC : AC

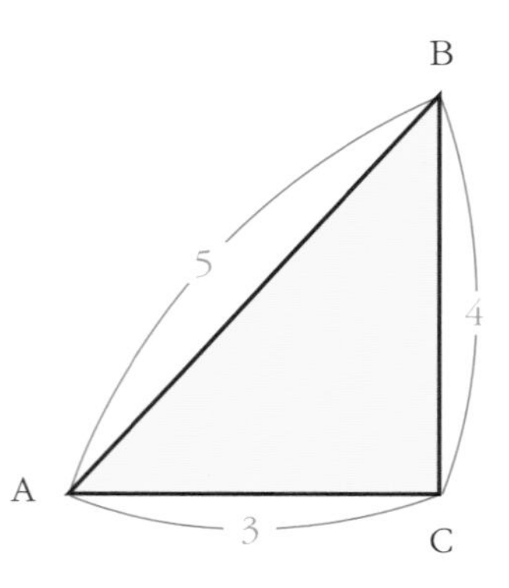

그러므로 직각삼각형에서 세 삼각비는

다음과 같이 비와 분수로 나타낼 수 있습니다.

$$\sin A = 4 : 5 = \frac{4}{5} = \frac{BC}{AB}$$
$$\cos A = 3 : 5 = \frac{3}{5} = \frac{AC}{AB}$$
$$\tan A = 4 : 3 = \frac{4}{3} = \frac{BC}{AC}$$

이때 비의 값인 분수를 어떻게 구했을까요?

여기서 탄젠트 값을 나타내는 분수 $\frac{4}{3}$는 1보다 작은 값이 아닙니다. 따라서 일차방정식 풀이에서처럼, fraction은 이때의 분수를 나타내는 적절한 용어라고 할 수 없습니다. 전체를 똑같이 조각으로 자르는 등분에 의해 얻은 분수도 아닙니다. 삼각비의 정의에 따라 각각 두 변의 길이의 비로 나타내고 그 값을 나눗셈으로 구하는 과정에서 얻은 수입니다.

분수가 활용되는 사례는 중학교 2학년 수학 〈일차함수〉 단원에서도 확인할 수 있습니다. 일차함수는 좌표평면 위에서 직선으로 나타나는데, 이때 직선의 기울기를 구하는 과정에서 분수가 필요합니다.

우선 직선의 기울기가 무엇이고 왜 필요한지 알아봅시다.

그림에는 각기 다른 세 개의 직선이 제시되어 있습니다. 직선은 하나의 방향으로 일정하고 곧게 뻗어나가는 기하학적 도형입니다. 서로 다른 두 개의 점은 단 하나의 직선을 결정하며, 이때 뻗어나가는 방향도 결정됩니다. 기울기는 직선의 방향을 하나의 수로 나타낸 것으로, 해당 직선의 특징을 나타내는 수입니다.

그렇다면 직선의 기울기는 어떻게 구할까요? 그림에 나타난 세 직선의 기울기는 각각 다음 표에 제시된 절차에 의해 쉽게 구할 수 있습니다.

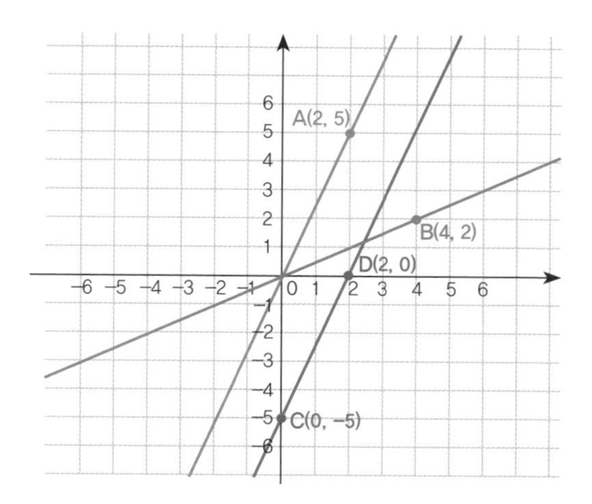

직선	지나는 두 점	기울기
(1)	O(0, 0), A(2, 5)	$\frac{5-0}{2-0}=\frac{5}{2}$
(2)	O(0, 0), B(4, 2)	$\frac{2-0}{4-0}=\frac{1}{2}$
(3)	C(0, −5), D(2, 0)	$\frac{0-(-5)}{2-0}=\frac{5}{2}$

일반적으로 좌표평면 위의 서로 다른 두 점 $A(x_1, y_1)$, $B(x_2, y_2)$를 지나는 직선의 방향, 즉 기울기 m은 다음과 같이 분수로 나타냅니다.

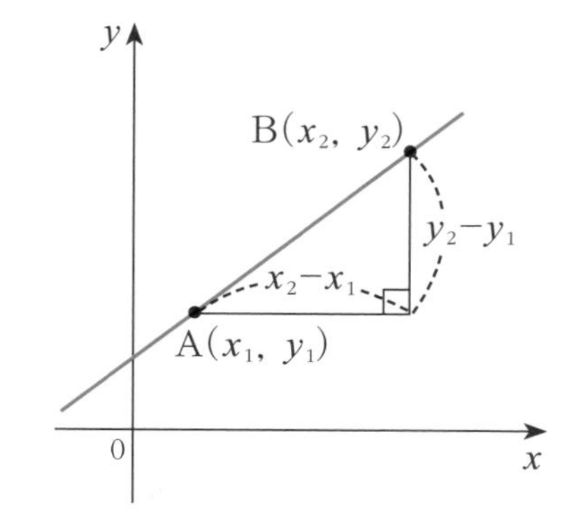

$$m=\frac{y_2-y_1}{x_2-x_1}=(y_2-y_1)\div(x_2-x_1)$$

이 분수의 분자는 y축에서의 변화량이고, 분모는 x축에서의 변화량입니다. 다시 말하면, 기울기는 (y축에서의 변화량) : (x축에서의 변화량)이라는 비 또는 (y축에서의 변화량) ÷ (x축에서의 변화량)이라는 나눗셈에 의해 구할 수 있습니다. 그리고 이 값이 분수입니다.

그렇습니다! 기울기를 나타내는 분수 역시 피자를 자르거나 도형을 등분하여 조각의 개수를 세어 얻은 것이 아닙니다. 더군다나 평행한 두 직선 (1)과 (2)의 기울기는 1보다 큰, 같은 값의 분수 $\frac{5}{2}$이므로 작은 양을 뜻하는 용어 fraction이 적절하지 않습니다.

전체-부분의 관계에 의해 분수로 나타내는 상황이 전혀 없는 것은 아닙니다. 예를 들어 검은 공 3개와 흰 공 1개가 들어 있는 주머니에서 임의로 공 한 개를 꺼낼 때, 흰 공일 확률은 다음과 같습니다.

$$\frac{\text{흰 공의 개수}}{\text{전체 공의 개수}} = \frac{1}{4}$$

이때 확률을 나타내는 분수는 전체-부분의 관계를 뜻합니다. 하지만 확률의 정의도 사실상 (흰 공의 개수)를 (전체 공의 개수)로 나눈 나눗셈이라는 사실에 주목할 필요가 있습니다.

지금까지 살펴본 내용을 정리하면 다음과 같습니다.

(1) 수학에서의 분수는 전체와 부분의 관계와는 거의 무관하다. 따라서 분수의 도입을, 전체를 등분하여 조각내는 분할 활동에서 시작해야 하는 근거는 없다.

(2) 수학에서의 분수를 1보다 작거나 크거나 같음으로 구분해야 할 하등의 이유가 없다. 따라서 분수가 1보다 작은 수를 나타내기 위해 필요하다는 주장도 근거가 없다. 이는 자연수로 나타낼 수 없는 양을 나타내기 위한 표기라고 정정하는 것이 옳다.

(3) (1)과(2)로부터 작은 양을 뜻하는 fraction이라는 용어가 수학 용어로 적합하지 않다는 결론에 이른다.

우리는 일차방정식의 해, 삼각비의 값, 직선의 기울기를 구하면서 얻은 분수들이 영어 fraction과는 성격이 전혀 다르다는 사실을 확인했습니다. 그럼에도 fraction으로 분수를 도입하는 교과서로 배우는 서양의 아이들은 별 어려움 없이 분수를 배울 수 있을까요?

수학이야기 02

좌표평면은 콜럼버스의 달걀

기하학적 도형의 하나인 직선(직선 1)이 곡선과 확연하게 구별되는 이유는 일정한 한 방향으로 곧게 뻗어나간다는 특성 때문이다. 따라서 어떤 두 직선(직선 2와 직선 3)의 방향이 다르면 이들은 서로 다른 직선이고, 방향이 같으면 서로 평행하거나 동일한 직선이다.

그러므로 어느 한 직선(직선 1)을 특정 지으려면 어느 방향으로 곧게 뻗어나가는지 확인하면 되는데, 이를 하나의 수치로 나타낸 것이 바로 기울기다. 그렇다면 기울기를 어떻게 하나의 값으로 나타낼 수 있을까? 이것이 그리 간단치 않은데, 도형과 수는 전혀 다른 이질적인 대상이므로 이들의 관계를 어떻게 연계할 것인가의 문제부터 우선 해결해야 한다.

이를 해결할 수 있는 한 줄기의 희미한 불빛과도 같은 단서를 『허 찌르는 수학 1권』에서 만난 적이 있다. 직선이라는 도형과 자연수 사이를 연계하는 수직선 모델이 그것이다. 이미 알고 있듯이, 수직선 *number line*, 數直線은 평면도형에서 가장 기본이 되는 도형인 직선 위에, 수의 세계에서 가장 기본이라 할 수 있는 자연수(실제로 정수까지 확장할 수 있다)를 배열한 것이다. 이 수직선을 어떻게 만들 수 있는지 그 절차를 알아보자.

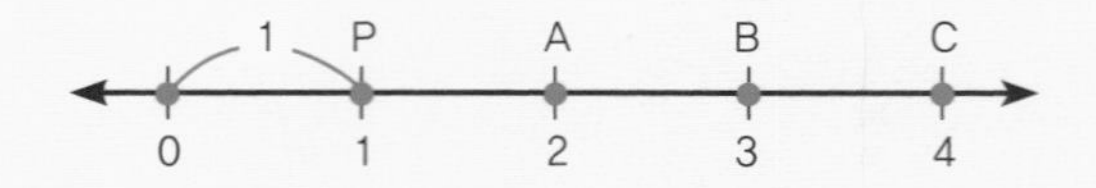

(1) 우선 직선 위에 임의의 한 점을 원점 O라 하여 0이라는 수를 대응시킨다.

(2) 원점 O의 오른쪽에 한 점 P를 정하여 자연수 1과 대응시키고 선분 OP의 길이를 1이라는 단위 길

이로 정한다.

(3) 이제 원점으로부터 오른쪽으로 단위 길이의 두 배, 세 배, 네 배, …되는 점 A, B, C, …를 차례로 정하고, 이에 대응하여 자연수 2, 3, 4를 차례로 배열한다.

위의 절차를 따르면 수직선 위에 있는 원점 O의 오른쪽에 모든 자연수와 이에 대응되는 점들을 차례로 배열할 수 있다. 같은 방식으로 원점 O의 왼쪽에도 음의 정수 −1, −2, −3, …과 이에 대응되는 점을 직선 위에 차례로 배열할 수 있다. 이로써 자연수를 포함하는 모든 정수를 각각 하나의 대응되는 점으로 나타낼 수 있는 수직선이 완성된다.

수직선 위의 점들은 비단 자연수와 정수만 나타내는 것이 아니다. 유리수와 무리수도 각각 하나의 점으로 대응시킬 수 있다. 그러니까 모든 실수가 각각 수직선 위의 한 점과 대응되며, 역으로 수직선 위의 모든 점은 각각 하나의 실수와 대응된다. 지금 우리는 분모와 분자가 자연수인 분수에만 초점을 두고 있으므로, 자세한 내용은 이어지는 『허 찌르는 수학 3권-도형편』으로 미루어둔다.

그런데 여기서 직선이 평면도형이라는 사실을 잊지 말아야 한다. 두 직선이 평행하든, 평행하지 않든 삼각형, 사각형, 원, 포물선 등과 같이 평면에 놓여 있는 도형이라는 것이다. 그렇다면 2차원 평면도 1차원 수직선과 같이 수의 세계와의 연계가 가능할까? 다시 말하면 평면도형 위에 놓여 있는 각각의 점을 어떻게 수로 나타낼 수 있을까?

이 문제를 해결하려면 '콜럼버스의 달걀'과 같은 발상의 전환이 필요하다. 일단 하고 나면 아무것도 아닌, 그래서 누구나 할 수 있는 것처럼 보이지만 그전까지는 누구도 미처 생각하지 못하는 기발한 '발상의 전환'을 '콜럼버스의 달걀'이라고 하지 않는가.

이차원 평면 위의 한 점과 실수 사이의 관계를 설정하는 문제 역시 알고 보면 해결의 아이디어가 의외로 단순한데, 똑같은 수직선을 하나 더 만들면 된다.

그림에서와 같이 원점 O에서 서로 직교하는, 즉 수직으로 만나는 두 개의 수직선을 기본 축으로 하면, 평면 위의 모든 점을 좌표라는 두 개의 실수로 이루어진 순서쌍과 대응시킬 수 있다. 이때 두 개의 수직선을 좌표축이라 하고, 이 좌표축으로 이루어진 평면을 좌표평면이라고 한다.

점 P ⟷ (a, b)　　　　a와 b는 실수

(※주의 : 앞에서 보았던 수직선數直線은 수와 대응하는 점들로 이루어진 직선이다. 반면에 수직선垂直線은 어떤 직선 밖의 한 점에서 그 직선과 직각을 이루도록 내려 그은 직선을 말한다. 수:직선數直線은 길게, 수직선垂直線은 짧게 발음해야 한다.)

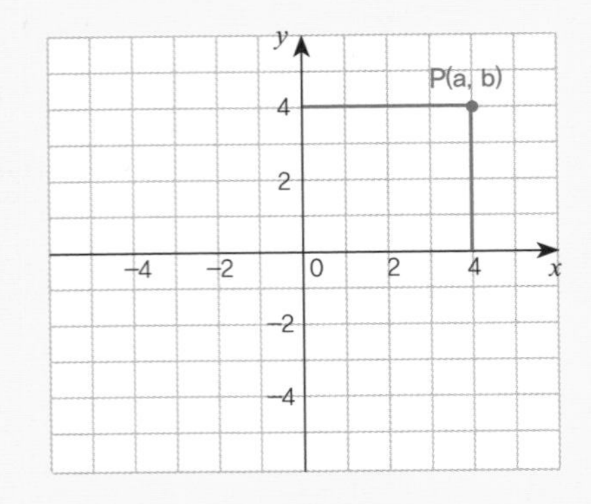

그러나 다른 분야도 그렇듯이 수학에서도 혁신적인 발상의 전환이 이루어지기 위해서는 시간이 필요했다. 좌표평면은 지금으로부터 400년 전인 17세기에 이르러서야 세상에 모습을 드러냈고, 이때 비로소 평면 위의 도형을 수식으로 나타낼 수 있게 되었다. 그 주인공은 수학자라기보다는 철학자로 더 유명한 프랑스의 데카르트다. 그가 고안한 좌표평면 덕택에 기하학을 대수학으로 그리고 역으로 대수학을 기하학으로 해석할 수 있는 새로운 접근이 이루어졌다. 수학에서는 이 분야를 '좌표기하학' 혹은 그의 라틴 이름을 따서 '카테시안*Cartesian*기하학' 혹은 수식으로 도형을 나타내어 성질을 파악한다는 뜻을 담은 '해석기하학' 등과 같은 여러 이름으로 부른다. 좌표기하학에 관한 자세한 설명도 이어지는 『허 찌르는 수학 3권–도형편』으로 미루어놓는다.

중고등학교 수학의 〈도형의 방정식〉 단원은 데카르트의 업적인 해석기하학을 이어받은 내용을 담았다. 직선, 원, 포물선 등의 기하학적 도형을 방정식이라는 새로운 관점으로 다시 해석하는 것을 말한다. 아울러 이전에 학습했던 이차방정식과 이차부등식을 좌표평면에 나타냄으로써 방정식을 시각화하여 새로운 의미를 부여하는 것이 핵심내용이다.

06

fraction을 개명하라?

미국과 유럽 교과서의 분수 단원은 거의 대동소이하게 같은 크기의 조각으로 자르기하는 것에서 시작됩니다. 분수를 처음 접하는 아이들에게 이미 익숙한 용어 fraction을 제시함으로써 저항감 없이 자연스럽게 분수 개념을 받아들일 수 있도록 배려한 것입니다.

하지만 '전체-부분'의 관계에 의해 형성된 fraction분수 개념은 이후에 전혀 예기치 않은 난관에 봉착하게 됩니다. 예를 들어 $\frac{7}{7}$, $\frac{8}{7}$, $\frac{9}{8}$, … 등과 같이 분자가 분모보다 크거나 같은 분수들, 즉 1보다 큰 분수들에는 작은 양을 뜻하는 용어 fraction이 적절하지 않기 때문입니다. $\frac{5}{3}$나 $\frac{8}{7}$과 같은 분수를 접한 아이들이 '어떻게 부분이 전체보다 클 수 있을까?'라는 의문을 갖게 되면서 심리적 갈등을 겪거나 뭔가 속은 것 같은 느낌이 들 수도 있습니다. 지금까지 분수는 1보다 작은 수를 나타내기 위한 표기로만 알고 있었는데, 갑자기 1보다 큰 수도 fraction이라며 분수로 나타낼 수 있다고 한다면 고개를 갸우뚱거리며 선뜻 받아들이기를 주저하는 것은 당연합니다.

이렇게 서양의 교육학자들은 '전체–부분의 관계'에 의해 형성된 이전의 분수 개념과 충돌하는 상황에서 빚어지는 인지적 갈등을 해결해야만 하는 과제를 떠안게 되었습니다. 그런데 이 난관을 극복하기 위해 고육지책으로 내놓은 해결책은 뜻밖에도 아예 기존에 사용하던 용어를 새로 바꾸는 소위 개명작업이었습니다.

주위에서 일이 잘 풀리지 않아 답답할 때 그 원인을 자신의 이름에서 찾고는 개명하겠다고 작명소를 찾는 이들을 종종 보지만, 수학을 가르치는 수학 교육자들이 분수 문제를 해결하기 위해 선택한 것이 개명작업이었다니 놀라운 일이 아닐 수 없습니다. 이를 직접 확인해봅시다.

 HSP G4 415p

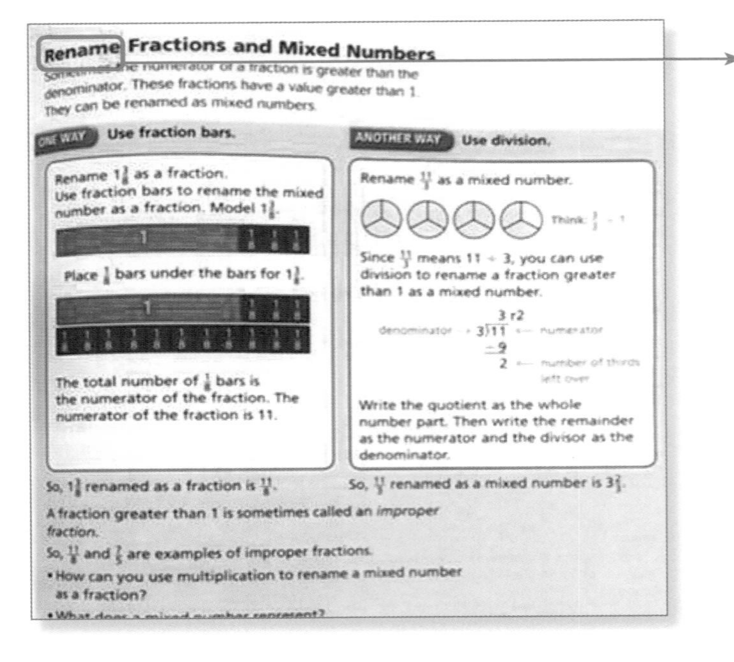

Rename Fractions and Mixed Numbers

Sometimes the numerator of a fraction is greater than the denominator. These fractions have a value greater than 1. They can be renamed as mixed numbers.

ONE WAY **Use fraction bars.**

Rename $1\frac{3}{8}$ as a fraction.
Use fraction bars to rename the mixed number as a fraction. Model $1\frac{3}{8}$.

Place $\frac{1}{8}$ bars under the bars for $1\frac{3}{8}$.

The total number of $\frac{1}{8}$ bars is the numerator of the fraction. The numerator of the fraction is 11.

So, $1\frac{3}{8}$ renamed as a fraction is $\frac{11}{8}$.

ANOTHER WAY **Use division.**

Rename $\frac{11}{3}$ as a mixed number.

Think: $\frac{3}{3} = 1$

Since $\frac{11}{3}$ means $11 \div 3$, you can use division to rename a fraction greater than 1 as a mixed number.

denominator → 3)11 ← numerator, quotient 3 r2, −9, 2 ← number of thirds left over

Write the quotient as the whole number part. Then write the remainder as the numerator and the divisor as the denominator.

So, $\frac{11}{3}$ renamed as a mixed number is $3\frac{2}{3}$.

A fraction greater than 1 is sometimes called an *improper fraction*.

So, $\frac{11}{8}$ and $\frac{7}{5}$ are examples of improper fractions.

- How can you use multiplication to rename a mixed number as a fraction?
- What does a mixed number represent?

분수의 이름을 개명(?)하면서 혼합수(대분수)를 도입한다.

교과서 사진을 살펴보면 제목에 개명이라는 뜻의 단어 rename이 눈에 들어옵니다. fraction분수을 개명rename하여 소위 혼합수Mixed number라는 새로운 이름으로 부르겠다는 겁니다. 1보다 큰 값의 분수를 fraction으로 계속 명명하는 것이 민망했던지 '전체-부분의 관계로 도입한 분수fraction와 자연수의 합으로 구성된 수'라고 하여 혼합수Mixed number라는 새로운 이름을 만들어냈습니다.

하지만 어쩐지 궁색하고 어색한 것은 저만의 생각일까요? 우리는 이를 '대분수'라고 번역하는데, 굳이 우리도 이렇게까지 해야 하는지에 대해서는 다음 장에서 다시 논의하도록 합시다.

어쨌든 그들의 교과서에 따르면, 1보다 작은 양을 나타내는 분수(이전에 fraction으로 알고 있는) $\frac{3}{8}$과 자연수 1의 합인 $1+\frac{3}{8}$을 덧셈 기호 '+'을 생략하고 $1\frac{3}{8}$이라고 표기합니다. 그리고 이 수를 '혼합수mixed number'라는 새로운 이름으로 개명rename한 후 다시 $\frac{11}{8}$로 표기합니다. 자연수 1은 $\frac{1}{8}$을 나타내는 조각이 8개, 그리고 $\frac{3}{8}$은 같은 조각이 3개이므로 모두 11개의 조각입니다. 따라서 분자가 11인 분수 $\frac{11}{8}$로 표기할 수 있는데, 이런 형태의 분수에도 새로운 이름을 부여하여 improper fraction우리의 '가분수'이라고 소개합니다.

그런데 새로운 이름 improper fraction도 mixed number혼합수과 마찬가지로 참 궁색해보이는 것은 어쩔 수 없네요. 영어 'proper'는 '적절한 또는 타당한'이라는 뜻을 가진 형용사이므로, improper fraction을 직역하면 '적절하지 않은(또는 어울리지 않는) 분수'라는 뜻이 되니까요. 물론 proper라는 단어가 수학에서 전혀 사용되지 않는 것은 아닙니다. '자연수의 약수'와 '집합의 부분집합'을 언급할 때 proper가 사용되는데, 그 쓰임새의 예를 정리하면 다음과 같습니다.

proper divisor : 자기 자신을 제외한 약수(divisor)

예를 들어 6의 약수 1, 2, 3, 6 가운데 자기 자신인 6을 제외한 1, 2, 3을 가리킨다.(우리나라에서는 이를 별도로 구분하지 않는다.) 그리고 자기 자신인 6을 improper divisor라고 한다.

proper subset : 어떤 집합의 부분집합 가운데 자기 자신을 제외한 부분집합

예를 들어 집합 A={1, 2}의 부분집합 가운데, 자기 자신인 A를 제외한 부분집합 { }, {1}, {2}을 가리킨다.(우리나라에서는 진부분집합이라고 한다.) 그리고 자기 자신인 집합 A={1, 2}를 improper subset이라고 한다.

약수와 부분집합에서 improper는 자기 자신을 가리킬 때 사용됩니다. 6의 약수 가운데 6을, 집합 A={1, 2}의 부분집합 가운데 집합 A={1, 2}를 각각 improper divisor(부적절한 약수?), improper subset(부적절한 집합?)이라고 합니다. 사실 약수와 부분집합을 구할 때는, 자기 자신을 제외한 것에 초점을 두기 때문에 그리 중요하게 다룰 대상이 아니어서 improper라는 형용사를 사용한 것이라고 추측할 수 있습니다.

그러나 분수의 improper fraction은, 약수에서의 improper divisor와 부분집합에서의 improper subset과는 성격을 달리합니다. 우선 약수와 부분집합의 경우에는 자기 자신 하나밖에 없는 것에 비해, 분수는 proper fraction보다 훨씬 많은 improper fraction이 있다는 것입니다.[7] 또한 분수의 경우에는 원래 fraction이라고

---

7 각각의 개수는 무한이므로 많다는 표현이 적확한 것은 아니다. 그리고 5장에서 설명하겠지만, 이 두 개의 무한집합의 크기는 사실상 같다. 여기서는 진분수*proper fraction*가 1보다 작은 분수이지만 가분수*improper fration*는 1보다 큰 모든 분수를 가리키므로 훨씬 더 그 범위가 넓다는 의미로 '많다'는 표현을 사용했다.

했던 것을 형용사를 넣어 proper fraction으로 다시 명명했다는 점이 약수와 부분집합의 경우와 다릅니다.

잘 알다시피 우리는 이를 각각 진眞분수와 가假분수라고 번역하였습니다. 이때 한자어 '진眞'은 '참 또는 진짜'라는 뜻보다는 '원래 또는 본연'이라는 뜻으로 해석해야 하며, '가假'는 '거짓 또는 가짜'라는 뜻보다는 '부적절한' 또는 '원래의 의미와는 거리가 멀다'는 뜻으로 해석해야 합니다. 지금까지의 설명에서 '가분수'를 자칫 '가짜 분수'라고 해석하는 것이 얼마나 잘못된 것인지를 알 수 있을 겁니다. 한편, 영어 mixed fraction, 즉 자연수와 진분수가 혼합된 분수를 대帶분수라고 하는데, 이때의 한자어 대帶는 크다는 뜻의 대大가 아니라 분수 옆에 붙어 있는 자연수가 마치 허리에 두른 혁대와 같다고 하여 붙여진 이름입니다.

어쨌든 서양인들이 만든 대분수mixed number와 가분수improper fraction라는 새로운 용어는, 분자가 분모보다 크거나 같은 분수를 fraction이라 부를 수 없기에 어쩔 수 없이 마련한 고육지책이었습니다. 이를 두고 '적절하지 못한'이란 뜻의 'improper'가 어색하다거나 또는 개명 작업 자체가 궁색해보인다고 표현한 것은 그들을 비아냥거리려는 의도는 물론 아닙니다. 그들은 굳이 왜 그렇게까지 해야만 했던 것일까 생각해보기 위해서였죠. 우리의 분수를 되돌아볼 때 타산지석으로 삼으려는 것입니다.

정말 그들은 왜 개명작업까지 하며 분수 용어를 복잡하게 만들어야만 했을까요? 애당초 fraction이라는 일상적 단어를 그대로 수학에 사용하는 것에 집착한 나머지 전체-부분의 관계로만 분수를 도입한 것이 화근이었습니다. 처음에 사용했던 용어에 그만 갇혀버린 신세가 되어 헤어나올 수 없게 되어버렸으니, 말 그대로 첫 단추를 잘못 꿰었다고 표현할 수 있습니다. 그 후 1보다 큰 분수가 나타나자 뒤늦게 부랴부랴 '적절하지 못한' 또는 '어울리지 않은' 뜻의 형용사를 붙이면서 fraction을 살리려 했지만 결국 mixed number라고 개명할 수밖에 없었던 것입니다. 이미 엎질

러진 물인데, 후회한들 무슨 소용이 있겠어요. 억지스럽지만 밀어붙이는 수밖에.

그런데 그 피해는 고스란히 학생들에게 돌아갈 수밖에 없습니다. 그래서 미국과 유럽 학생들은 분수 학습에 상당한 어려움을 겪을 수밖에 없다고 합니다. 그 결과 분수는 이들 나라의 수학교육학 연구에서 뜨거운 주제가 되었고, 교육학 학자들에게는 아주 좋은 먹잇감이 되었습니다.

그렇다면 첫 단추를 제대로 꿰어야 할 텐데, 분수를 어떻게 도입하는 것이 적절할까요? 이 질문의 답을 구하기 위해 우리는 분수의 기원을 찾아 시간과 공간을 훌쩍 넘어 5천 년 전 아프리카 나일 강 유역의 고대 이집트로 시간 여행을 떠나려 합니다.

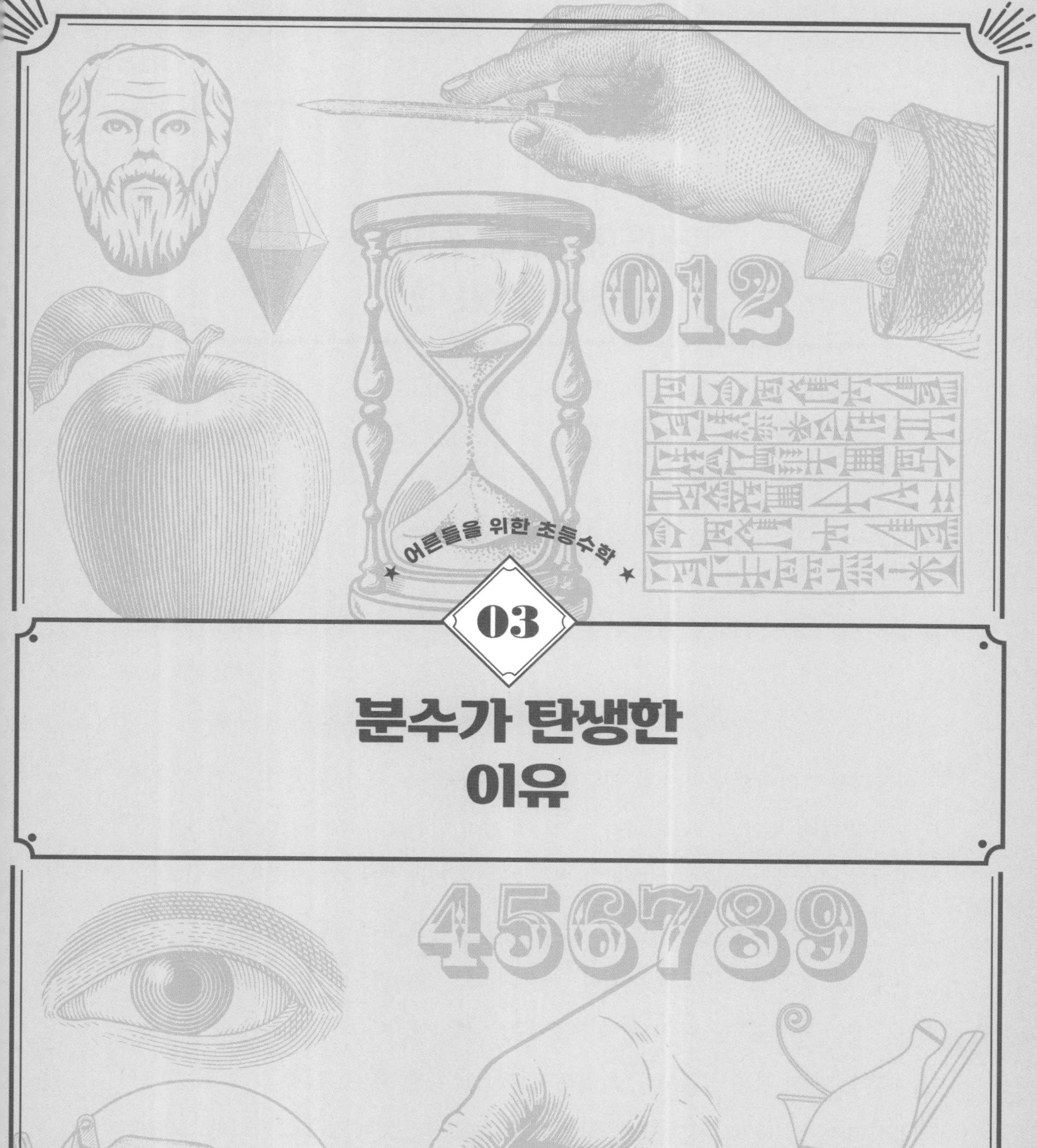

03

분수가 탄생한 이유

01

태초에 프타 신의 말씀이 있었다

이탈리아의 위대한 음악가 주세페 베르디가 작곡한 오페라 「아이다」는 전 세계적으로 가장 많이 공연된 작품입니다. 어쩔 수 없이 이집트 공주의 시녀가 된 에티오피아 공주 아이다는 적국인 이집트의 젊은 장군 라디메스와 깊은 사랑에 빠지지만, 이들의 이루어질 수 없는 사랑은 결국 비극적인 죽음으로 결말을 맺습니다.

전체 4막 7장으로 구성된 오페라 「아이다」에는 '청아한 아이다', '이기고 돌아오라', '개선 행진곡' 등 우리 귀에 익은 주옥같은 아리아와 합창곡이 들어 있는데, 1막 2장에서 다른 곡들보다 덜 알려져 조금 낯설게 들리는 합창곡 '오 위대하신 프타 신이여Possente Ftha!'가 무대에 울려 퍼집니다. 신전을 배경으로 라디메스가 제사장으로부터 총사령관에 임명되는 엄숙한 의식이 진행될 때, 여성 사제들이 화려한 무용을 펼치며 나라와 용사들을 보호해달라고 '프타' 신에게 간구하는 내용입니다.

'프타' 신의 이름은 「아이다」의 4막 2장 마지막 부분에서 또 한 번 등장합니다. 신전 아래에 지어진 지하 감옥을 배경으로 주인공 아이다가 연인 라다메스의 팔에 안겨 최후의 숨을 거둘 때 배우들 전체가 함께 부르는 합창곡 '전능하신 프타 신이여 Immenso Ptah!'가 울려 퍼지면서 막이 서서히 내려갑니다.

베르디 탄생 200주년 오페라 「아이다」 포스터

오페라 「아이다」에 등장하는 '프타'는 고대 이집트 신화에서 이 세상을 창조한 신이었습니다. 세상이 아직 혼돈과 암흑의 깊은 바다에 빠져 있을 때, 밤하늘과 같은 짙은 푸른색 피부를 가진 창조자 프타가 스스로 모습을 드러냅니다. 수염이 길게 나 있는 프타의 심장 안으로 세상의 기운이 천천히 스며들자, 이윽고 그의 혀가 말씀을 쏟아내기 시작합니다. 그의 소리가 울려 퍼지면서 세상은 조금씩 바뀌기 시작합니다. 형태가 없는 물의 신과 어둠의 신, 혼돈의 신 등 보이지 않는 힘을 가진 8명의 신이 나타나 보잘 것 없는 자그마한 언덕이지만 함께 힘을 모아 최초의 산을 만듭니다. 고대 이집트인들은 이곳이 곧 세계의 중심이고, 신전의 주인인 태양신 라Ra가 태어난 곳이라고 굳게 믿었습니다.

프타에 관한 이집트 신화가 탄생하고 약 3~4천 년의 세월이 흐른 뒤 새로운 종교 기독교가 나타났습니다. 기독교 성경의 요한복음 1장에는 다음과 같은 구절이 기록되어 있습니다.

"태초에 말씀이 계시니라. 이 말씀이 하나님과 함께 계셨으니, 이 말씀은 곧 하나

「아이다」 공연 장면

님이시니라. 그가 태초에 하나님과 함께 계셨고, 만물이 그로 말미암아 지은 바 되었으니, 지은 것이 하나도 그가 없이는 된 것이 없느니라.(요한복음 1장 1절~3절)"

그리고 성경에는 이집트 신화에서 8명의 신이 만든 언덕에 견주어지는 아담과 이브의 에덴동산도 기록되어 있습니다.

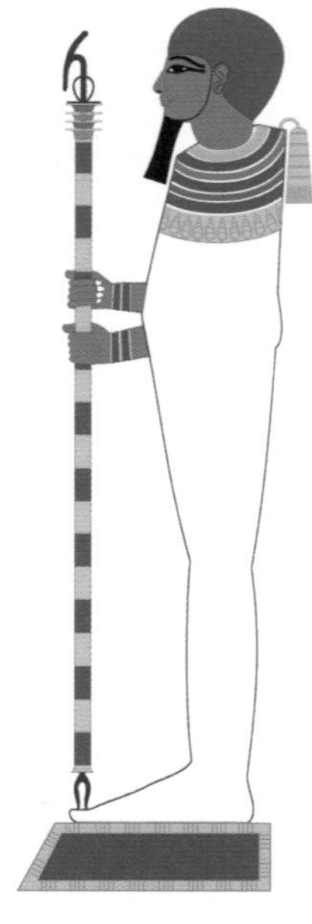
프타 신

기독교의 에덴동산과도 같은, 이집트 신화에서 세계의 중심으로 묘사된 이 언덕을 고대 이집트인들은 "프타의 생명력이 살아 있는 집"이라고 불렀습니다. 그로부터 약 2천 년 후 이집트를 방문한 고대 그리스인들은 이곳을 '아이깁토스Aigytos(우리나라 성경에 기록된 '애굽')'로 번역하였고, 이것이 오늘날의 이집트Egypt가 되었습니다.

고대 이집트인들은 프타의 말씀을 중국의 한자처럼 형상을 본떠 만든 상형문자로 기록하였습니다. 그들은 프타의 말씀에 마법의 힘이 들어 있으므로 자신들이 기록한 상형문자를 통해 실제로 프타 신의 능력이 발현된다고 믿었습니다. 그래서 그들은 이 상형문자를 신의 말씀이라 하여 '신성문자hieroglyphics,

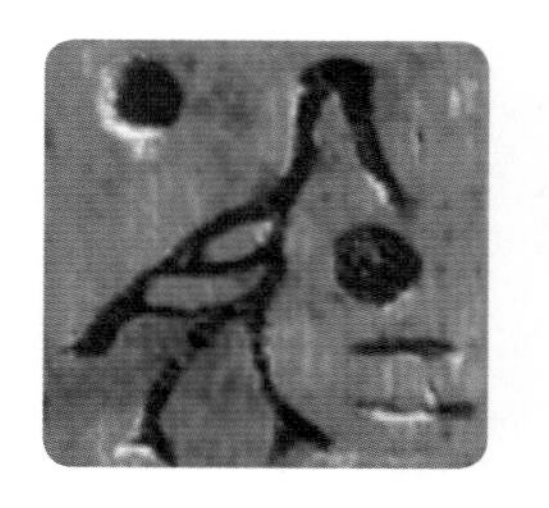
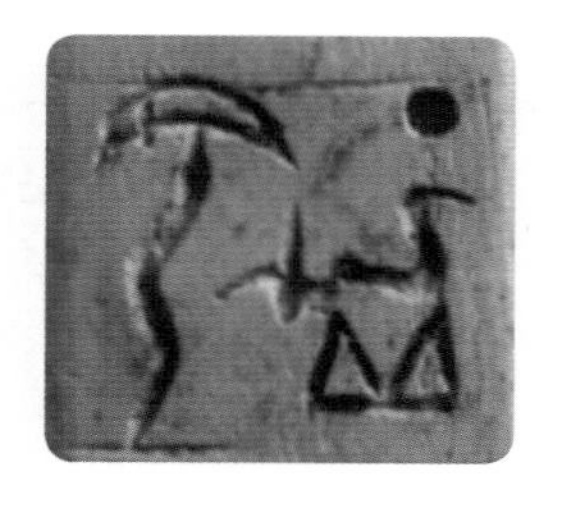

아비도스에서 출토된 기원전 3,400년경의 신성문자

神聖文字'라고 불렀습니다. 세상의 창조자인 프타의 권능과 관련된 말씀을 기록할 때 쓰였던 신성문자는 사악한 악귀로부터 영적 보호를 받기 위한 마법의 힘을 기록할 때도 사용되었습니다. 그래서 신성문자는 고대 이집트의 무덤, 신전의 벽, 오벨리스크를 화려하게 장식하고 있는데, 이는 단순한 기록이 아니라 산 자와 죽은 자를 함께 기리는 종교의식의 일부였습니다.

하지만 형상화한 신성문자로 정부문서나 행정업무를 기록하는 것이 여간 번거롭고 힘든 작업이 아니었습니다. 그래서 고대 이집트인들은 신성문자의 복잡한 기호들을 간소화한 또 다른 문자를 만들어 사용하였는데, 신성문자의 흘림체라 할 수 있는 새로운 문자를 '신관문자神官文字 hieratics'라고 불렀습니다. 이름에서 알 수 있듯 신관문자는 주로 신전을 지키는 사제들과 서기들이 사용했습니다.

신성문자는 기원전 3~4천 년 무렵에 만들어진 것으로 추정되는데, 이를 상형문자(표의문자)로 분류한 탓에 많은 사람들이 겉으로 보이는 형상에만 주목하는 경향이 있습니다. 하지만 신성문자도 우리의 한글과 같은 표음문자처럼 형상과는 무관하게 발음하는 소리만을 기록하는 경우도 있습니다. 예를 들어, 신성문자 𓅱는 모양 그대로 새를 나타낼 수도 있지만, 영어의 w와 비슷한 소리를 기록할 때에도 사용되었던 겁니다.

02

고대 이집트 숫자

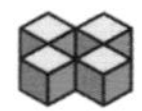

고대 이집트인들은 그들만의 고유한 숫자를 만들어 사용했습니다. 지금 우리가 사용하는 것과 같은 십진법 수 체계의 숫자를 신성문자로 표기했습니다. 이때 사용된 신성문자는 다음 표에 제시된 것과 같이 일, 십, 백, 천, 만, 십만, 백만까지를 나타내는 숫자들이고, 형상이 아니라 소리를 나타내기 위한 표기였습니다.

신성문자로 기록된 이집트 숫자

숫자 상형문자	|	∩	ℓ	[illegible]	[illegible]	[illegible]	[illegible]
값	1	10	100	1,000	10,000	100,000	1,000,000
상형문자 의미	한 줄 (막대기)	뒷꿈치 뼈	밧줄 한 다발	수련	구부린 손가락	올챙이 또는 개구리	너무 놀라 양팔을 든 사람

이집트 숫자 1은 지금 우리가 사용하는 아라비아 숫자 1과 거의 비슷합니다. 일(一), 이(二), 삼(三)과 같은 한자표기 숫자도 그렇지만, 여타 고대 문명사회에서 사용했던 일의 자리 숫자 표기들과도 거의 유사합니다. 아마도 숫자가 만들어지기 이전인 원시시대에 수렵이나 채취로 얻은 수확물의 수량을 기록하기 위해 뾰족한 칼로 작대기와 같은 표시를 그은 것에서 유래되었기 때문일 겁니다.

고대 이집트인들은 기록하려는 대상 아래에 숫자를 표기하여 수량을 나타냈습니다. 예를 들면 물고기 1마리와 3마리, 새 21마리는 아래 그림과 같이 표기했습니다.

더 큰 수, 예를 들어 3,213,421은 다음과 같이 표기했습니다.

신성문자로 기록된 숫자가 형상이 아닌 소리를 나타낸다고 했지만, 이집트 문자에는 모음이 없었습니다. 예를 들어 10을 표기하는 𓎆은 자음 ㅁ과 ㅈ만을 나타냈기 때문에 '모저' 또는 '므지' 등과 같이 발음했을 것으로 추정할 뿐입니다. 이미 죽어버린 언어가 된 고대 이집트어를 어떻게 발음하는지는 안타깝지만 오늘날 아무도 알지 못합니다. 100을 나타내는 꼬인 밧줄 모양의 신성문자 𓍢도 단지 ㅅ, ㅎ, ㅌ 등과 같은 자음으로 발음했을 것으로 추정됩니다.

백만을 나타내는 숫자 𓁨는 하늘을 향해 두 손을 뻗은 사람의 모습을 하고 있는데, 이 특이한 자세에 대해서는 여러 해석이 분분합니다. 무한에 가까운 수량에 압도되어 양팔을 벌렸다거나, 신화에 등장하는 하늘을 떠받치는 '슈'라는 신의 모습이라는 주장도 있습니다.

어쨌든 고대 이집트인들은 7개의 숫자를 이용하여 웬만한 크기의 자연수를 자유롭게 나타낼 수 있었습니다. 나일 강 상류의 룩소르 신전과 이웃한 카르나크 신전에서 기원전 1500년경에 만들어진 것으로 판명된 석판이 발견되었는데, 이 석판에도 그림과 같이 이집트 숫자 표기로 276과 4622가 새겨져 있었습니다.

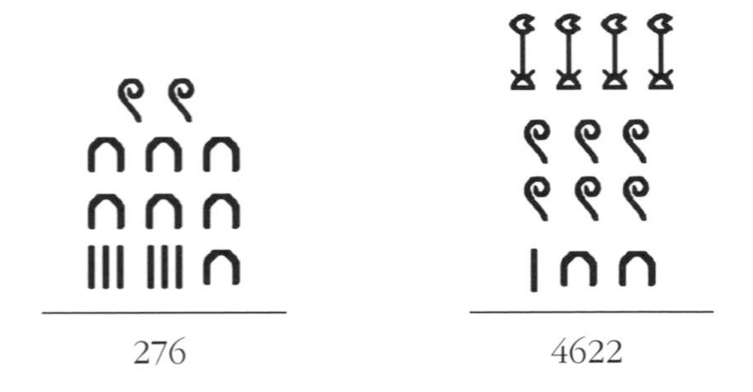

3000년의 기나긴 세월이 흐르면서 신성문자로 표기된 이 숫자들은 흘림체인 '신관문자'로 바뀌게 됩니다. 사회가 발전함에 따라 기록의 양이 엄청나게 늘어나면서 그림으로 일일이 표기하는 것이 번거로워지자 간편하게 기록할 수 있는 신관문자를 자연스럽게 사용하게 된 것이죠. 고대 이집트의 자연수 표기와 관련된 설명은 이쯤에서 멈추겠습니다. 우리는 자연수보다 분수에 초점을 두어야 하니까요.

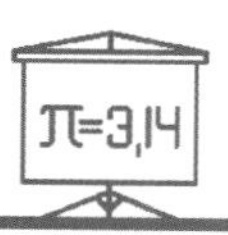

03

고대 이집트 분수

상당히 높은 수준의 문명사회를 이루었을 것으로 추측되는 고대 이집트인들이 자연수의 한계를 깨닫게 되는 것은 시간문제였습니다. 그러면서 분수가 자연스럽게 탄생했을 겁니다. 하지만 그들이 사용했던 분수가 오늘날 우리가 사용하는 분수와 같다고 할 수는 없습니다.

다음 그림에서 이집트 분수 표기의 몇 가지 특징을 발견할 수 있습니다.

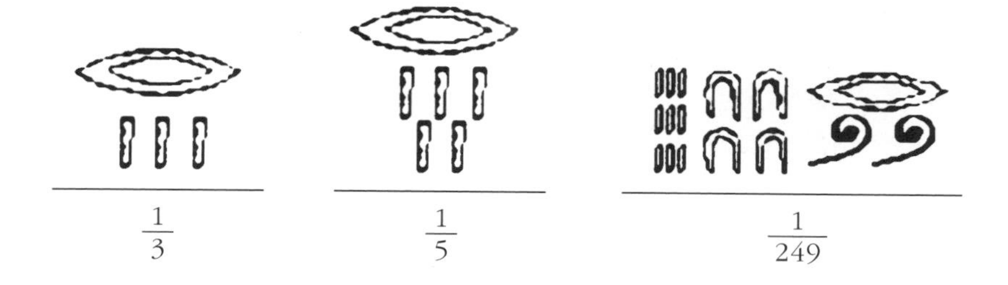

우선 분수를 나타내는 입 모양 아래에 자연수 3, 5, 249를 나타내는 고대 이집트 숫자가 배치된 것이 눈에 띕니다. 입 모양의 상형문자는 ㄹ(영어의 r)과 유사한 소리를 내므로 아마도 '로–'와 비슷한 발음을 표기하는 문자일 것으로 추정합니다.

이 표기가 약간 이상하고 낯설어 보일 수도 있지만, 사실 지금의 분수 표기도 크게 다르지 않습니다. 예를 들어 3분의 1, 5분의 1, 249분의 1과 같이 자연수 다음에 '분의 1'을 붙여서 분수를 나타내는 것과 같은 방식이니까요. 분수를 영어로 읽을 때 $\frac{1}{5}$을 'one–fifth'라 하여 자연수 five 다음에 '–th'를 덧붙이는 것도 마찬가지입니다.

분모 249는 큰 수 200을 나타내는 문자를 입 모양 분수 기호 밑에, 나머지 49를 왼쪽에 배치하여 오른쪽에서 왼쪽으로 읽도록 표기했습니다. 미적 감각을 살리면서도 보기 쉽게 나타내고자 했던 그들의 노력을 엿볼 수 있습니다.

이집트 분수 표기의 두 번째 특징은 분자가 1이라는 점입니다. 예를 들어 $\frac{1}{3}$, $\frac{1}{5}$, $\frac{1}{249}$과 같이 분자가 1인 분수에 집중한 겁니다. 분자가 1인 분수를 현재 우리는 '단위분수'라 하여 별도로 분류합니다, 반면에 이집트 분수는 모두가 단위분수이기 때문에 분모만 확인하면 되고, 그래서 사실 분자라는 용어도 필요 없습니다. 결국 분모에 쓰이는 자연수만 알면, 현재 우리의 용어로 '자연수의 역수'가 그들이 쓰는 분수가 되는 것이죠.

콤 옴보 신전*Temple of Kom Ombo*에서 볼 수 있는 이집트 숫자 표기

즉, 그들의 분수 개념을 지금의 분수로 단정짓기보다는 이미 사용하고 있던 자연수를 새롭게 변형한 제2의 자연수로 간주하는 것이 더 적절한 것 같습니다.

때문에 그들의 분수 표기는 지금과는 사뭇 다릅니다. 예를 들어 현재의 분수 $\frac{3}{5}$을 고대 이집트의 분수 표기 방식으로 나타내면 다음과 같습니다.

$$\frac{3}{5}=\frac{1}{2}+\frac{1}{10}=\overline{2}+\overline{10}$$

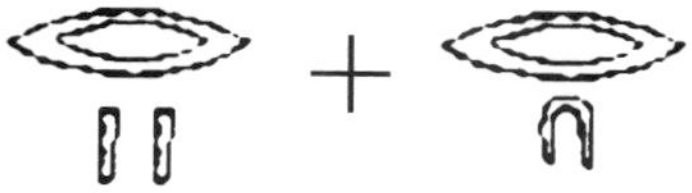

위의 식에서 $\overline{2}$와 $\overline{10}$은 이집트 분수 표기에서 입 모양을 선으로, 숫자를 나타내는 이집트 문자를 아라비아 숫자로 바꿔 만든 표기입니다. 간편하게 설명하기 위하여 이 책에서는 이렇게 임시로 만든 표기를 활용하려 합니다.

그들은 자연수 2와 10을 새롭게 변형하여 분수 $\frac{1}{2}$과 $\frac{1}{10}$로 표기하였고, 그 결과 지금의 분수 $\frac{3}{5}$을 분자가 1인 단위분수의 합으로 나타낸 겁니다.

또 다른 예로 분수 $\frac{3}{116}$을 고대 이집트 방식으로 표기하면 다음과 같습니다. 역시 분자가 1인 단위분수들의 합으로 나타냅니다.

$$\frac{3}{16}=\frac{1}{6}+\frac{1}{48}=\overline{6}+\overline{48}$$

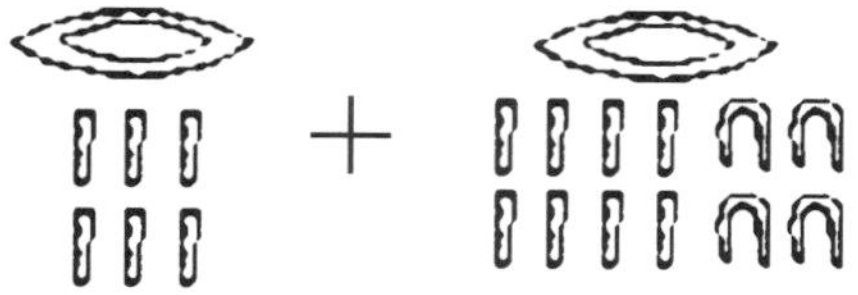

간혹 단위분수 두 개의 합으로만 나타낼 수 없는 경우도 발생합니다. 다음 예는 단위분수 세 개의 합으로 나타낸 경우입니다.

$$\frac{4}{5}=\frac{1}{2}+\frac{1}{4}+\frac{1}{20}=\overline{2}+\overline{4}+\overline{20}$$

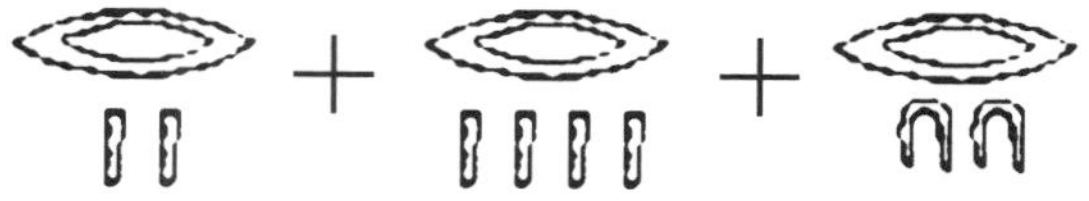

고대 이집트의 분수 표기를 보면서 또 다른 의문이 서서히 고개를 들기 시작합니다. 필요해서 분수까지 만들었던 고대 이집트인들은 왜 분자가 1인 단위분수만 사

용했던 것일까요?

이제부터 우리는 이 의문에 대한 답을 찾아 나서려고 합니다. 그리고 이 과정에서 앞서 지적했던 서구 교과서의 분수 도입과 관련한 문제점을 해결하는 실마리를 발견하게 될 것입니다. 다음 장에서 살펴보겠지만 서구 교과서에 나타난 분수 도입 과정에서의 문제점이 우리 교육과정과 교과서에서도 똑같이 되풀이되고 있기에, 사실상 이는 우리가 처한 분수 교육의 난맥상을 해결하는 단서로 자리매김하게 됩니다.

고대 이집트인들이 분자가 1인 단위분수를 고집한 이유를 밝히기 전에, 우선 그들은 왜 분수를 필요로 했는지부터 살펴봅니다. 이미 앞에서 이집트의 기하학은 추상화된 그리스 기하학과는 다르게 생활에서의 필요성 때문에 발달하였다고 언급한 바 있습니다. 그렇다면 그들의 분수 또한 실생활의 문제를 해결하기 위해 탄생했을 것이라는 추측이 가능합니다. 그렇다면 실생활의 어떤 문제를 해결하기 위해 분수를 필요로 했을까요? 이 질문에 대한 답을 얻기 위해 5천 년 전의 고대 이집트 사회로 좀 더 깊숙하게 들어가 보겠습니다.

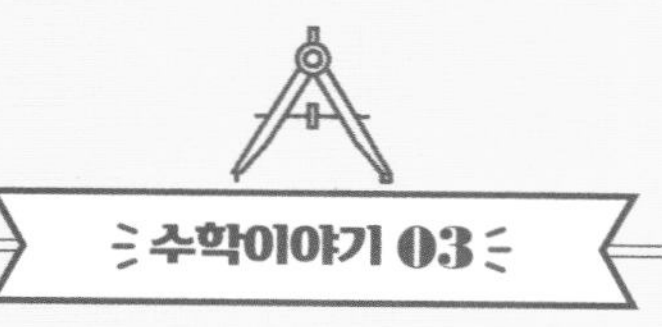

이집트 서기, 그리고 상형문자가 사라진 이유

기원전 3~4천 년부터 문자를 사용했던 고대 이집트 왕국은 수준 높은 문화를 향유하던 문명 국가였다. 그렇다고 누구나 읽고 쓸 수 있었던 것은 아니다. 지식으로의 접근은 극히 일부 소수에게만 허용되었는데, 이들 가운데에서도 읽고 쓰기를 담당하는 서기는 전문 직업인으로 우대를 받았다. 관료 중심의 중앙집권 체제였던 고대 이집트 사회에서 읽고 쓰기 능력을 보유하여 지식을 독점할 수 있었던 서기의 사회적 서열은 당연히 부러움의 대상이었다. 신전을 지키는 사제 다음으로 높은 지위를 점하고 있었던 것이다. 대부분이 남성이었지만 간혹 여성 서기도 있었다. 짐작컨대 이들 여성 서기들은 의학서적 만드는 일에 종사했던 것으로 보인다.

서기가 되기 위해서는 사원의 부속 기관으로 마련된 학교에 입학해야 했다. 5세라는 어린 나이부터 서기 양성 교육이 시작되었는데, 배워야 할 것들이 너무 많았기 때문이다. 신성문자의 개수도 지금까지 알려진 것만 해도 최소한 600개에 달했을 뿐 아니라, 각각의 문자에 하나의 뜻만 있는 것이 아니었으므로 배움의 과정은 매우 힘들고 오랜 시간이 걸렸다. 아무나 서기가 될 수 있는 것도 아니었다. 대체로 세습 방식으로 대를 이어 서기가 되는 경우가 가장 흔했지만, 간혹 솜씨 좋은 장인이 성공한 후에 자녀가 서기로 성장하기를 원했던 경우도 있었다.

그런 점에서 기원전 1570년부터 기원전 1293년까지 존속했던 신왕국 18왕조의 마지막 파라오 호렘헤브(기원전 1321년~기원전 1293년)는 상당히 주목할 만한 입지전적 인물이다. 상인의 아들이라는 미천한 신분이었음에도 서기로 입문하였고, 10살에 파라오가 되어 18살에 요절한 투탕카멘으로부터 군을 지휘하는 총사령관에 임명되었으며, 이후에도 승승장구하여 투탕카멘의 대변인이 되었다가 마침내 파라오의 자리까지 차지하였다.

한편, 서기라고 모두가 신성문자를 사용할 수 있는 것도 아니었다. '신의 말씀'이라는 신성문자를 사용할 수 있는 서기는 극히 소수에 지나지 않았는데, 그들은 주로 무덤이나 신전의 벽과 장례에 사용되는 문서를 기록했다.

호렘헤브

신들과 함께 있는 호렘헤브

대부분의 서기는 관료사회에 필요한 일상적 업무처리를 위해 간단한 신관문자를 사용하여 기록하는 임무를 부여받았다. 2년마다 실행되는 가축의 통계 조사, 징세를 위한 토지 측량, 곡물의 수확량, 귀금속의 무게 등을 기록하는가 하면, 전쟁터에서 부상자와 사망자 수를 비롯한 모든 상황을 기록하는 업무까지 담당했다. 사회에서 이루어지는 모든 계약도 반드시 서기의 손을 거쳐야만 진행되었다. 이렇게 관료 중심의 사회였던 이집트 왕조는 단순 사무에서 세금 징수에 이르는 거의 모든 행정을 서기들에게 의존하였고, 그 결과 서기는 고대 이집트에서 가장 바쁘고 존경받는 직업이 되었다. 아마도 미래를 준비하는 고대 이집트 어린이를 위한 가장 좋은 조언은 "커서 훌륭한 서기가 되어라!"라는 덕담이었을 것이다.

기원전 3세기경 프톨레마이오스 왕조의 클레오파트라 여왕을 끝으로 고대 이집트 왕국이 로마제국의 통치 하에 무너지면서 신성문자를 해독할 수 있는 서기들이 사라졌고, 상형문자 사용도 중단되었다. 그나마 서기 379년 로마 황제 테오도시우스가 기독교를 국교로 삼기 전까지는, 상형문자를 해독할 수 있는 제사장들이 신전을 중심으로 명맥을 유지할 수 있었다. 왕이 곧 신이라는 파라오 숭배가 로마 제국의 황제를 신격화하는 것을 정당화하는 역할을 담당했기 때문에 이단으로 받아들여지지 않았고, 간신히 박

해를 피할 수 있었다.

하지만 콘스탄티누스 대제가 기독교로 개종하고, 그 뒤를 이은 테오도시우스 황제가 로마 제국의 국교로 기독교를 선언하면서부터 상황은 달라지기 시작했다. 황제 테오도시우스는 이집트의 파라오 유적을 우상 숭배의 상징으로 간주하여, 391년 로마 제국 내에 있는 모든 이교도 신전을 폐쇄하라는 칙령을 내렸다. 그에 따라 이집트에 남아 있던 신전들도 폐쇄되었고, 상형문자를 읽고 쓸 수 있던 얼마 남지 않은 제사장들도 신전을 떠나야 했다. 이로써 어느 날 갑자기 상형문자를 해독할 수 있는 사람들이 이 지구상에서 완전히 자취를 감추게 되었다.

640년 아라비아 반도에서 밀려온 이슬람 군대가 이집트를 정복한 후 자신들의 언어와 종교를 이집트 전역으로 뒤덮으면서 상황은 더욱 악화되었다. 이슬람 통치 시대에 상형문자는 완전히 신비에 싸인 언어로 변했고, 이집트인들 가운데 상형문자를 읽을 수 있는 사람은 더 이상 찾아볼 수 없게 되었다. 이러한 상황은 1822년 프랑스 고고학자 장 프랑수아 샹폴리옹에 의해 상형문자가 해독될 때까지 약 1,200년 이상 계속되었다.

04

범람의 계절, 아케트

필요는 발명의 어머니라는 말처럼, 고대 이집트의 분수는 사회가 필요로 했기 때문에 탄생했습니다. 그들에게 분수는 단순한 수학적 기호가 아니라 실제 삶의 문제를 해결하는 중요한 수단이었던 겁니다. 따라서 정수, 유리수, 실수, 허수의 세계까지 마음껏 넘나드는 오늘날 수학적 관점으로만 고대 이집트의 분수를 바라볼 수는 없습니다. 고대 이집트인들의 관점에서 생각해보는 노력을 기울여야 비로소 고대 이집트 수학을 온전히 이해할 수 있습니다.

어떤 지식을 가치 있게 평가하느냐의 판단은 그 지식을 둘러싼 사회와 그 사회의 역사와 결코 무관하지 않습니다. 이러한 관점이 반드시 모든 학문적 지식에 적용된다고 주장하는 것은 아니지만, 적어도 학교에서 다루는 지식은 그 학교가 속한 사회의 구조와 역사로부터 자유로울 수 없습니다. 그런데 고대 이집트 수학과 관련하여 미국 뉴저지대학의 데이빗 라이머도 『이집트 사람처럼 셈하기Count like an Egyptian』[8]에서 이와 유사한 관점을 표명한 바 있습니다.

이집트 분수에 대하여 더 깊이 이해하기 위해 고대 이집트 사회 안으로 깊숙이 들어가 당시 이집트인들의 삶을 직접 들여다보려 합니다.

해마다 6월로 접어들면 고대 이집트인들은 매일 태양이 뜨기 직전 동쪽 하늘을 관찰하기 시작합니다. 저 멀리 지평선 위에 한동안 사라졌던 별이 마침내 밝은 빛을 발하며 모습을 드러내는 바로 그날, 비로소 이집트의 새해가 시작되기 때문입니다. 그 별은 태양계와 비교적 가까운 위치에 있는 항성 '시리우스'로, 고대 이집트 신화에 나오는 여신 '이시스'를 상징하는 별입니다. 고대 이집트인들은 이제 곧 여신 '이시스'가 눈물을 흘리고 그 눈물이 나일 강으로 흘러들어와 홍수가 발생해 강의 범람이 시작될 것이라는 신의 예언을, 하늘에 나타난 시리우스 항성이 자신들에게 알려주는 것이라 믿었습니다.

나일 강의 두 지류 가운데 하나인 '청나일'은 5월이 지나면서 우기에 접어듭니다. 바로 이때부터 나일 강의 범람이 본격적으로 시작됩니다. 에티오피아 고원에 내리던 비가 다나 호로 흘러 들어가는데, 호수의 크기가 워낙 작아 곧 빗물이 넘쳐 강으로 흘러 들어갑니다. 또 다른 지류인 '백나일'은 케냐의 킬리만자로와 루웬조리 같은 고산의 눈이 녹아내려 빅토리아 호를 거쳐 수드로 흐르는 강을 말합니다. 대략 7월 무렵이면 청나일과 백나일의 두 지류가 수단의 하르툼에 모여 하류에 도달합니다. 이때 강의 수량이 3배 가까이 불어나면서 나일 강의 범람이 시작됩니다. 고대 이집트인들은 나일 강이 범람하는 홍수의 계절을 '아케트Akhet'라 불렀는데, 아케트는 시리우스가 첫 모습을 드러내는 날 시작되어 대략 9월까지 이어집니다.

홍수 때문에 나일 강이 범람한다지만, 우리가 상상하는 것처럼 많은 비가 한꺼

---

8 Reimer, D., Count Like an Egyptian, Princeton University Press, 2014.

번에 내려 강물이 넘치는 범람과는 거리가 멉니다. 가옥을 비롯한 모든 것을 쓸어가는 것도 아닙니다. 상류와 하류의 강수량 차이가 워낙 크기 때문인데, 지중해에 근접한 나일 강 하류 삼각주에 위치한 도시 알렉산드리아도 연간 강수량이 고작 400mm에 지나지 않습니다. 이마저도 사흘에 한 번꼴로 비가 내리는 장마철에 집중될 뿐이죠.

조금 더 상류 쪽에 위치한 카이로는 연간 강수량이 $\frac{1}{10}$인 40mm밖에 되지 않고, 더 거슬러 올라가서 상이집트에 속하는 룩소르와 아스완의 연간 강수량은 $\frac{1}{200}$인 2mm에 그치니 비가 거의 오지 않는 것이나 마찬가지입니다.

더군다나 남에서 북으로 흐르는 나일 강은 상류에서 하류로 흘러내려 가면서 물이 증발하거나 대지에 흡수되어 수량이 조금씩 감소하기 때문에 강폭도 점차 좁아집니다. 강의 깊이는 카이로를 지나면서 겨우 10m 정도이고, 강폭도 100m 남짓밖에 되지 않습니다. 서울 한강의 평균 강폭이 1km 남짓이니까 그에 비하면 나일 강의 규모는 상당히 작은 셈입니다.

나일 강 유역에 거센 바람이 불지도 않으니 태풍이 발생하는 것도 아닙니다. 나일 강 삼각주의 고지대와 강을 따라 쌓아놓은 높은 제방 위의 얼마 되지 않은 정착지를 제외하고 이집트 전역이 물에 잠기지만, 맑은 하늘 아래 나일 강 수위가 그저 조금씩만 올라갈 뿐입니다. 상류에 흩어져 있던 여러 지류를 따라 흘러내리던 나일 강물이 하류에 이르면서 거대한 물줄기를 형성하여 천천히 범람하는 겁니다. 수위가 어느 정도 올라가면 제방의 수문을 열어 물을 경작지로 흘려보내고 나서 다시 수문을 닫으면 됩니다. 그리고는 강의 범람이 그치기를 기다리는 것 외에 할 수 있는 것은 아무것도 없습니다. 머지않아 때맞춰 다시 수문을 열어 나일 강으로 물을 내보내면 경작지가 자연스럽게 회복되니까요. 이때 필요한 물은 저수지에 충분히 남겨두면 그만입니다.

범람의 계절인 아케트는 이집트 사회의 존속을 위해 매우 중요한 시기입니다. 이 무렵 나일 강은 매우 귀중한 두 가지 자원인 물과 흙을 이집트에 실어 나르니까요. 사막으로 둘러싸인 이집트의 지리적 여건에 비추어볼 때, 물은 금보다 더 귀중한 자원입니다. 그래서 범람하는 나일 강의 강물을 가둬놓을 저수지를 건설하여 비가 오지 않을 때를 대비하는 치수 정책은 고대 이집트 사회를 유지하기 위한 핵심 과제였습니다.

나일 강의 범람이 정기적으로 일어난다고 해도 물이 불어나는 폭은 당연히 해마다 제각기 다를 수밖에 없습니다. 작년까지 홍수가 났던 곳에 금년에 물이 들어오지 않으면, 물속의 염분이 강해지고 경작하던 작물이 전멸합니다. 반대로 예년에는 물이 들어오지 않았지만 금년에 갑자기 물이 불어나 심한 홍수를 겪는 경우도 있습니다. 이때도 그 물이 염분까지 끌어들이는 바람에 경작하던 작물은 똑같은 피해를 입게 되니 낭패일 수밖에요. 이에 나일 강물을 어떻게 조절한 것인가를 놓고 왕들은 고심을 거듭했습니다.

"나일 강을 다스리는 자가 이집트를 다스린다."는 말은 결코 과장이 아니었습니다. 이웃집 농지로 흐르는 물길을 막는 행위를 한 자는, 사후에 심판의 날이 다가왔을 때 오시리스 신이 다스리는 지하 세계로 들어갈 수 없어 떠돌아다니는 유령으로 전락한다는 저주를 피할 수 없었습니다. 이는 현세보다 사후 세계에 대한 확고한 믿음이 반영된 관습이었고, 물길을 막아 피해를 주는 행위는 그만큼 커다란 범죄로 간주되었음을 말합니다.

나일로미터

배를 대는 강변에는 나일로미터nilometer(나일강의 수위를 측정한다는 뜻의 이름을 가진 도구)가 설치되어 있어 물이 불어나는 수위를 기록하고 범람의 규모와 시간을 예측하기도 했습니다. 나일로미터는 강가에 설치된 돌계단으로 물에 잠긴 부분의 길이를 측정하는 도구입니다. 돌로 만든 거대한 자를 나일 강에 꽂아놓은 것과 같은데, 이에 대한 업무 역시 서기의 몫이었습니다.

이렇게 고대 이집트 사회에서 물을 통제하는 일은 파라오로부터 일개 농사꾼에 이르기까지 생존과 직결된 중요한 과제였습니다.

아케트 기간 동안 나일 강은 귀중한 또 하나의 자원을 이집트로 실어 나릅니다. 상류의 모래보다 곱고 진흙보다는 거친 침적토가 하류에 구축한 제방을 따라 차곡차곡 쌓이는 놀라운 현상이 나타납니다. 우기가 시작되면 에티오피아 고원의 질 좋은 흙이 강으로 흘러들어오는데, 도중에 서로 부딪히면서 반죽처럼 변하고 갑자기 완만해지는 물살에 침전이 일어나 비옥한 지층을 이룹니다.

아프리카 대륙의 절반 정도를 가로지르는 장장 6,600km의 거리를 이동하며 곡물 재배에 최적의 환경을 제공하는 미네랄 성분을 듬뿍 담은 침적토를 이집트 전역에 흩뿌려 놓을 뿐 아니라 바람을 타고 사막에서 밀려오는 염분까지 씻어주니, 나일 강은 이집트인들에게 말 그대로 신의 축복이었습니다. 이 비옥한 침적토로 인해 대지의 색깔은 검게 변하는데, 그들은 이를 "검은 영토Black Land"라고 부르며 나일 강 양쪽 사막 지대를 가리키는 "붉은 영토Red Land"와 구분하였습니다. 사막의 모래 색깔에서 유래된 붉은 영토를 이집트어로 데세레트Desheret라고 하는데, 사막을 뜻하는 영어 desert의 어원이 되었답니다.

05

수확의 계절, 문제는 분배

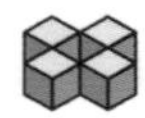

9월을 고비로 나일 강의 수위가 점차 내려갑니다. 약 4개월에 걸친 나일 강의 범람이 끝나는 10월부터는 본격적으로 농작물 경작이 시작되는데, 이제 농부들은 비옥해진 논과 밭을 갈아 씨를 뿌리고, 웅덩이를 파서 배수로를 만들어 물길을 열어주는 등 매우 바쁜 나날을 보내게 됩니다. 이듬해 2월까지 지속되는 '경작의 계절'인 페레트Peret 기간 동안에는 비가 거의 오지 않기 때문에 범람의 계절 아케트 때 모아둔 저수지의 물을 경작지에 공급합니다. 농경사회 고대 이집트는 그렇게 모든 것을 전적으로 나일 강에 의존할 수밖에 없었습니다.

3월부터 5월까지는 '수확의 계절' 셰무Shemu입니다. 농부들은 낫으로 곡식을 거둬들이고 도리깨로 타작을 하고 키질을 하여 낟알만 고릅니다. 주로 재배한 곡물이 밀과 보리였으니 주식은 자연스럽게 빵과 맥주가 되었고, 여기에 버터나 꿀이 첨가

기원전 14세기 경 신왕국의 서기였던 낙트*Nakht*의 무덤에 그려진 부조. 감독관 앞에서 경작, 수확, 타작을 하는 농부들

되었을 수도 있습니다. 곡식들을 빻아 가루로 만들어 저장했는데, 밀과 보리 전분으로 만든 빵이 약 40여 종류나 되었다고 합니다. 소금이 들어간 빵, 대추야자 열매나 건포도가 들어간 빵, 그리고 곁들이는 수프는 모두가 즐겼던 식단이었습니다. 혹자는 맥주가 주식이라는 사실을 의아할지 모르지만, 당시의 맥주는 지금과 같은 술이 아니라 강물에 남았을 수도 있는 박테리아를 제거하기 위한 목적이었으므로 알코올 함유량이 그리 높지 않았습니다. 특별한 행사를 치르는 경우 가장 빈번하게 식탁에 올라온 것은 쇠고기였습니다. 누군가는 오리나 닭 또는 염소를 키워 알과 젖을 얻거나 낚시로 물고기를 잡아 식량으로 충당했을 수도 있습니다.

우리는 여기서 고대 이집트가 신격화된 절대 왕권의 파라오를 중심으로 하는 중앙집권 체제의 사회였다는 사실에 주목할 필요가 있습니다. 권력을 독점한 소수 지배계층이 일반 시민들에게 필요한 모든 것을 통제하고 배분하는 사회였습니다. 이집트 시대를 그린 할리우드 영화에서와 같이 떠들썩한 시장에서 시민들이 자유롭게 오가며 물건을 사고파는 광경은 그들의 일상에서는 일어나지 않았습니다. 물론 국가가 제공하지 않는 몇몇 물품들을 서로 교환하는 물물교환을 위한 시장은 있었겠지만, 가장 중요한 곡식의 분배는 철저한 배급제도에 의해 이루어졌습니다.

06

해켓과 페수, 고대 이집트의 측량 단위

모든 것을 통제할 수 있는 강력한 권력을 가진 고대 이집트 지배계층이 해결해야 할 가장 큰 과제 중 하나는 토지를 비롯해 주식인 곡식을 어떻게 분배할 것인가 하는 것이었습니다. 이 업무의 담당은 당연히 서기들이었습니다.

그들이 공통적으로 수행해야 할 의무 가운데 하나는 각 토지에서 수확되는 곡식의 양을 기록하고 세금을 거둬들이며 일꾼들에게 급여를 지급하는 것이었습니다. 특히 급여를 지급하는 과제는 쉽지 않았습니다. 고정된 급여를 지급하는 것이 아니라 그때그때 거두어들인 것들 가운데에서 적절한 몫을 공평하게 나누어주어야 했기 때문입니다.

주식이 빵과 맥주였으므로 노동의 대가에 대한 지불 수단은 당연히 곡식이었습니다. 따라서 고대 이집트인들의 일상적 삶에서 곡식의 양을 측정하는 것은 매우 중요한 과제였습니다. 한 덩어리의 빵과 한 단지의 맥주를 만들기 위해 필요한 곡식의 양을 측정하는 것과 함께, 거둬들인 곡식을 어떻게 공평하게 배분할 것인가의 문제도 매우 진지하고 조심스럽게 해결해야 했습니다.

오랜 시행착오 끝에 고대 이집트인들은 곡식의 양을 측정하는 자신들만의 새로운 단위로 해켓hackat을 고안하기에 이르렀습니다. 1해켓은 지금의 부피 단위로 약 4.8리터에 해당하는 양입니다. 해켓과 더불어 페수pesu라는 새로운 단위도 만들어 사용했습니다. 페수는 1해켓의 곡식으로 만들 수 있는 빵의 개수를 뜻하는 독특한 단위로, 바로 이 지점에서 고대 이집트의 단위 체계가 오늘날 단위와는 현격한 차이가 있다는 것을 알 수 있습니다. 그들이 해결해야 할 문제들 가운데 하나를 예로 들면 다음과 같습니다.

예제 25페수의 빵을 만들 수 있는 곡식 2해켓으로 몇 페수의 빵을 만들 수 있을까?

페수라는 단위는 1해켓의 곡식으로 만들 수 있는 빵의 개수이므로, 25페수는 1해켓으로 빵 25개를 만들 수 있음을 알려줍니다. 따라서 2해켓이면 1해켓으로 만드는 25페수의 빵을 두 번 더하면 간단하게 답을 얻을 수 있습니다. 즉, $25+25=50$ 또는 $25\times2=50$과 같이 자연수의 덧셈이나 곱셈으로 답을 구할 수 있습니다.

고대 이집트인들이 해켓과 페수라는 독특한 단위를 고안하여 사용한 데에는 나름의 이유가 있었습니다. 그 이유를 짐작해보려면, 페수라는 단위가 없는 우리는 25페수를 다음과 같이 새로 해석해야 합니다.

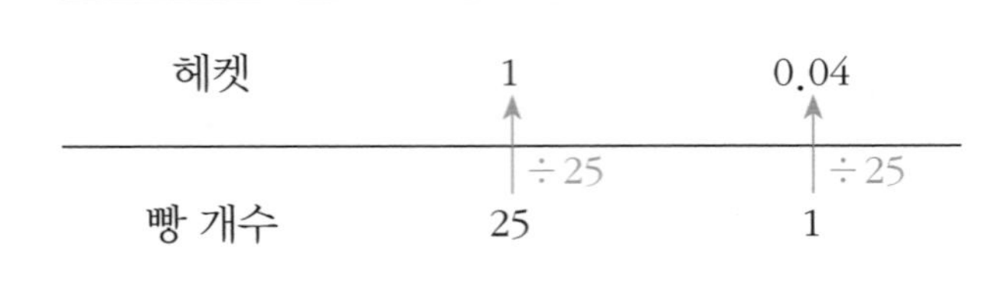

헤켓	1	0.04
	↑ ÷25	↑ ÷25
빵 개수	25	1

즉, 1헤켓의 곡식으로 25개의 빵을 만들 수 있다는 조건을, 빵 1개를 만들려면 0.04헤켓의 곡식이 필요하다는 조건으로 바꿔 이 문제를 다음과 같이 다시 기술해야 합니다.

예제 빵 한 개를 만드는 데 0.04헤켓의 곡식이 필요하다. 2헤켓의 곡식으로 빵 몇 개를 만들 수 있을까?

풀이 빵 한 개를 만들기 위해 필요한 곡식은 0.04헤켓이다. 따라서 2헤켓의 곡식으로 만들 수 있는 빵의 개수는 다음과 같은 나눗셈에 의해 구할 수 있다.

$$2(\text{헤켓}) \div 0.04(\text{헤켓}) = 2 \div \frac{4}{100} = 2 \times \frac{100}{4} = 50$$

소수 나눗셈에 의해 2헤켓은 0.04헤켓(빵 한 개 만드는 데 필요한 밀가루 양)의 50배임을 알 수 있죠. 즉, 50개의 빵을 만들 수 있다는 답을 얻었습니다. 하지만 고대 이집트인들에게는 소수가 없었고, 설혹 소수를 알았더라도 소수 나눗셈은 그리 쉬운 문제가 아니었습니다. 하지만 그들은 페수라는 단위를 새로 고안함으로써 오늘날의 소수 나눗셈 문제를 자연수 덧셈이나 곱셈으로 나타내어 간단하게 문제를 해결할 수 있었던 겁니다.

페수 단위의 뜻은 분명합니다. 페수의 양이 증가하면, 1해켓으로 만들 수 있는 빵의 개수가 커지므로 빵의 크기는 작아집니다. 예를 들어 10페수는 1해켓에서 만들어진 빵의 개수가 10개, 5페수는 똑같은 1해켓에서 만들어진 빵의 개수가 5개이므로, 10페수인 빵의 크기는 5페수인 빵의 크기의 절반밖에 되지 않습니다. 이는 곧 10페수의 빵 하나를 만들기 위해서는 곡식 1해켓의 $\frac{1}{10}$이 필요하고, 5페수의 빵 하나를 만들기 위해서는 곡식 1해켓의 $\frac{1}{5}$이 필요하다는 것을 뜻합니다.

그런데 여기서 페수는 결국 지금의 단위분수, 즉 분자가 1인 분수라는 것을 알 수 있습니다. 그들이 왜 단위분수만을 사용하였는지 그 이유가 페수라는 단위를 통해 조금씩 드러나기 시작합니다.

위의 예에서 10페수의 빵 두 개가 5페수의 빵과 같은 양이 되는데, 이는 지금의 분수 덧셈식으로 다음과 같이 나타낼 수 있습니다.

$$\frac{1}{10} + \frac{1}{10} = \frac{1}{5}$$

언뜻 보면 페수의 덧셈은 위와 같이 분수로 나타내야 하므로 상당히 복잡하다고 생각할 수도 있습니다. 하지만 앞에서 본 예제에서처럼 페수 단위에 의해 '소수 나눗셈 문제'가 간단한 '자연수 덧셈 문제'로 바뀔 수 있습니다.

결론적으로 고대 이집트의 경제 및 사회가 오늘날 화폐 경제나 자본주의 체제에 기반을 두지 않았으며, 그 때문에 그들이 사용한 단위는 절대적이 아닌 상대적인 측정을 위한 것이었습니다. 따라서 해켓과 페수라는 새롭고 희귀한(물론 우리의 관점에서 그렇다는 것이지만) 측정단위를 계발한 것은 수학적 이유가 아니라 배급제도의 정착, 즉 사회경제적 필요에서 비롯되었다고 볼 수 있습니다.

어쨌든 고대 이집트인들이 1해켓의 곡식으로 만들 수 있는 빵의 개수, 즉 페수 단위가 바로 분수 개념으로 이어지는 것을 확인할 수 있었습니다. 우리 눈에는 기묘하게 보이는 그들의 분수 개념은 이러한 사회 분위기에서 탄생하였습니다.

07

고대 이집트 신화

나일 강이 고대 이집트인들의 물질적 삶을 풍요롭게 하는 젖줄이었다면, 정신적 삶에 영양분을 공급한 것은 이집트 신화였습니다. 고대 이집트인이라는 의식과 정체성을 형성하는 매개체의 역할을 담당했던 것입니다.

사실 우리에게 고대 이집트인들은 '죽음 후의 삶'에 상상을 초월할 정도의 집착을 보인 것으로 각인되어 있습니다. 여러 이유가 있겠지만, 특히 1932년에 처음 개봉된 영화 「미이라」 때문에 과장된 인식이 더욱 조장되었던 것으로 보입니다. 영화는 여러 차례 리메이크 되었고, 가장 최근에는 톰 크루즈와 에나벨 윌리스가 주연을 맡아 2017년에 또다시 개봉되었을 정도였으니까요.

그러나 사실 사후세계에 집착하는 고대 이집트인들의 이미지가 오늘날까지 이어지게 된 계기를 마련한 장본인은 2천여 년 전에 이집트를 여행했던 고대 그리스인들이었습니다. 대표적인 인물을 꼽으면 기원전 5세기 '역사학의 아버지'로 일컬어지는 헤로도투스, 기원전 1세기 『역사총서Library of History』의 저자 디오도로스, 기원후 1세기 『플루타르코스 영웅전』으로 잘 알려진 로마인 플루타르코스입니다. 이들 세 사람 모두 공통적으로 고대 이집트 신화와 종교가 추구하는 핵심은 '죽음 후의 삶'에 있다고 지적하였고, 당시 알려져 있던 고대 이집트의 신화에 대해 각자 나름의 체계를 갖춰 기록으로 남겼습니다. 오늘날 전해지는 이집트 신화들은 고대 그리스 신화와 마찬가지로 여러 버전으로 각색되어 전해 내려오기 때문에 신화의 내용도 제각각입니다. 이집트 신화가 만들어진 지 무려 2천 5백 년이 지났을 뿐 아니라, 이들이 방문한 지역과 시기가 각기 달랐기 때문일 겁니다.

「미이라」 2017 포스터

고대 이집트인들의 독특한 신앙인 '죽음 후의 삶'에서 가장 중요한 역할을 담당하는 신은 '오시리스Osiris'였습니다. 그는 사람이 죽은 뒤에 간다는 영혼의 세계 '명계(또는 저승)'에서 죽은 자를 심판하고 내세에도 삶을 지속할 수 있는지 여부를 가려주는 심판관이었습니다. 동시에 현세의 이집트인들에게는 초목, 생명, 풍요를 가져다주는 신이자, 죽은 사람을 다시 깨울 수 있는 능력을 가진 부활의 신으로 숭배되었습니다. 그래서 고대 이집트의 파라오는 종종 오시리스의 화신으로 받아들여졌던 겁니다.

디오도로스가 기록한 신화에 따르면, 오시리스는 큰 군대를 이끌고 인간이 살고 있는 땅을 두루 방문하여, 인류가 야만적인 삶에서 벗어나 문명 세계로 나아가도록 도움을 주는 문화 영웅으로 그려집니다. 포도를 재배할 수 있는 곳에서는 와인 만

오시리스

들기를 가르쳤고, 포도 재배가 어려운 지역에서는 보리를 재배하여 맥주를 만들 수 있게 하였습니다. 그래서 오시리스는 고대 그리스의 주신 디오니소스(로마 신화의 박카스)와 동일시되기도 합니다.

오시리스에게는 누이동생인 여신 '이시스'가 있었는데, 당시의 왕가 전통을 따라 이시스를 아내로 받아들입니다. 이시스는 범람의 계절인 아케트의 시작을 알리는 항성 시리우스의 상징으로, 그리스의 대표적인 농경과 풍요의 여신 데메테르와 동일시되었습니다.

오시리스와 이시스는 모차르트가 세상을 떠나기 두 달 전에 마지막으로 완성한 오페라 「마술피리(일명 마적)」에도 등장합니다. 2막에서 고대 이집트 제국의 신전을 배경으로 삶과 죽음을 주관하는 이집트 신과 여신에게 바치는 엄숙한 내용의 노래 '오, 이시스와 오시리스여!'가 울려 퍼지는데, 고대 이집트 신화가 18세기 유럽 문화에 지대한 영향력을 끼쳤다는 사실을 미루어 짐작할 수 있습니다.

신화에 따르면, 오시리스에게는 세트Set와 네프티스Nephtis라는 또 다른 남매가 있었습니다. 오시리스의 아우인 세트는 혼돈, 무질서, 질투, 불, 사막, 폭풍, 사기를 상징하는 신으로 묘사됩니다. 틈틈이 오시리스의 왕위를 노리고 있던 세트는 오시리스가 문화 영웅의 역할을 마치고 본국으로 돌아오자 성대한 환영 연회를 개최하는데, 사실상 오시리스를 제거하기 위한 속임수였습니다.

여기서 오시리스를 암살하는 데 성공한 세트는 시신을 목관에 담아 나일 강을 따라 흘려보냈고, 시신이 담긴 목관은 지중해로 흘러나와 비블로스 해안에 도착합니다. 비블로스는 현재 레바논에 속하는 아랍식 지명을 가진 주바일이라고 하는데, 당시에는 페니키아 상인들이 이집트에서 만든 파피루스를 그리스로 수출하는 무역의 중심지였습니다. 비블로스는 파피루스의 그리스식 발음으로, 성경을 뜻하는 바이블의 어원이 된 곳이기도 합니다.

오시리스의 시신이 들어 있는 목관은 중동지역에서 흔히 볼 수 있는 관목에 파묻혔고, 나무가 무성히 자라 관목을 뒤덮었다고 합니다. 이때 마침 그곳을 지나던 왕이 특이한 모습의 관목 뭉치를 발견하고 왕궁으로 옮겨 기둥으로 사용했습니다.

이시스

한편 비보를 접한 여신 이시스는 슬픔과 당혹감에 휩싸여 머리카락을 자르고 오시리스의 죽음을 애도하지만, 곧 정신을 차리고 동생 네프티스와 함께 오시리스의 시신이 든 목관을 찾아 온 나라를 헤맸습니다. 마침내 목관의 위치를 알아낸 이시스는 왕궁으로 잠입하여 관목 뭉치에서 오시리스의 시신을 꺼내 다시 이집트 땅으로 돌아옵니다.

이시스는 네프티스와 함께 조각난 시신을 다시 맞추어 수습하는데, 이 과정에서 오시리스가 부활하게 됩니다. 이제 그의 영혼은 지하세계인 아멘티Amenti를[9] 통과할 수 있게 되면서 죽은 자들을 다스리는 역할을 제대로 수행할 수 있게 되었습니다. 이때부터 오시리스는 부활과 재생을 상징하는 신으로 숭배되었습니다. 그의 죽음과 부활의 모티브는 계절에 따른 식물의 죽음과 탄생과 관련이 있어, 그는 식물을 관장하는 신 또는 농경의 신으로도 추앙받게 됩니다. 그 때문에 그의 피부가 녹색이라는 설도 있고, 한편으로는 온기를 잃어 차갑게 식어버린 시체의 피부색을 상징한다는 해석도 있습니다. 그의 몸이 죽은 상태라는 것을 보여주듯 아마천에 싸여

---

9 고대이집트인들은 시신이 온전히 수습되지 않으면 죽은 자의 영혼이 지하세계인 아멘티에 들어가지 못하고 이 세상을 떠돌아다닌다고 믿었다. 사후세계에 대한 종교와도 같은 이런 믿음은 미라의 제작과 보존에 대한 그들의 집착으로 이어졌다.

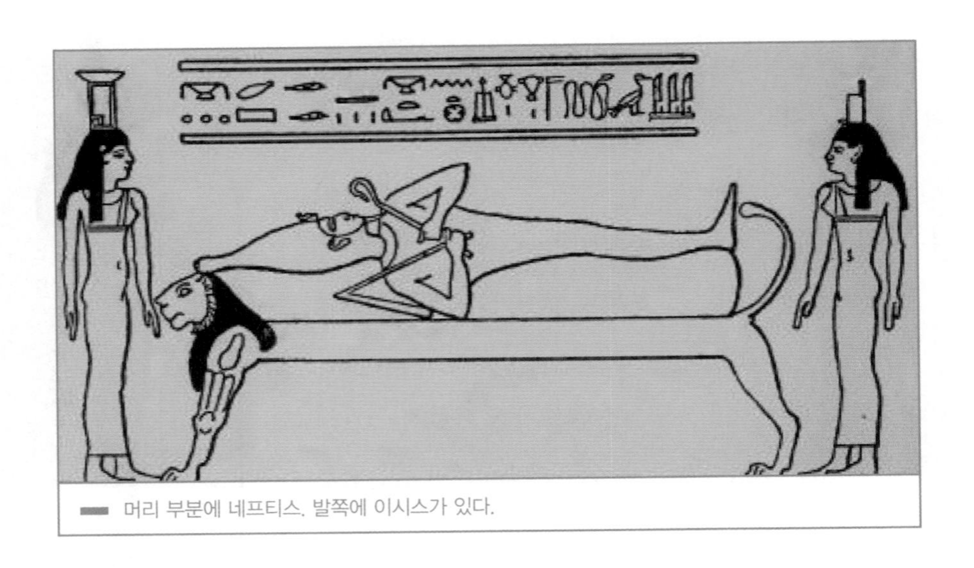

머리 부분에 네프티스, 발쪽에 이시스가 있다.

있는 미라와 같은 모습을 하고 있어 망자의 군주임을 상징하며 동시에 부활을 상징하기도 합니다.

한편 이시스는 오시리스의 시체 조각을 수습하고 미라를 만드는 과정에서 아들 호루스를 잉태하는데, 이를 두고 혹자는 수천 년 후에 만들어진 기독교 성서에 등장하는 동정녀 마리아의 예수 잉태의 기원이라는 주장을 펼치기도 합니다. 그 진위 여부는 가릴 수 없지만, 어쨌든 신화에서 이시스는 오시리스의 아들인 호루스를 낳아 '태양신 라'의 힘을 빌려 온 정성을 다해 길러냈고, 호루스는 어머니의 보호와 저승세계의 왕이 된 아버지 오시리스에게 싸움을 배워 훌륭하게 자라났습니다.

08

호루스 눈과 이집트 분수

오시리스와 이시스의 아들인 '호루스' 이름에는 '매', '위에 있는 존재', '멀리 떨어져 있는 존재' 등의 여러 의미가 중첩되어 있지만, 보통 매의 머리를 한 남성으로 묘사하며 하늘을 지배하는 신으로 등장합니다.

장성한 호루스는 아버지의 원수인 세트에게 복수하기 위해 전쟁을 일으키는데, 이 대목은 셰익스피어의 『햄릿』과 같은 패러다임을 갖고 있다고 할 수 있습니다. 아버지의 복수를 위해 숙부에 대항하는 햄릿 왕자를 그리고 있으니까요.

어쨌든 드디어 전쟁이 시작되었습니다.[10] 세트는 상상도 못할 만큼 크고 날카로

---

10 신화에 등장하는 호루스와 세트와의 싸움은 2016년에 개봉된 판타지 영화 「갓 오브 이집트*Gods of Egypt*」의 소재다. 하지만 영화는 그야말로 타임 킬링용에 지나지 않아 권하고 싶지 않다.

호루스의 눈(왼쪽), 콤옴보 신전 벽에 새겨진 호루스의 눈(오른쪽)

호루스

운 송곳니를 가진 무서운 멧돼지로 변신합니다. 호루스의 눈이 세트의 움직임을 파악하기 위해 태양처럼 빛나다가 호수처럼 맑고 투명한 유리처럼 변하는 순간, 멧돼지는 호루스에게 공격을 가합니다. 갑작스런 멧돼지의 공격을 받게 된 호루스는 멧돼지가 세트라는 사실을 알지도 못한 채 왼쪽 눈이 찢겨져 나가 산산조각으로 부서졌습니다. 이때 토트가 등장하여 호루스의 눈을 마법의 힘으로 치유해줍니다. 토트는 신들의 행적을 기록하는 서기로서, 신성문자를 창조하여 이집트인들에게 전했다는 지혜의 신으로 숭상되는 신입니다.

이렇게 치유된 호루스의 왼쪽 눈은 검은 빛을 띠게 되어 치유와 달을 상징하고, 오른쪽 눈은 태양을 상징하여 태양신 라의 눈이라고 합니다. 그 후 태양을 상징하는 오른쪽 눈을 '라의 눈', 달을 상징하는 왼쪽 눈을 '호루스의 눈'으로 구별하게

11 이는 이집트학의 권위자인 리차드 윌킨슨의 『이집트 예술 읽기*Reading Egyptian Art : A Hieroglyphic Guide to Ancient Egyptian Painting and Sculpture*, 1992』의 설명을 따른 것이다. 호루스와 세트의 전쟁에 관련된 신화는 기원전 2500년 무렵에 만들어진 것으로 추정되는 『피라미드 텍스트』에 처음 등장하는데, 이후 여러 문헌에 조금씩 다른 형태로 각색되어 기록되어 있다.

되었다고 합니다.[11]

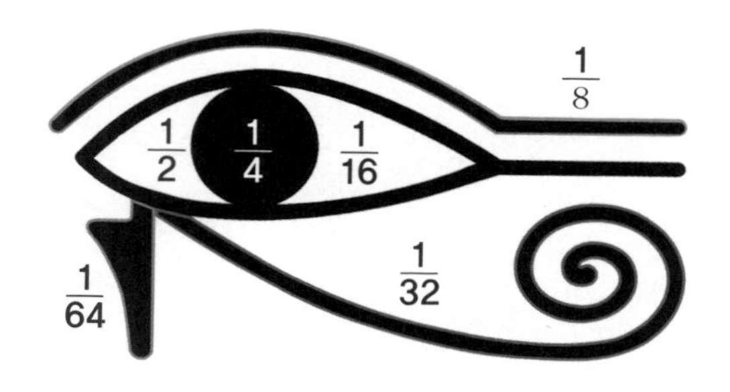

마침내 호루스는 세트를 죽이고 아버지의 복수를 완성한 후 이집트의 왕이 되어 파라오와 왕권을 수호하는 상징이 되었습니다. 이때부터 '호루스의 눈'도 고대 이집트 종교(신화)에서 건강, 치료, 보호를 뜻하는 일종의 상징이 되었습니다.

그런데 흥미로운 것은 호루스 눈이 이집트 분수와 관련이 있으며, 조각난 6개의 각 부위가 단위분수를 나타낸다고 합니다. 즉, 그림과 같이 왼쪽 부위(아래 그림의 D11)가 분수 $\frac{1}{2}$를 나타내고, 눈동자 (D12)는 $\frac{1}{4}$, 눈썹 (D13)은 $\frac{1}{8}$, 눈의 오른쪽 삼각형 모양의 부위(D14)는 $\frac{1}{16}$, 곡선의 눈꼬리 부위(D15)는 $\frac{1}{32}$이고, 눈물을 상징하는 기호(D16)은 분수 $\frac{1}{64}$을 각각 나타냅니다.[12]

고대 이집트인들의 전통적인 믿음을 기록한 의학서에는 호루스 눈의 여섯 부위가 우리 신체의 '오감+생각'에 해당하는 육감과 관련 있다고 기록되어 있습니다. 각각의 부위가 차례로 후각, 시각, 사고, 청각, 미각, 촉각을 상징한다는 것입니다.

1911년 이집트학을 연구하는 독일인 게오르그 묄러Georg Möller는 이 기호들이 단위분수를 나타내는 상형문자의 흘림체라는 독창적인 가설을 내놓았습니다. 그리고

D11	D12	D13	D14	D15	D16
후각	시각	사고	청각	미각	촉각

12 알랜 가드너의 『이집트 문법*Egyptian Grammar*』, Griffith Institute, Ashmolean Museum, Oxford, 1927 초판, 1982;

영국의 이집트학 권위자 알랜 가드너는 이집트 언어를 분석하여 집대성한 자신의 저서『이집트 문법Egyptian Grammer』에서 위의 그림과 같이 D-11부터 D-16까지 분류 코드를 넣어 묄러의 가설에 힘을 실어줍니다.

그러나 2003년 수학과 과학의 역사를 연구하는 프랑스 소르본대학의 짐 리터Jim Ritter는 묄러의 가설을 확신할 수 없다고 주장하며, 호루스 눈의 각 부위가 상형문자와 거리가 멀 뿐 아니라 단위분수와 관련짓는 것은 허위라고 반론을 제기합니다.[13]

그럼에도 수학계에서는 지금도 호루스의 눈이 인구에 회자되고 있습니다. 이는 앞으로도 계속 이어질 것 같은데, 고대 이집트의 측정 단위인 해켓과의 연관성 때문입니다. 1, $\frac{1}{2}$, $\frac{1}{4}$, $\frac{1}{8}$, $\frac{1}{16}$, $\frac{1}{32}$, $\frac{1}{64}$은 각각 시장에서 거래할 때 사용되는 부피의 측정 단위입니다. 1은 해켓heckat, $\frac{1}{2}$은 케다keddaha, $\frac{1}{4}$은 오이페oipe이며, 이로부터 힌hin($\frac{1}{16}$), 드자dja($\frac{1}{64}$), 로ro($\frac{1}{320}$)와 같은 새로운 단위가 파생되었습니다. 부피나 용량을 측정하는 우리의 옛날 단위인 말, 되, 홉과 같은 그들만의 단위들입니다. 여기서 마지막의 '로'는 곡식을 측정하는 가장 작은 단위로 한술tablespoon과 비슷한 양으로 생각하면 됩니다.

1해켓, $\frac{1}{2}$해켓, $\frac{1}{4}$해켓, $\frac{1}{8}$해켓을 담는 용기들[14]

---

13 Jim Ritter, "Closing the Eye of Horus: The Rise and Fall of Horus-Eye Fractions" In J. Steele & A. Imhausen (eds.), Under One Sky (AOAT 297), Münster: Ugarit-Verlag, 2003

14 이집트 카이로 대학의 아셈 델프*Assem Delf*의 '고대 이집트 수학*Mathenatics in Ancient Egypt*'에서 발췌. https://www.researchgate.net/publication/337941217_Mathematics_in_Ancient_Egypt_Part_II에서 다운로드 받을 수 있다.

그런데 호루스 눈을 나타내는 6개의 분수를 모두 더하면 $\frac{63}{64}$이므로 1이 되지 않습니다.

$$\frac{1}{2}+\frac{1}{4}+\frac{1}{8}+\frac{1}{16}+\frac{1}{32}+\frac{1}{64}=\frac{63}{64}$$

이 작은 차이를 두고, 완벽함은 현세에서는 이룰 수 없고 내세에서만 가능하다는 고대 이집트인들의 신앙을 상징한다는 해석도 있으니 '꿈보다 해몽' 또는 '이현령비현령耳懸鈴鼻懸鈴'이라는 표현이 딱 들어맞는 것 같습니다.

그런데 고등학교 수학의 〈수열〉 단원에는 위의 분수 덧셈식이 다음과 같은 무한등비수열의 일부로 등장하기도 합니다.

$$1=\frac{1}{2}+\frac{1}{4}+\frac{1}{8}+\frac{1}{16}+\frac{1}{32}+\frac{1}{64}+....+2^{-n}+....\infty$$

호루스 눈에 들어 있다는 단위분수의 합이 "무한등비수열 합이 1로 수렴한다"는 사실과 관련이 있음은 분명합니다. 고대 이집트인들의 연산방식, 특히 2배수에 의한 곱셈 방식이 2의 거듭제곱을 분모로 하는 단위분수의 합과 무관하지 않지만, 이에 대한 상세한 설명은 범위를 벗어나므로 이집트 수학 관련 도서들을 참고하기 바랍니다.

상징 기호로서의 '호루스 눈'

고대 이집트인들은 '호루스 눈'을 '전체인 하나'를 뜻하는 와젯*Wadjet* 또는 우찻*Ujat*이라고 불렀다. 그들은 호루스의 눈이 모든 것을 꿰뚫어볼 수 있는 전지전능한 눈이라고 의미를 부여하며, 신변을 보호해 주는 신비한 힘을 갖고 있다고 믿었다. 심지어 항해를 떠나는 배의 안전을 위해 뱃머리에 호루스 눈을 그려 넣거나 부적을 만들어 몸에 지니기도 했다.

오늘날에도 건강과 안전, 지혜와 번영을 가져다줄 것이라는 믿음의 대상인 '호루스 눈'을 상징하는 기호는 주변에서 쉽게 찾아볼 수 있다.

약국에 가면 유리 칸막이에 그려져 있는 기호 '℞'도 호루스 눈과 관련이 있다. 원래 이 기호는 유럽의 중세시대에 약사들이 약을 처방하면서 '준비하다' 뜻의 라틴어 recipere를 흘려 쓰던 것에서 비롯되었다는 설이 가장 유력하다.

또 하나는 로마시대까지 거슬러 올라가 주피터의 상징기호에서 변형되었다는 설이다. 당시 약사들이

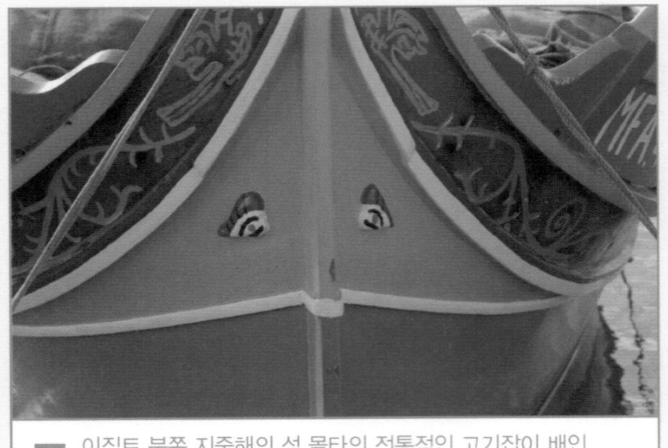

이집트 북쪽 지중해의 섬 몰타의 전통적인 고기잡이 배인 루주*Luzzu*에 그려진 호루스의 눈, John Haslam(CC BY 2.0)

왼쪽부터 차례로, 호루스의 눈 상징 기호, 주피터 신 상징 기호, 처방을 뜻하는 상징기호

그리스의 제우스 신에 해당하는 로마의 주피터 신에게 환자의 빠른 회복을 기원하기 위해 주피터 신의 상징 기호를 써넣었는데, 이러한 관습이 중세를 거쳐 오늘날까지 이어졌다는 것이다.

또 다른 설은 시간을 더 거슬러 고대 이집트의 호루스 눈에서 그 기원을 찾는다. 치료와 보호를 상징하는 호루스 눈이 주피터의 상징 기호로 바뀌었고, 이것이 다시 라틴어를 흘려 쓴 오늘날의 기호가 되었다는 것이다.

'호루스 눈'과 관련된 또 다른 일화를 미국 국장에서 찾을 수 있다. 국장은 국기와 함께 그 나라를 상징하는 문양으로, 미국은 1776년 독립과 함께 벤저민 프랭클린, 존 애덤스, 토마스 제퍼슨 등으로 구성된 건국위원회가 국장을 정했다.

앞면에는 금색의 부리와 발톱을 가진 갈색 흰머리수리가 화살과 올리브 가지를 발에 쥐고 방패를 지키고 있다. 13개의 올리브와 화살은 당시 13개의 주를 상징한다. 흰머리수리의 머리가 올리브를 향하므로 평화를 선호하지만, 화살도 움켜쥐고 있어 자신을 보호하기 위해 전쟁도 불사할 수 있다는 의지를 보여준다.

미국 국장 앞면과 뒷면

1달러 지폐 뒷면의 피라미드와 눈

그런데 뒷면에는 뜬금없이 사막 위에 세워진 피라미드와 이를 내려다보는 커다란 눈이 들어 있다. 이 '섭리의 눈*eye of providence*'은 미국의 역사를 포함해 세상만사를 굽어보는 신의 눈을 의미하는데, '호루스 눈'에서 유래되었다고 하는 설이 유력하다.

이 두 개의 문양은 미국의 1달러 지폐 뒷면을 장식하고 있다. 미국의 지폐에 고대 이집트의 피라미드와, 호루스의 눈과 유사한 눈이 그려져 있다는 사실이 자못 흥미롭다.

09

분수, 분배 문제를 해결하다

오늘날 고대 이집트 수학의 면모를 파악할 수 있는 것은 당시의 수학문제들이 전해 내려오기 때문입니다. 카이로의 이집트고고학박물관에는 기원전 1950년 유물로 추정되는 애크민 목판Akhmim wooden tablets이 소장되어 있는데, 이 목판에 고대 이집트인들이 사용했던 수학문제가 새겨져 있습니다. 바로 이곳에 앞서 호루스 눈에 나타나 있다고 언급했던 분모가 2의 거듭제곱인 단위분수들이 등장하는데, 그중 한 문제를 살펴봅시다.

65해캣의 곡식을 70명에게 똑같이 나누어주는 분배문제입니다. 목판에 새겨진 고대 이집트인들의 풀이과정을 지금의 분수로 나타내면 다음과 같습니다.

$$\frac{65}{70}=\frac{65}{70}\times\frac{64}{64}=(\frac{416}{7})\times\frac{1}{64}$$ ⟶ 분모를 2의 6제곱인 64로 바꾼다.

$$=(59+\frac{3}{7})\times\frac{1}{64}$$

$$=\frac{59}{64}+\frac{3}{7}\times\frac{1}{64}$$

$$=\frac{59}{64}+\frac{15}{7}\times\frac{1}{320}$$ ⟶ 단위 로(ro)를 사용하기 위해 분모를 320으로 바꾼다.

$$=\frac{32+16+8+2+1}{64}+(2+\frac{1}{7})\times\frac{1}{320}$$ ⟶ 59=32+16+8+2+1이므로

$$=\frac{1}{2}+\frac{1}{4}+\frac{1}{8}+\frac{1}{32}+\frac{1}{64}+2(ro)+\frac{1}{7}(ro)$$ ⟶ $1ro=\frac{1}{320}$이므로

위의 풀이 과정에서 분모 64가 $64=2^6$으로, 분자 59가 $2^5+2^4+2^3+2^1+2^0$으로 변형된 것에 주목하세요. 분모가 2의 거듭제곱인 호루스 눈의 분수를 이용하기 위해서입니다. 이는 앞에서 언급했듯 1헤캣의 곡식을 $\frac{1}{2}$, $\frac{1}{4}$, $\frac{1}{8}$, … 계속 절반으로 나누는 단위의 용기를 사용했기 때문인 것으로 추정할 수 있습니다.

따라서 위 풀이과정의 마지막 식에서 앞에 있는 다섯 항의 단위는 해켓hackat이고, 뒤에 있는 두 항의 단위는 로ro입니다.

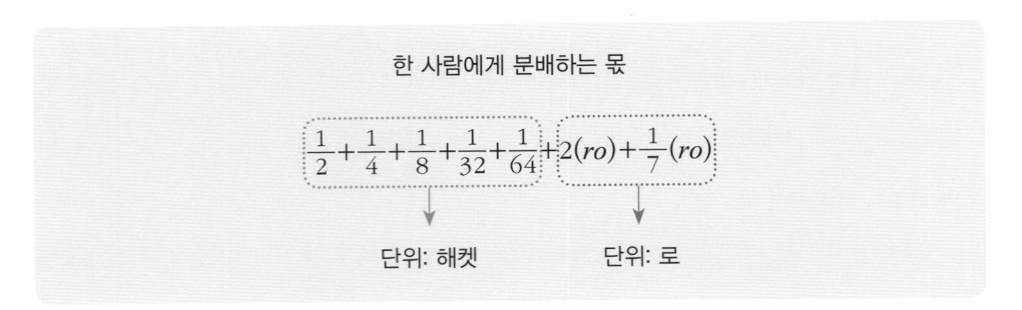

이렇게 애크민 목판은, 이집트인들이 분배 상황의 문제를 해결하기 위한 하나의 방편으로 분수가 필요했다는 사실을 뒷받침해 줍니다.

수학과 관련된 문헌 가운데 전 세계를 통틀어 가장 대표적인 것은 '린드 파피루스' 또는 '아메스 파피루스'라고 불리는 파피루스 두루마리입니다. 테베의 한 폐허 건물에서 발견된 이 파피루스는 스코틀랜드의 골동품 상인이었던 헨리 린드Henry Rhind가 1858년 나일 강의 한 휴양지에서 구입한 것으로, 기원전 1550년경에 만들어진 것으로 추정됩니다. 대부분 대영박물관에 보관되어 있는데, 1922년 뜻밖에도 뉴욕에서 미처 행방을 알 수 없었던 나머지가 의학 서적들 사이에서 발견되어 현재 브루클린 박물관에 소장되어 있습니다.

아메스 파피루스의 발견은 고대 이집트 수학의 면모를 현대 우리에게 전해준다는 점에서 참으로 다행스러운 일이 아닐 수 없습니다. 하지만 고대 문명의 과학과 수학의 전문가인 노이게바우어의 기록은[15] 값을 매길 수도 없는 귀중한 문헌들이 얼마나 하찮게 다루어졌는지를 보여줍니다. 수천 년을 견뎌온 파피루스와 서판들이 무지한 아랍인들의 화장지나 불쏘시개로 사용되었다는 우울하고 슬픈 사연은 커다란 안타까움을 자아냅니다.

아메스 파피루스의 첫 부분은 이렇게 시작합니다.

"정확한 계산– 존재하는 모든 사물과 애매모호한 모든 비밀의 열쇠. 이 서적은 33년 홍수기의 네 번째 달에 상이집트와 하이집트의 왕 오세레 통치하에 복사되었다. 상이집트와 하이집트의 왕 니마아트르 시대에 만들어진 옛날서적을 그대로 다시 복사하여 생명을 부여한 사람은 서기 아메스다."

아메스 파피루스에는 모두 84개의 수학 문제와 해답이 수록되어 있지만, 그 해답을 어떻게 구했는지에 관한 어떤 힌트도 제시하지 않았습니다. 각각의 문제가 어떤 의미를 갖는지도 밝히지 않았고, 앞의 문제들과 그 다음 문제들 사이에 어떤 관련이 있는지도 보여주지 않습니다. 그런 점에서 5천년이 지난 지금 소위 참고서

---

15 Neugebauer, Otto, The Exact Science in Antiquity, Dover, Vew York, 1967

아메스 파피루스 원본

라는 수학 책들이 아메스 파피루스와 다르지 않다는 점이 그저 놀라울 따름입니다.

그럼에도 우리가 여기서 아메스 파피루스에 주목하는 것은, 아메스 파피루스의 상당 부분이 이집트 분수를 다루고 있기 때문입니다. 그만큼 고대 이집트 사회에서 공평한 분배 문제는 중요한 사회적 과제였던 겁니다. 분수를 단위분수의 합으로 표기했던 고대 이집트인들은 어쩌면 "우리 집 논의 $\frac{2}{5}$가 홍수로 물에 잠겼어."라고 말하지 않고, "우리 집 논의 $\frac{1}{3}$ 그리고 $\frac{1}{15}$이 홍수로 물에 잠겼어."라는 식으로 말하지 않았을까 상상해봅니다.

10

파피루스의 분수 표기법은 다르다

이제부터 고대 이집트인들이 분배문제를 어떻게 분수로 해결했는지 아메스 파피루스에 수록된 문제를 중심으로 살펴보겠습니다. 쉽게 이해할 수 있도록 소재를 빵으로 대체하고 분배 대상의 수를 조절하여 다음과 같이 몇 개의 구체적인 수학 문제로 분류하여 제시합니다.

[1] 5덩어리의 빵을 8명의 일꾼에게 나누어주는 문제 상황입니다.

현재 우리는 분수 $\frac{5}{8}$로 표기하여 그림과 같이 각각의 덩어리를 8등분한 조각을 5개씩 나누어줍니다. 그리고 이는 다음과 같이 단위분수의 합으로 나타낼 수 있습니다.

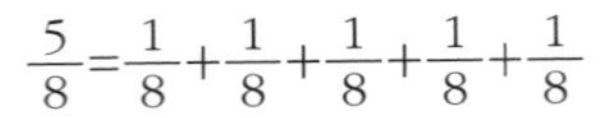

$$\frac{5}{8}=\frac{1}{8}+\frac{1}{8}+\frac{1}{8}+\frac{1}{8}+\frac{1}{8}$$

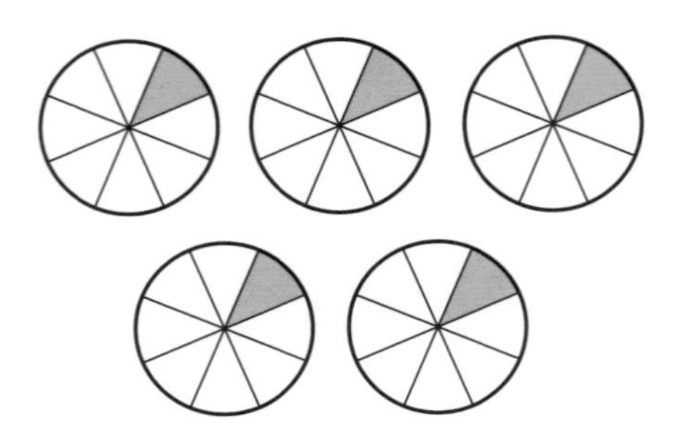

이 식은 한 사람이 빵 한 덩어리를 8등분한 조각 5개씩 갖는 것을 보여줍니다. 이때 전체 조각의 개수는 모두 40개에 달합니다.

그러나 이집트 서기 아메스는 이런 방식을 그다지 좋아하지 않았습니다. 조각의 개수가 40개로 너무 많을 뿐만 아니라, 받는 사람의 입장에서도 작은 조각을 5개씩이나 받는 것을 좋아할 리 없었던 겁니다. 그는 오늘날의 분수 덧셈과 같이 각각의 빵을 똑같이 나누는 등분에 의한 분배 방식이 그다지 만족할 만한 해법이 아니라고 여겼습니다. 그래서 이 이집트 서기는 자신만의 독창적인 해법을 내놓았습니다.

먼저 각각을 절반씩 나눕니다. 그러면 빵 4개가 8조각이 되므로 일단 한 조각씩 나누어줍니다. 이어서 5번째 빵을 8명이 나누면 문제가 해결됩니다. 이를 다음과 같이 분수의 합으로 나타낼 수 있습니다.

$$\frac{5}{8}=\frac{1}{2}+\frac{1}{8}$$

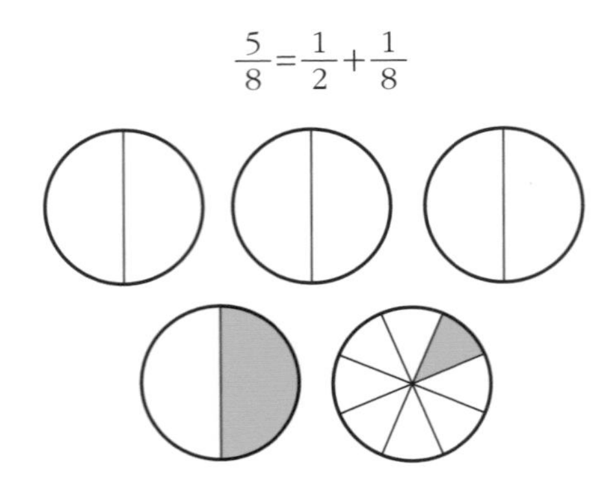

아메스는 무조건 등분하지 않고 전략적으로 접근했습니다. 우선 한 사람이 갖는 조각의 개수를 최소화하였습니다. 즉, 8명이 각자 한 덩어리의 빵을 절반으로 자른 조각 한 개와 8등분한 조각 한 개를 가져가므로, 5개의 조각이 아니라 단 2조각만 갖게 됩니다. 조각의 전체 개수도 40개에서 16개로 줄어드니, 훨씬 더 단순화한 훌륭한 분배 방식임에 틀림없습니다. 이 결과를 분수식으로 정리하여 오늘날의 분수와 비교하면 다음과 같습니다.

$$5 \div 8 = \frac{5}{8} = \frac{1}{8} + \frac{1}{8} + \frac{1}{8} + \frac{1}{8} + \frac{1}{8} \longrightarrow \text{현재의 우리 분수 표기}$$

$$= \frac{1}{2} + \frac{1}{8} = \overline{2} + \overline{8} \longrightarrow \text{이집트 분수 표기}$$

분수 $\frac{5}{8}$를 이집트 방식의 분수로 표기하면 $\frac{1}{2}$과 $\frac{1}{8}$의 합으로 나타납니다. 두 분수 모두 분자가 1인 단위분수라는 사실이 눈에 띄는데, 이는 분배 상황에서 자연스럽게 얻어진 결과입니다.

[2] 이번에는 사람 수를 조금 더 많게 하여 16명이 빵 3덩어리를 똑같이 나누어 갖는 문제를 생각해봅시다. 지금의 분수 표기는 $3 \div 16 = \frac{3}{16}$이므로 한 사람의 몫은 빵 하나를 16등분하여 한 조각씩, 즉 전체를 48등분한 조각에서 3조각이 됩니다.

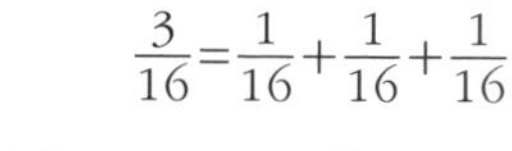

$$\frac{3}{16} = \frac{1}{16} + \frac{1}{16} + \frac{1}{16}$$

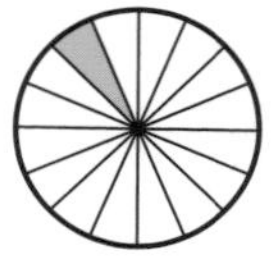
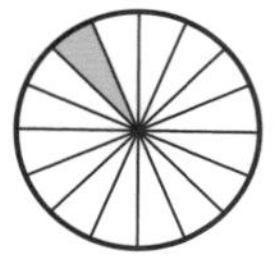
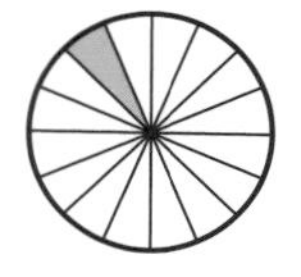

그런데 아메스라는 고대 이집트 서기는 이 문제를 다음과 같이 해결하였습니다. 우선 빵 3덩어리를 각각 몇 등분해야 16명에게 분배할 수 있을지 결정해야 합니

다. 무조건 한 덩어리를 16등분하는 것과 달리, 가장 큰 조각으로 나눌 수 있는 방안을 모색하는 것이죠. 이때 몇 차례의 시행착오를 거쳐야 합니다. 빵 한 덩어리를 2등분하면 6조각, 3등분하면 9조각, 4등분하면 12조각, 5등분하면 15조각을 얻을 수 있습니다. 하지만 조각 수가 전체 사람 수 16보다 작으므로 한 조각씩 나눌 수 없겠죠.

이번에는 빵 3덩어리를 각각 6등분해 봅니다. 모두 18조각이 되므로 16명이 각각 한 조각씩, 즉 $\frac{1}{6}$씩 나누어 가질 수 있습니다. 이렇게 얻은 $\frac{1}{6}$ 조각은, 현재의 분수 표기 방식으로 앞서 얻은 $\frac{1}{16}$ 조각보다 거의 세 배 가까이 큽니다.

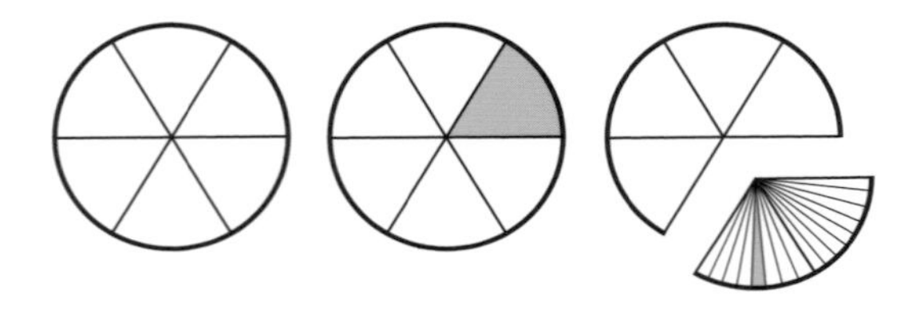

이제 세 번째 빵에서 남은 2조각(각각 $\frac{1}{6}$이다)을 16명에게 분배하기 위해 각각을 8등분하면 문제가 해결됩니다. 즉, 분수 $\frac{3}{16}$을 이집트 방식의 분수로 표기하면 $\frac{3}{16}=\frac{1}{6}+\frac{1}{48}$과 같이 분자가 1인 단위 분수 $\frac{1}{6}$과 $\frac{1}{48}$의 합으로 나타낼 수 있습니다.

$$3 \div 16 = \frac{3}{16}=\frac{1}{16}+\frac{1}{16}+\frac{1}{16}+\frac{1}{8}+\frac{1}{8} \longrightarrow \text{현재의 우리 분수 표기}$$

$$= \frac{1}{6}+\frac{1}{48}=\overline{6}+\overline{48} \longrightarrow \text{이집트 분수 표기}$$

그 결과 전체 조각의 개수는 48개에서 32개로 줄어들고, 각자 가져가는 조각의 개수도 3개에서 2개로 줄어드니 훨씬 더 나은 해결책임에 틀림없습니다.

만약 이집트 분수 표기 방식이 흥미롭다면 다음 두 문제를 직접 풀어보세요.

(문제 1) 두 덩어리의 빵을 다섯 사람이 나누어 가질 때, 이집트 방식의 분수로 나타내면?

(문제 2) 네 덩어리의 빵을 다섯 사람이 나누어 가질 때, 이집트 방식의 분수로 나타내면?

(풀이)

1) $2 \div 5 = \frac{2}{5} = \frac{1}{3} + \frac{1}{15} = \overline{3} + \overline{15}$

2) $4 \div 18 = \frac{4}{18} = \frac{1}{5} + \frac{1}{45} = \overline{5} + \overline{45}$

[3] 그런데 모든 분수를 두 분수의 합으로 나타낼 수 있는 것은 아닙니다. 4덩어리의 빵을 5사람에게 나눠주는 상황을 살펴봅시다.

지금 우리의 분수 표기로는 $4 \div 5 = \frac{4}{5}$이므로 빵 한 덩어리를 5등분하여 전체 20개 조각 가운데에서 4조각씩 나누어 갖게 됩니다.

$$\frac{4}{5} = \frac{1}{5} + \frac{1}{5} + \frac{1}{5} + \frac{1}{5}$$

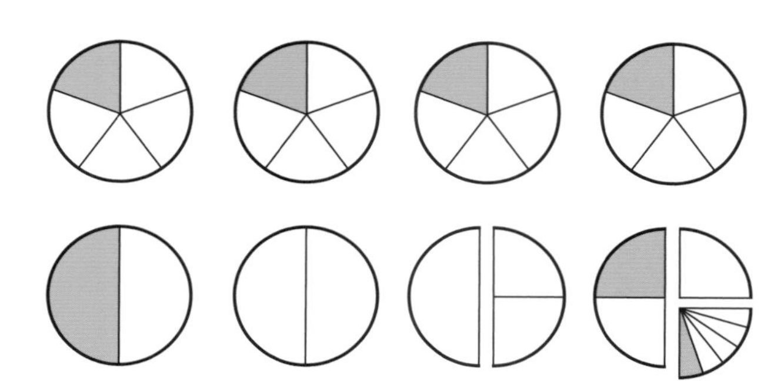

그럼 아메스의 분할 방식을 따른 이집트 분수로는 어떻게 표기하는지 알아봅시다. 우선 4덩어리의 빵을 절반씩 이등분($\frac{1}{2}$)하면 8조각이 되므로, 5사람이 한 조각씩 나눠가지면 3조각이 남겠죠. 3조각을 5명에게 나눠줘야 하니까 각각을 또 절반씩 이등분($\frac{1}{4}$)하면 6조각을 만들 수 있습니다. 각자 한 조각씩 나눠가지면 한 조각만 남습니다. 이제 남은 한 조각을 5등분($\frac{1}{20}$)하여 한 조각씩을 나눠가지면 됩니다.

결국 한 사람이 3개의 조각(절반인 $\frac{1}{2}$, 반의반인 $\frac{1}{4}$, $\frac{1}{20}$)을 갖게 되므로, 이를 분수식으로 나타내면 다음과 같습니다.

$$\frac{4}{5}=\frac{1}{2}+\frac{1}{4}+\frac{1}{20}=\overline{2}+\overline{4}+\overline{20} \longrightarrow \text{이집트 분수 표기}$$

그러므로 분수 $\frac{4}{5}$를 이집트 방식의 분수로 표기하면 분자가 1인 단위 분수 세 개의 합, 즉 $\frac{1}{2}$, $\frac{1}{4}$, $\frac{1}{20}$을 더한 식으로 나타낼 수 있습니다. 따라서 어떤 분수는 단위 분수가 세 개 이상의 합이 될 수도 있습니다. 그렇지만 이때도 조각의 개수는 20개에서 15개로 줄어들고, 한 사람이 갖는 조각의 크기는 커지고 개수는 작아지는 이점이 있습니다.

11

이집트인들이 단위분수를 고집한 이유

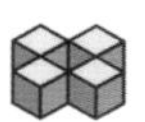

파피루스와 목판의 기록을 통해 이집트 분수가 분배문제를 해결하기 위한 수단이며, 자연수로 나타낼 수 없는 수량을 측정할 때 사용될 수 있다는 것도 알았습니다. 더 나아가 이집트인들은 나일 강의 수위를 측정하는 나일로미터의 눈금도 분수로 표기하였다는군요!

사실 단위분수만을 고집하는 고대 이집트인들의 분수 표기가, 분자가 1이 아닌 분수도 자유자재로 사용할 수 있는 우리 눈에는 매우 복잡하고 기이하게 보일 수 있습니다. 그래서 문제 풀이가 직업인 수학자들은 이집트인들처럼 주어진 분수를 단위분수의 합으로 나타내는 방법을 주제로 연구논문을 생산하기도 했는데, 이를 수학사를 다룬 책에서 발견할 수 있습니다.

그러나 우리의 관심은 주어진 분수를 단위분수의 합으로 어떻게 나타낼 것인가라는 기능적 기술이 아니라, 그들이 왜 단위분수의 합으로 나타내었는가라는 비판적 질문에 대한 답을 탐색하는 것이었습니다. 그 결과, 그들은 분배문제를 해결하기 위해 한 사람의 몫은 되도록 크게 하면서 전체의 분할 수는 되도록 적게 만드는 매우 영리하고 독창적인 해법을 고안했고 그것이 단위분수들의 합이라는 사실을 알게 되었습니다.

그런데 이와 같은 고대 이집트인들의 분수 표기 방식이 오늘날의 분수라기보다는 소수 표기 방식과 유사하다는 의견을 최근에 접할 수 있었습니다. 앞서 언급한 바 있는 데이빗 라이머는 『이집트 사람처럼 셈하기Count like an Egyptia』에서 다음과 같이 새로운 시각으로 고대 이집트의 분수를 바라볼 것을 주문합니다.[16]

예를 들어 A=3.14159와 같은 소수는 3+0.1+0.04+0.001+0.005+0.0009를 나타내는데, 이는 사실상 다음과 같이 분모가 10의 거듭제곱인 분수들의 합과 같습니다.

$$A=3.14159 = 3 + \frac{1}{10} + \frac{4}{100} + \frac{1}{1000} + \frac{5}{10000} + \frac{9}{100000}$$

이때 우리가 소수를 사용하는 이유는 유효숫자를 원하는 대로 정할 수 있기 때문입니다. 즉, 위에서 A의 근삿값으로 3을 정할 수 있고, 더 정확성을 의도한다면 소수 첫째자리인 3.1로 정할 수 있습니다. 더 나아가 소수 둘째자리에서 버림 또는 반올림하여 3.14, … 등과 같이 A에 대한 근삿값을 원하는 대로 얼마든지 정할 수 있습니다.

이는 소수뿐 아니라 자연수에서도 마찬가지입니다. 예를 들어 어느 도시의 인구가 3,187,365명이라 할 때, 굳이 일의 자리 숫자까지 나타낼 필요가 없습니다. 3백

---

16 Reimer, D., Count Like an Egyptian, Princeton University Press, 2014.

만 명이라는 근삿값만으로도 충분할 수 있고, 천의 자리에서 반올림하여 319만 명, 만의 자리에서 반올림하여 320만 명이라고 할 수도 있습니다. 물론 백의 자리, 십의 자리까지 원하는 만큼의 유효숫자를 설정하여 값을 나타낼 수 있습니다.

라이머는 고대 이집트인의 분수 표기 방식도 이와 같은 관점으로 바라보아야 한다고 주장합니다. 앞에서 '빵 4개를 5명이 분배하는 문제'의 결과인 $\frac{4}{5}=\frac{1}{2}+\frac{1}{4}+\frac{1}{20}$을 지금의 소수 표기와 연계하여 바라보자는 것입니다.

즉, 앞에서 A=3.14159와 같은 소수의 근삿값으로 3 또는 3.1 또는 3.14를 택하듯이, 분수 $\frac{4}{5}$의 근삿값으로 $\frac{1}{2}$ 또는 $\frac{1}{2}+\frac{1}{4}$ 또는 $\frac{1}{2}+\frac{1}{4}+\frac{1}{20}$을 택하기 위하여 단위분수들의 합으로 나타냈다는 것입니다.

어쨌든 라이머는 이렇게 고대 이집트인의 분수 표기 대하여 다른 수학사 연구가들이 언급하지 않았던 새로운 해석을 내놓았습니다. 분자가 1인 분수만 사용했던 고대 이집트인들의 분수 표기 방식을 오늘날 우리의 숫자 표기 방식, 특히 소수 표기와 연계하여 바라보라는 안목을 제공한 것이죠.

이 책에서 그의 주장을 비교적 상세하게 언급한 것은 고대 이집트의 분수 표기 방식에 대한 이해를 넓히려는 것이 아닙니다. 우리는 다음 두 가지 질문의 답을 구하는 과정에서 고대 이집트인들의 분수 표기 방식까지 탐색하게 된 것입니다.

첫 번째, 분수란 어떤 수이며 왜 필요한가?
두 번째, 분수를 처음 접하는 아이들에게 어떻게 도입하는 것이 바람직한가?

첫 번째 질문이 분수의 근원에 관한 수학적 질문이라면, 두 번째 질문은 교육학적 질문입니다.

이제 아메스 파피루스와 데이빗 라이머의 연구를 검토하며 이 질문에 대한 답을 거의 찾을 수 있게 되었습니다. 이를 다음과 같이 정리합니다.

- 분수는 전체-부분의 관계만을 뜻하거나 1보다 작은 수를 나타내기 위한 수가 아니다. 분수는 고대 이집트인들과 같이 분배문제를 해결하는 과정에서 필요한 수이며 그 결과 자연수로 나타낼 수 없는 수량도 나타낼 수 있다.
- 따라서 작은 양을 뜻하는 영어의 fraction이 분수의 도입으로 적절하다 할 수 없다. 오히려 분수라는 한자어의 '분'을 분할이 아닌 분배로 해석하면 이집트의 분수 개념과 연계할 수 있다.

그렇다면 분수는 자연스럽게 나눗셈과 연계되어야 마땅하다는 추론이 가능합니다. 그렇습니다. 분수의 도입은 피자나 기하학적 도형을 조각내는 것이 아니라, 분배를 위한 나눗셈에서 이루어져야 합니다. 이를 어떻게 구현할 것인가에 대한 논의는 다음 장에서 이어집니다.

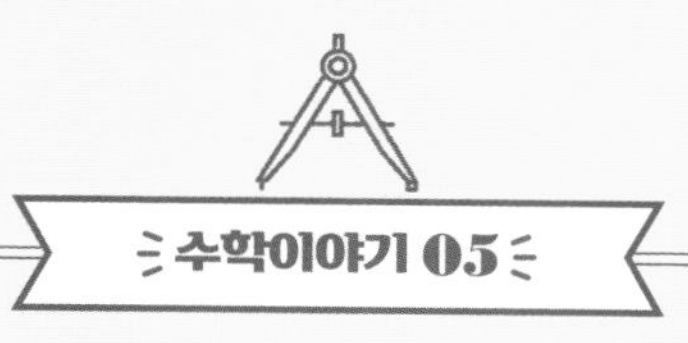

아메스 파피루스와 탐욕 알고리즘

아메스 파피루스에는 현재 분수표기로 $\frac{2}{3}$, $\frac{2}{5}$, $\frac{2}{7}$와 같은 '분자가 2인 분수'들을 단위분수의 합으로 나타낸 다음과 같은 형식의 표가 들어 있다. 아래는 이를 오늘날과 같은 분수 표기로 바꿔 정리한 표다.

나누는 수 또는 분모	단위분수				나누는 수 또는 분모	단위분수			
3	2	6			53	30	318	795	
5	3	15			55	30	330		
7	4	28			57	38	114		
9	6	18			59	36	236	531	
11	6	66			61	40	244	488	610
13	8	52	104		63	42	126		
15	10	30			65	39	195		
17	12	51	68		67	40	335	536	
19	12	76	114		69	46	138		
21	14	42			71	40	568	710	
23	12	276			73	60	219	292	365
25	15	75			75	50	150		
27	18	54			77	44	308		
29	24	58	174	232	79	60	237	316	790
31	20	124	155		81	54	162		
33	22	66			83	60	332	415	498
35	30	42			85	51	255		
37	24	111	296		87	58	174		
39	26	78			89	60	356	534	890
41	24	246	328		91	70	130		
43	42	86	129	301	93	62	186		
45	30	90			95	60	380	570	
47	30	141	470		97	56	679	776	
49	28	196			99	66	198		
51	34	102			101	101	202	303	606

이 표를 활용하면 분자가 2인 분수를 단위 분수의 합으로 나타낼 수 있다.

$$\frac{2}{3}=\frac{1}{2}+\frac{1}{6}$$

$$\frac{2}{5}=\frac{1}{3}+\frac{1}{15}$$

$$\frac{2}{7}=\frac{1}{4}+\frac{1}{28}$$

...

$$\frac{2}{101}=\frac{1}{101}+\frac{1}{202}+\frac{1}{303}+\frac{1}{606}$$

아메스는 이를 활용하여 분수 $\frac{5}{7}$을 다음과 같이 단위분수의 합으로 나타냈다.

$$\begin{aligned}\frac{5}{7}&=\frac{1}{7}+\frac{4}{7}\\&=\frac{1}{7}+2\left(\frac{2}{7}\right)\\&=\frac{1}{7}+2\left(\frac{1}{4}+\frac{1}{28}\right)\\&=\frac{1}{2}+\frac{1}{7}+\frac{1}{14}\end{aligned}$$

한편 12세기 이탈리아 수학자, 레오나르도 피보나치(피보의 아들이란 뜻)는 『리버 아바치*Liber Abaci*』(글자 그대로 산술책이다.)에서 아라비아 숫자를 유럽에 소개하며 아메스가 기록했던 이집트 분수 표기도 함께 소개했다. 그는 위의 분수를 다음과 같이 표기했다.

$$\frac{5}{7}=\frac{1}{2}+\frac{1}{5}+\frac{1}{70}$$

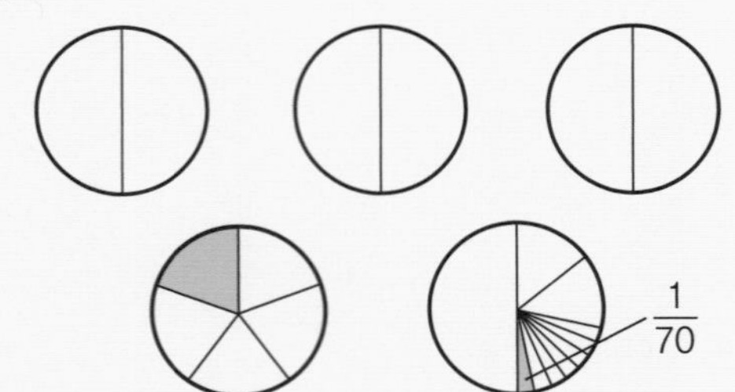

그의 풀이 절차를 소개하면,

① 분모 7을 분자 5로 나누어 1.4를 얻는다.

② 1.4를 올림으로 얻은 2를 첫 번째 단위분수의 분모로 하여 $\frac{1}{2}$을 얻는다.

③ $\frac{5}{7}$에서 $\frac{1}{2}$를 뺀 $\frac{3}{14}$에서 14를 3으로 나누어 4.666…을 얻는다.

④ 4.666…을 올림하여 얻은 5를 두 번째 단위분수의 분모로 하여 $\frac{1}{5}$을 얻는다.

⑤ 이때 남는 분수가 $\frac{1}{70}$이므로 위와 같이 표기했다고 한다.

피보나치의 풀이는 이후에 '탐욕 알고리즘*Greedy Algorithm*'이라 하여 오늘날 컴퓨터 공학에서 다루는 알고리즘의 하나가 되었다. Greedy는 '탐욕스러운, 욕심 많은'이란 뜻이므로, 탐욕 알고리즘은 말 그대로 선택의 순간마다 당장 눈앞에 보이는 최적의 상황만을 쫓아 최종적인 해답에 도달하는 방법을 말한다. 그러나 위의 피보나치의 풀이에서 4번째 빵은 5등분되어 있어 나머지 2개는 5번째 덩어리에서 구해야 한다. 따라서 마지막 5번째 빵은 절반 한 개, 두 개의 $\frac{1}{5}$조각, 남는 $\frac{1}{10}$조각을 7등분한 $\frac{1}{70}$조각으로 복잡하게 분할될 수밖에 없다.

반면에 아메스의 절차를 따르면 4번째 빵을 7등분하고 5번째 빵의 절반만 7등분한 $\frac{1}{14}$조각을 나누어 가지면 되므로 피보나치의 탐욕 알고리즘보다 훨씬 간단하다.

후대의 수학자들은 분수 $\frac{2}{n}$(n은 5부터 101까지의 홀수)를 단위분수의 합으로 나타낸 위의 표를 이집트 분수라 명명하고 여기에 들어 있는 몇몇 패턴을 찾아 공식화를 시도했다.

다음은 그중 일부 사례다.

$$\frac{1}{n}=\frac{1}{n+1}+\frac{1}{n(n+1)}$$

예: $\frac{1}{5}=\frac{1}{6}+\frac{1}{30}$

$\frac{1}{7}=\frac{1}{8}+\frac{1}{56}$

$$\frac{2}{pq}=\frac{2}{p+1}\times\frac{p+1}{pq}$$

예: $\frac{2}{21}=\frac{2}{3\cdot 7}=\frac{2}{(3+1)}\times\frac{3+1}{3\cdot 7}$

$=\frac{1}{2}\times(\frac{1}{7}+\frac{1}{21})$

$=\frac{1}{14}+\frac{1}{42}$

어른들을 위한 초등수학

04

분수의 정체

01

분수는 수가 아니다?

프랑스 작가 마르셀 프루스트Marcel Proust가 집필한 『잃어버린 시간을 찾아서』는 참 읽기 어려운 소설입니다. 보통 소설은 등장인물끼리 주고받는 대화로 사건의 흐름을 파악할 수 있는 데 반해, 이 소설에는 그런 대화가 거의 없기 때문입니다. 프루스트가 내면에 흐르는 의식에 초점을 두었던 탓에 의도적으로 대화를 배제했다고 합니다. 얼마나 읽기 힘든지, 어느 출판사의 번역본은 등장인물과 시대적 배경에 대해 마치 학술논문처럼 꽤 많은 주석과 설명을 달아놓았을 정도입니다. 독자의 인내심을 테스트라도 하듯 수식어가 가득한 긴 문장 역시 읽기 어렵게 만드는 또 다른 요인입니다.

그래서 많은 사람들의 입에 오르내리는 다음 문장도 그대로를 발췌한 것이 아니라 축약한 것입니다.

진짜 새로운 발견은 새로운 대상을 찾는 것이 아니라
새로운 안목을 갖는 것이다.

The real voyage of discovery consists not in seeking new landscapes
but in having new eyes.[1]

진정한 앎은, 다양한 지식들을 분절해 머릿속에 가득 채우는 것이 아니라 그것들을 꿰뚫어볼 수 있는 통찰력을 기르는 것이라고 의역해봅니다. 그리고 자의적일 수도 있지만, 새로운 앎으로 이어지는 발견은 결국 새로운 안목의 형성에서 비롯되므로 새로운 대상을 맹목적으로 좇는 것에 집착할 필요가 없다는 뜻이라고 해석해보았습니다. 이 해석을 그대로 수학학습에도 적용해볼 수 있습니다. 수학을 수학답게 학습하는 것은, 여러 문제집에서 새로운 문제들을 찾아 많은 시간과 노력을 들여 풀이 과정을 익히는 것이 아니라, 수많은 문제에 공통적으로 들어 있는 개념(아이디어)을 파악하고 이해하는 데 초점을 두는 것이라고.

그러면 분수도 다른 안목으로 바라볼 수 있게 됩니다. 오로지 분수 자체에만 집착하는 것에서 벗어나, 수 전체를 아우르는 더 넓은 범주인 실수 체계(결국 복소수 체계로 확장되지만)의 틀에서 분수를 조망할 수 있습니다.

사실 우리의 수 세계는 수학을 배우는 과정에서 매우 느리지만 점진적으로 단계별로 확장됩니다. 이에 따라 세상을 바라보는 안목에도, 비록 의식하지 못한다 하더라도 필시 모종의 변화가 있을 것이라고 추측해봅니다.

초등학교에서 중학교에 진학하며 수 세계는 기존의 자연수에다 아무것도 없음을 뜻하는 0과 음의 정수가 덧붙여지면서 정수의 세계로까지 범위가 확대됩니다.

---

1 위의 인용문은 『잃어버린 시간을 찾아서』에서 '갇힌 여인'에 수록된 문장을 발췌하여 축약한 것으로 알려졌다. 본문은 다음에서 확인할 수 있다.
http://www.age-of-the-sage.org/quotations/proust_having_seeing_with_new_eyes.html

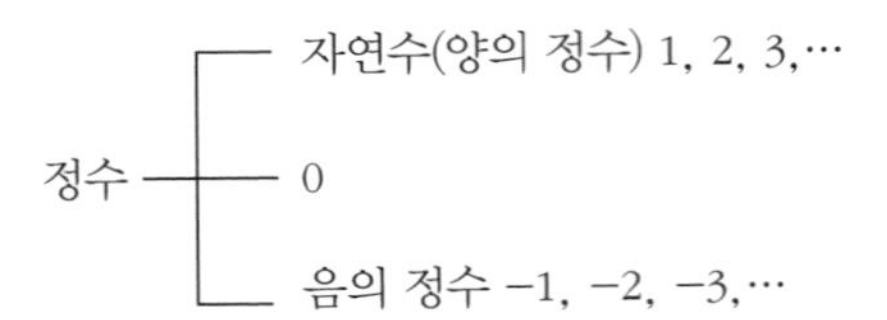

이렇게 확대된 정수의 세계로 세상을 바라볼 수 있게 된 우리는 온도계로 추운 영하의 날씨를 가늠할 수 있고, 흑자와 적자를 구분하여 각각 양수와 음수로 치환할 수 있게 됩니다. 세상을 바라보는 안목이 자연수일 때보다 훨씬 넓어진 것이죠.

곧 이어서 우리의 수 세계는 정수를 넘어 유리수로까지 확장되는데, 사실 유리수는 초등학교에서 이미 경험한 바 있습니다. 분수와 소수라는 이름의 수가 실제로는 유리수였고, 단지 유리수라는 용어만 사용하지 않았을 뿐이니까요. 중학교에서 유리수라는 용어를 사용하게 되면서 우리는 지금까지 알고 있던 모든 수를 유리수의 세계로 통합할 수 있게 되었습니다.

유리수의 도입은 우리가 더 넓은 안목으로 세상을 바라볼 수 있게 합니다. 백분율이라는 비율을 사용하여 여러 가지 용액의 농도를 측정할 수 있고, 출생아의 남녀비 등을 구하여 서로 다른 집단들 사이의 상대적인 크기도 비교할 수 있게 되었습니다. 움직이는 물체의 속력도 구할 수 있고, 자동차 연비 계산과 같이 실생활에서 맞닥뜨리는 여러 문제를 수학적으로 해결하는 능력도 갖게 된 것이죠.

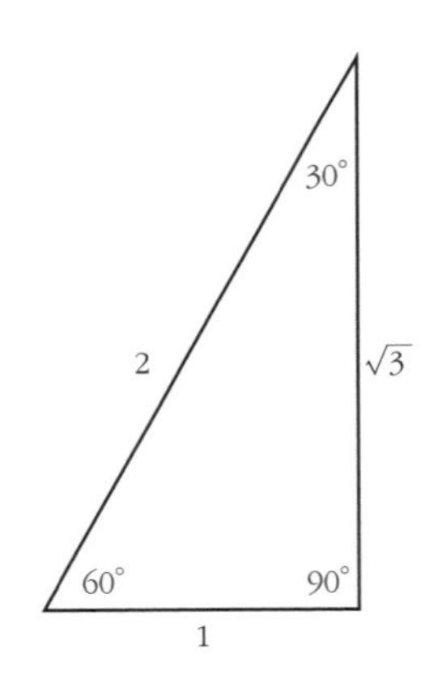

$$\sin 60^\circ = \frac{\sqrt{3}}{2}$$

$$\tan 30^\circ = \frac{1}{\sqrt{3}}$$

중학교 3학년 때는 무리수가 도입되면서 수의 범위가 실수의 세계로까지 더 넓어집니다. 그렇다고 실생활의 문제를 수학적으로 더 잘 해결할 수 있게 되었다거나 세상을 바라보는 안목이 넓어졌음을 크게 실감하기는 어려울 겁니다. 무리수가 실생활에 사용되는 사례를 눈으로 확인하기가 쉽지 않으니까요.

하지만 수학의 세계를 바라보는 안목에는 커다란 변화가 나타납니다. 원의 둘레와 넓이를 구할 때 근삿값으로만 사용했던 원주율의 실제 값(3.14159 2 …)은 소수점 이하에서 불규칙한 숫자들이 한없이 이어지는 소위 '순환하지 않는 무한소수'라는 사실, 그리고 이 수는 이전에 알고 있던 유리수와는 전혀 다른 새로운 종류의 수인 무리수라는 사실을 마침내 깨닫게 되었으니까요. 또한 직각삼각형에서 빗변과 밑변 또는 높이 그리고 밑변과 높이의 관계로 정의되는 삼각비라는 새로운 수학을 접할 수 있게 되었으니 수학의 세계를 바라보는 안목이 훨씬 더 넓어진 겁니다.

<table>
<tr><td rowspan="7">실수</td><td rowspan="5">유리수</td><td rowspan="3">정수</td><td>자연수(양의 정수)</td><td>1, 2, 3, …</td></tr>
<tr><td>0</td><td>0</td></tr>
<tr><td>음의 정수</td><td>−1, −2, −3, …</td></tr>
<tr><td rowspan="2">정수가 아닌 유리수</td><td>유한소수</td><td>0.1, 0.2, … 0.24, … 0.0054, …</td></tr>
<tr><td>순환하는 무한소수</td><td>$0.333\cdots = 0.\dot{3}$
$0.253253253\cdots = 0.\dot{2}5\dot{3}$</td></tr>
<tr><td>무리수</td><td colspan="2">순환하지 않는 무한소수</td><td>$\sqrt{2} = 1.4142\cdots$
$\pi = 0.3142\cdots$</td></tr>
</table>

고등학교에 진학하면서 수의 범위는 실수를 넘어 복소수까지 확장됩니다. 하지만 유감스럽게도 복소수로 인해 세상을 바라보는 새로운 안목이 생겨나기를 기대하는 것은 불가능합니다. 고등학교에서는 단지 복소수가 무엇인지만 간단하게 요약정리하고, 복소수의 사칙연산을 배우는 수준에서 그치고 맙니다.[2] 복소수가 이용되는 분야와 그 쓰임새에 대해서는 상당히 고도의 전문성을 요하기 때문에 대학에

2 141쪽의 〈고등학교에서 복소수를 배우는 이유〉를 참조하라.

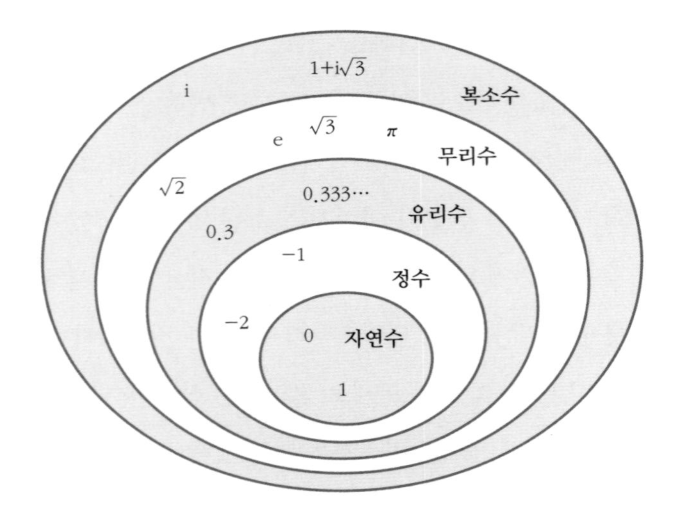

서 필요한 분야의 전공자만이 복소수를 이용하기 때문이죠.

이렇게 단계적으로 확장되는 우리의 수 세계를 총망라하여 분류한 것을 '수 체계'라고 하는데, 이를 집합에 등장하는 벤다이어그램으로 나타낼 수 있습니다.

분수에 대한 지적 호기심을 충족하고자 지금까지 인내심을 갖고 이 책을 읽은 독자라면, 혹은 이전부터 수학적으로 예민한 감각을 가졌던 독자라면, 위에 제시된 수 체계에서 매우 이상한 점을 발견할 수 있을 겁니다. 소수는 눈에 띄지만, 수 체계의 어느 곳에서도 분수는 전혀 찾을 수 없으니까요.

0.3이라는 '유한소수'와, 소수점 이하에서 3이 한없이 반복되는 0.333…이라는 '순환하는 무한소수'가 유리수에 속하는 것을 벤다이어그램에서 확인할 수 있습니다. '순환하지 않는 무한소수'인 원주율 π(=3.141592…)와 2와 3의 양의 제곱근인 $\sqrt{2}$(=1.4142…)와 $\sqrt{3}$(=1.73205…)은 유리수가 아닌 무리수에 속합니다. 따라서 유한소수와 순환하는 무한소수를 포함하는 모든 소수가 결국 실수라는 사실도 알 수 있습니다.

그런데 도대체 분수는 어디에 있는 것일까요? 분수의 정체는 무엇일까요? 어쩌면 분수는 수가 아닐지도 모른다는 불길한 의심이 슬며시 고개를 들기 시작합니다.

고등학교에서 복소수를 배우는 이유는?

유리수와 무리수, 즉 실수는 실생활은 물론 수학 전반에 걸쳐 활용되고 있음을 앞에서 보았다. 그런데 복소수는 덧셈, 뺄셈, 곱셈, 나눗셈까지 배우건만 복소수가 응용되는 사례는 고등학교 수학에서 등장하지 않는다. 사용하지도 않는 복소수를 굳이 도입하여 가뜩이나 어려운 수학을 더 어렵게 할 필요가 있느냐는 볼멘소리가 충분히 나올 법도 하다.

학교수학에서 수의 세계를 복소수까지 확장하는 것은 오로지 방정식 풀이 때문이다. 구체적인 예를 들어 설명하기 위해, 다음 다섯 개 방정식의 해를 차례로 구해보자.

어떤 수에 2를 더하면 5가 되는지, 다음과 같은 일차방정식의 해를 구하면 알 수 있다. 아마도 이 방정식의 해는 자연수만 알고 있는 초등학생도 쉽게 구할 수 있을 것이다.[3]

$$x+2=5 \quad \therefore x=3\text{(자연수)}$$

하지만 어떤 수에 5를 더하면 2가 되는지를 나타내는 일차방정식의 해는 초등학교생이 구하기는 어렵다. 수의 세계를 정수까지 확장해야 하기 때문이다.

$$x+5=2 \quad \therefore x=-3\text{(정수)}$$

어떤 수를 3배하면 8이 되는지 그 해를 구하려면 정수의 범위를 벗어나 유리수까지 수의 세계를 확장

3 물론 등식의 성질을 이용한 방정식의 형식적인 풀이가 아니라 직관적인 수 세기에 의해 해를 구하는 것을 말한다.

4 이 방정식의 해가 유리수이며 이를 분수로 표현했다. 그 차이는 다음 3절〈분수와 유리수의 관계〉에서 자세히 살펴볼 것이다. 그런데 이때의 분수는 등분할에 의한 전체-부분의 관계를 나타내는 것이 아니라 곱셈의 역을 구하기 위한 나눗셈에 의해 얻었다는 점에 주목할 필요가 있다..

해야 한다.[4]

$$3x=8 \quad \therefore x=\frac{8}{3}$$

한편, 어떤 수를 제곱하여 2가 되는지를 구하려면 다음과 같은 이차방정식의 해를 구해야 한다.

$$x^2=2 \quad \therefore x=\pm\sqrt{2}$$

그런데 이 이차방정식의 해는 유리수가 아닌 무리수이므로 실수까지 수의 세계를 확장해야 구할 수 있다. 또한 제곱하여 −2가 되는 수를 구하려면 역시 다음과 같은 이차방정식의 해를 구해야 한다.

$$x^2=-2 \quad \therefore x=\pm\sqrt{-2}=\pm\sqrt{2}\,i \quad (\text{단, } i=\sqrt{-1})$$

이 이차방정식의 해는 실수가 아니다. 제곱하여 음수가 되는 실수는 존재하지 않기 때문이다. 따라서 이 이차방정식의 해를 구하려면 새로운 수인 허수를 도입해야 한다.
허수는 −1의 제곱근, 즉 제곱하여 −1이라고 설정한 가상의 수로 i를 단위로 한다. 그래서 i를 허수 단위라고 한다.

실수와 허수의 합으로 이루어진 수를 복소수라고 한다. 따라서 z를 복소수라고 할 때, 이 복소수를 다음과 같이 나타낼 수 있다.

$$z=a+bi \ (\text{단, } a\text{와 } b\text{는 실수})$$

이 식에서 만일 $b=0$이면, 복소수 z는 실수이고, $a=0$이면 복소수 z는 허수다. 따라서 복소수는 실수와 허수를 모두 포함한다.

고등학교까지 배우는 방정식은 이차방정식으로 한정되어 있으므로(삼차방정식과 사차방정식은 특수한 형태만 다룬다) 수의 범위를 복소수까지 확장하면 어떤 이차방정식의 해도 구할 수 있다. 그러므로 고등학교 수학에서 수의 범위를 복소수까지 확장한 것은 순전히 이차방정식의 풀이 때문이다.

한편, 복소수가 활용되는 분야와 그 쓰임새는 고도의 전문성을 요한다. 예를 들어, 지난 세기에 폴란드 태생이지만 프랑스와 미국 국적을 동시에 소유한 수학자 브누아 망델브로*Benoît B. Mandelbrot*는 복소수를 이용하여 프랙탈*fractal* 기하학이라는 새로운 분야를 탄생시켰다. 프렉탈 기하학은 번개, 구름, 강줄기와 같이 불규칙적인 자연현상을 기술하는 데 응용된다고 하는데, 이를 복소수가 포함된 식으로 나타낸다.

뿐만 아니라 반도체나 여러 전기부품에 들어 있는 회로가 올바르게 작동되는지를 이론적으로 계산하는 회로해석의 단계에서 오일러–코시*Euler Cauchy*라는 방정식이 적용되는데, 이 식에도 복소수가 포함되어 있다. 물리학의 양자역학을 나타내는 식도 복소수가 필수불가결한 요소라고 한다.

프랙탈 구조를 이용한 예술 작품. 복소수를 이용한 프랙탈 기하학은 '프랙탈 아트'라는 새로운 분야도 낳았다.

02

나눗셈기호로부터 탄생한 분수기호

앞서 우리는 전혀 예상하지 못했던 뜻밖의 사실을 접하였습니다. 여러 종류의 수를 체계적으로 정리한 수 체계의 목록에서 분수를 발견하지 못한 겁니다. 결국 도대체 분수란 무엇인가라는 근원적인 정체성에 대한 의문까지 갖게 되었습니다.

이 질문에 답하려면 우선 수와 숫자의 구분이 필요합니다. 수는 머릿속에 들어있는 아이디어, 즉 추상화된 개념이고, 이를 눈으로 볼 수 있게끔 표기한 것이 숫자임을 분명하게 구분하자는 겁니다. 『허 찌르는 수학 1권』에서도 이러한 구분의 필요성을 언급하며 "숫자는 수 관념에 입혀놓은 의상이다."라고 기술한 바 있습니다.[5]

---

5 프랑스 사상가 볼테르는 "문자는 목소리의 그림이다"고 말하며 음성을 기록하는 문자의 이미지성을 강조한 것과 같이, 숫자가 수에 대한 관념(아이디어)를 형상화한 표기라는 사실을 강조했다. 『허 찌르는 수학 1권』 18쪽

벨기에 왕립 자연사 박물관에 전시된 이상고 뼈

예를 들어 마당을 거니는 고양이 세 마리, 주차장에 세워둔 자동차 세 대, 우리 가족 세 명, 하늘을 나는 비행기 세 대, 어항에서 헤엄치는 금붕어 세 마리… 등을 가리키며 '셋' 또는 '삼'이라는 수 개념을 떠올리게 됩니다. 이는 곧 수 개념이, 실재하는 여러 대상의 공통적 특성을 추상화하여 머릿속에 하나의 아이디어로 존재하고 있음을 말합니다. 오늘날 우리는 이를 자연수 3이라는 아리비아 숫자로 표기하지만, 숫자라고 하여 반드시 아라비아 숫자로만 나타낼 수 있는 건 아닙니다.

아프리카 콩고에서 발굴된 유물에 따르면, 지금으로부터 약 3만 년 전 석기시대 원시인은 늑대 뼈에 세 개의 눈금을 새겨 넣어 숫자 3을 표기했다고 합니다. 고대 중국에서는 한자 '三'으로, 고대 로마에서는 로마숫자 'Ⅲ'으로 표기했으니, 똑같은 수 개념을 여러 기호로 나타낼 수 있는 것이죠. 마치 옷장에 든 여러 벌의 의상을 갈아입는 것처럼, 시대와 사람에 따라 수 개념을 표기하는 숫자는 다양하게 존재합니다.

수를 아라비아 숫자로 나타내더라도 꼭 3으로만 표기할 이유는 없습니다. 3 대신 뺄셈 $5-2$, 덧셈 $1+2$, 나눗셈 $6\div2$와 같이 표기해도 3이라는 수 개념은 그대로 보존하여 나타낼 수 있습니다.

분수 기호도 이와 같은 맥락으로 바라볼 수 있습니다. 다시 말하면, 분수가 어떤 수인가를 따져보기에 앞서 수 개념을 나타내는 하나의 독특한 표기라는 관점에서 새롭게 조망하자는 겁니다. 여유를 갖고 바라보면, 분수 기호가 나눗셈과 매우 흡사하다는 것을 발견할 수 있을 겁니다.

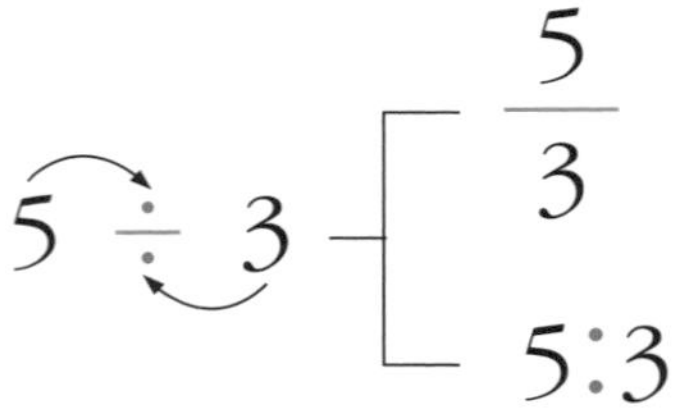

$$5 \div 3 \;\left[\; \frac{5}{3} \quad 5:3 \right.$$

그림에서 보듯, 나눗셈 기호의 선분 위에 있는 점 대신 나뉘는수(피제수)를 놓고 분자로, 선분 아래에 있는 점 대신 나누는수(제수)를 놓고 분모로 표기한 것이 곧 분수입니다. 이때 나눗셈 기호의 선분을 기호 '/'로 대신하여 '5/3'라는 또 다른 형태의 분수로 나타낼 수도 있습니다. 또는 나눗셈 기호의 선분을 아예 제외하고 두 점만을 남겨놓으면, 나눗셈 기호는 '5:3'과 같이 두 수의 '비ratio'를 나타내는 기호로 변신합니다.

그러고 보니 나눗셈의 몫과 비 그리고 분수는 모두 서로 밀접하게 관련되어 있네요. 백과사전을 편찬하는 브리태니커사의 자회사인 마리안-웹스터Merriam-Webster 온라인 사전에서 이 용어들의 수학적 정의를 다음과 기술하고 있습니다.

분수Fraction : 두 수의 몫(나눗셈)을 가리키는 수학적 표기

몫Quotient : 하나의 수를 다른 수로 나눈 수

비Ratio : 수량을 나타낸 두 수의 몫

분수는 나눗셈의 몫이고, 나눗셈의 몫은 두 수의 비, 그리고 두 수의 비는 다시

나눗셈 몫이라고 합니다. 사전에 따르면, 이들은 서로 밀접하게 연관되어 있는 것을 넘어서 사실상 같은 개념인 것이죠.

하지만 여기에는 미묘한 차이가 있습니다. 예를 들어 분수 $\frac{4}{3}$는 수직선에서 나타난 바와 같이 하나의 수를 가리킵니다.

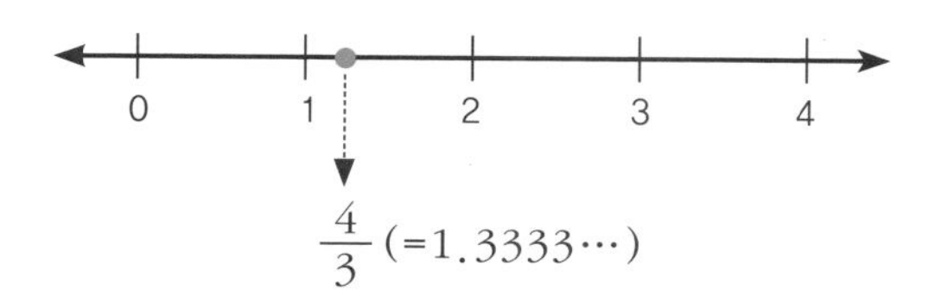

반면에 4÷3은 다음과 같이 4개의 피자를 3사람이 똑같이 나누어가질 때 한 사람의 몫을 말합니다.

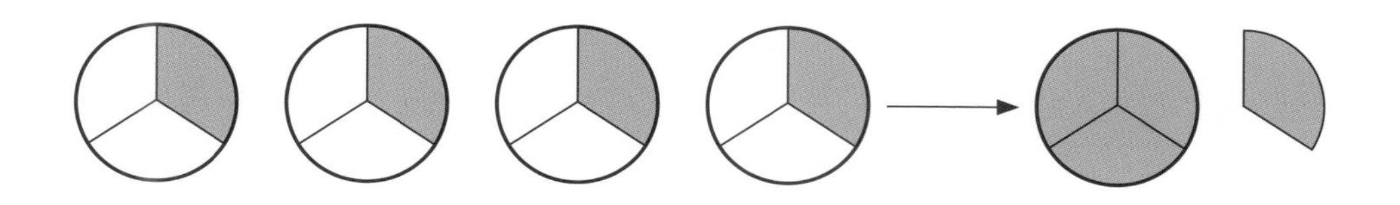

물론 나눗셈 4÷3의 분배 상황을 3장에서 보았던 고대 이집트인들의 방식으로 나타낼 수도 있습니다.

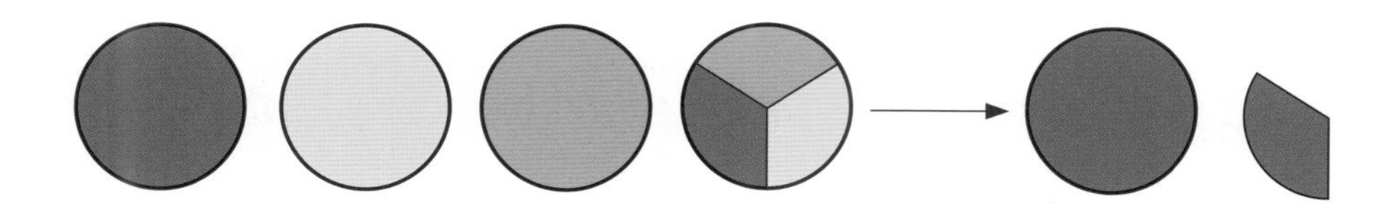

이미 분수 개념이 명쾌하게 형성되어 있는 어른들은 수직선 위의 분수 $\frac{4}{3}$가 결국

나눗셈 4÷3의 몫과 같음을 쉽게 이해할 수 있을 겁니다.(왜 그런지 각자 자신에게 스스로 설명해보세요.) 하지만 분수를 처음 접하는 아이들도 그럴 것이라는 기대는 무리입니다. 이들이 같은 것임을 아이들이 이해할 수 있도록 어떤 활동을 어떤 순서로 제시할 것인가가 중요한데, 그래서 '수학'이 아닌 '수학교육'이라는 분야가 필요합니다. 이에 대해서는 다음 〈5장. 분수, 제대로 알아가기〉에서 살펴보려 합니다.

한편, 비ratio는 분수를 배우고 나서 3년 후인 6학년 때 비와 비율, 비례 관계를 익히면서 도입되므로 이미 형성된 분수 개념과 연계해야만 제대로 효과를 거둘 수 있습니다.[6]

어쨌든 나뉘는수와 나누는수에 의해 나눗셈이 이루어지는 것처럼, 분수도 분자와 분모에 의해 형성되고 있으니 밀접한 관련이 있음은 틀림없습니다. 사실 우리는 이들 사이의 관계를 이미 앞에서 경험한 바 있습니다.

주어진 양을 공평하게 분배해야 하는 실생활 문제를 해결하기 위해 계발한 고대 이집트인들의 독특한 분수를 살펴보며, 이때의 공평한 분배는 결국 나눗셈으로 나타낼 수 있음을 보았죠. 즉, 고대 이집트의 분수는 나눗셈에 대한 그들만의 표기였습니다.

뿐만 아니라 중학교 이후 수학에서의 사례를 통해 분수와 나눗셈의 연관성을 확인한 바 있습니다. 예를 들어, $3x=7$과 같은 일차방정식의 해를 구하거나, 직선의 기울기 또는 직각삼각형의 삼각비를 구하는 과정에서 얻은 분수들이 결국 나눗셈의 또 다른 표기였다는 사실이 그것이었습니다.

그렇다면 수 체계에 들어 있는 여러 종류의 수 각각을, 비록 앞에서는 이들 모두가 소수로 표기되었지만 분수로도 표기할 수 있지 않을까요? 그렇습니다. 우리가

---

6 이 책의 범위를 벗어나므로 비와 비율, 비례식까지 언급할 수는 없었다. 하지만 유감스럽게도 우리의 교과서는 분수 도입에서 나눗셈과 연계하지 않은 것처럼, 비와 비율도 나눗셈과 분수 개념과 연계하지 않았다. 그 결과 교사와 아이들은 분수와 나눗셈 그리고 비와 비율을 각각 분리된 것으로 가르치고 배운다.

알고 있는 모든 수를 분수로도 표기할 수 있습니다. 이제부터 이를 차례로 실행해 보겠습니다.

(1) 자연수와 0을 포함하는 정수는 모두 분수 표기가 가능하다. 이때 분자와 분모는 모두 정수다.

예 $3=\frac{3}{1}=\frac{6}{2}=\cdots$

$0=\frac{0}{1}=\frac{0}{2}=\cdots$

$-3=\frac{-3}{1}=\frac{3}{-1}=\frac{-6}{2}=\frac{6}{-2}=\cdots$

(2) 유한소수와 순환하는 무한소수는 모두 분자와 분모가 정수인 분수 표기가 가능하다.

예 $0.2=\frac{2}{10}=\frac{1}{5}=\frac{4}{20}=\cdots$

$0.333\cdots=0.\dot{3}=\frac{3}{9}=\frac{1}{3}$

→ (1)과 (2)에서 자연수와 0 그리고 정수를 포함하는 모든 유리수는 분자와 분모가 정수인 분수로 나타낼 수 있다.[7]

(3) 순환하지 않는 무한소수, 즉 무리수도 분수 표기가 가능하다. 그러나 이때의 분모와 분자는 정수가 아니다.

예 $\sqrt{2}=\frac{\sqrt{2}}{1}=\frac{2}{\sqrt{2}}=\cdots$

무리수 $\frac{-\sqrt{3}}{\pi}$도 분자가 $-\sqrt{3}$ 그리고 분모가 π인 분수다.

---

7 유한소수와 무한소수를 분수로 나타내는 과정은 『어서 와! 중학수학은 처음이지?』 152–152쪽에 있다.

(4) 복소수도 분수 표기가 가능하다. 그러나 이때의 분모와 분자도 정수가 아니다.

예 $2+i=\frac{5}{2-i}=\cdots$

→ (3)과 (4)에서 무리수와 복소수도 분수로 표기할 수 있지만, 이때의 분자와 분모는 유리수처럼 정수가 아니다.

지금까지 살펴본 내용을 정리하면 다음과 같습니다.

(1) 수 체계에 들어 있는 모든 수를 분자와 분모의 분수 형태로 표기할 수 있다.

(2) 유리수도 당연히 분수로 나타낼 수 있다. 그런데 이때의 분자와 분모는 정수다.

이제 유리수를 수학적으로 정의할 때가 되었습니다.

"유리수는 정수 a, b에 대하여 분수 $\frac{b}{a}$로 나타낼 수 있는 수(단, $a \neq 0$이고 a와 b는 정수)."

이 정의에서 '분수로 나타낼 수 있는 수'라는 구절에 주목해야 합니다. 분수가 아니라 '분수로 나타낼 수 있으면 충분하다'는 뜻이 들어 있습니다. 따라서 유리수에 대한 정의에서 '분수 $\frac{b}{a}$꼴로 나타낼 수 있는 수(단, $a \neq 0$이고 a와 b는 정수).'라고 '꼴'이라는 한 글자를 첨가하여 기술하면 뜻이 더 분명해집니다. 그렇다면 이 정의로부터 분수가 하나의 수라기보다는 일종의 '표기방식'이라는 사실도 드러나게 됩니다. 그렇습니다. 분수의 도입은, 분수가 '수'가 아니라 '수를 나타내는 표기'라는 점에서 출발해야 합니다.

어쨌든 유리수 정의에서 '분수의 꼴로 나타낼 수 있어야 한다'는 조건에서 그치지 않고 '분모와 분자가 정수'라는 또 다른 조건도 충족해야 한다는 점을 강조합니다. 이는 5절의 논의 대상인 무리수를 살펴보는 과정에서 핵심 요소이기 때문입니다.

03

분수와 유리수의 관계

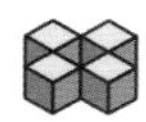

분수를 하나의 수로만 인식하고 있었다면, 분수가 수를 표기하는 하나의 형식이라는 설명을 여전히 받아들이기 어려울 수도 있습니다. 똑같은 수를 분수로 표기할 수도 있지만 그렇지 않을 수도 있음을 제대로 경험해본 적이 없었기 때문이죠.

앞의 1절에서 모든 실수는 분수를 사용하지 않고도 표기가 가능하다는 것을 확인했습니다. 유리수는 0.2와 같은 유한소수로, 또는 $0.333\cdots=0.\dot{3}$과 같은 순환하는 무한소수로 나타냈습니다. 무리수도 소수로 나타낼 수 있는데, $\sqrt{2}=1.4142\cdots$ 또는 $\pi=0.3141592\cdots$와 같은 순환하지 않는 무한소수로 나타냈죠.

그리고 2절에서는 모든 실수를 분수로 나타낼 수 있음을 확인한 바 있습니다. 이때 무리수의 분수 표기는 유리수와 달리 분자와 분모가 정수는 아닙니다.[8] 하지만 $\sqrt{2}=\frac{\sqrt{2}}{1}=\frac{2}{\sqrt{2}}=\cdots$와 같이 무리수도 분수 표기가 가능합니다.

그럼에도 상당히 많은 사람들이 분수를 유리수로, 유리수를 분수로 착각합니다. 다음은 시중에 출간되어 있는 수학책이나 인터넷 수학 강의에서 종종 나타나는 오류의 한 예입니다.

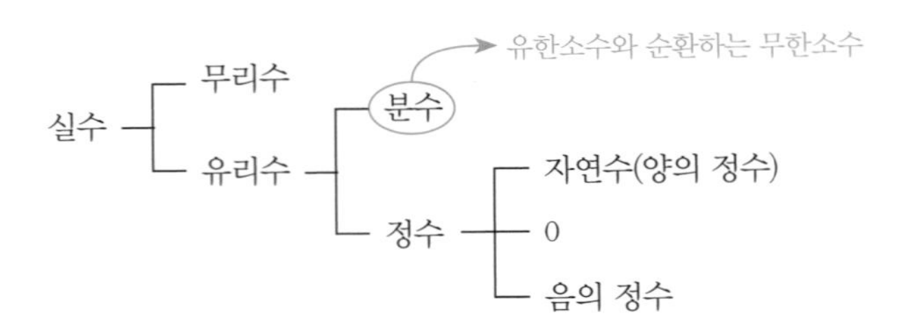

이 표에 따르면 분수를 정수가 아닌 유리수라고 하는데, 이는 분수가 수를 표기하는 하나의 형태라는 사실을 깨닫지 못해 생겨난 오류입니다. 모든 수를 분수로 표기할 수는 있지만, 그렇다고 위의 표에 제시된 것처럼 분수를 유리수의 한 부분으로 분류할 수는 없으니까요. 따라서 이 표에서 '분수'는 0.2와 0.333…과 같은 수가 들어가도록 '유한소수와 순환하는 무한소수'로 정정해야 마땅합니다.

분수를 수의 표기 방식이 아니라 하나의 수, 특히 유리수라는 실수의 한 종류로 여기는 착각은 상당히 널리 퍼져 있습니다. 심지어 교육부에서 발간한 초등학교 교사 대상의 지도서에서도 똑같은 오류를 발견할 수 있습니다. 다음은 마지막 국정 교과서인 2015년도 3학년 1학기 교사용 지도서의 내용입니다.[9]

국정 교과서의 『교사용 지도서』는 소위 초등학교 수학 전문가들이 집필하였기 때문에 현장 선생님들에게 그 권위는 어마어마합니다. 때문에 지도서에 의존하여 수업을 진행하다가 설혹 의문이 들거나 이해되지 않더라도, '국정'과 '전문가'라는 언

---

8 무리수가 분자와 분모가 정수인 분수로 나타낼 수 없는 수라는 사실은 161쪽의 〈비겁한 무리수〉에서 증명하였다.

9 2015년도 초등학교 3학년 1학기 교사용지도서 362쪽

> 나. 분수의 수학적 정의 (유리수)
>
> 분수(유리수)를 수학적으로 엄밀하게 정의하면 다음과 같다.
>
> 순서쌍 $(n, m)=\frac{n}{m}$을 분수(分數, fraction)(유리수)라 하고, n을 분자, m을 분모라고 한다. 단, n은 정수, m은 0이 아닌 정수이다.
>
> 분수(유리수)는 분모, 분자가 정수(유리수)이므로 예를 들어 $\frac{1}{\sqrt{2}}$과 같은 수는 분수의 모양을 하고 있어도 분수(유리수)의 정의에 비추어 보면 분수가 아니다. 유리수(有理數)는 영어로 rational number라고 하는데,

2015년도 3학년 1학기 교사용 지도서

어로 포장된 막강한 권위에 눌려 이의를 제기하거나 탐구하지 않는다고 합니다. 초등학교 수학을 누구에게 물어볼 수도 없어 그저 자신의 수학실력 탓으로만 돌린 채 슬며시 넘어가는 것이 일반적인 경향이라고 하는군요.

그런 엄청난 권위가 주어진 『교사용 지도서』의 내용은 고사하고 '분수의 수학적 정의'라는 제목부터 오류라는 사실을 과연 어떻게 설명할 수 있을지 모르겠습니다. 위 그림에서 글의 제목은 당연히 '유리수의 수학적 정의'라고 정정해야 합니다. 그렇게 정정한다 해도 또 다른 문제가 발생합니다. 유리수는 초등학교 수학에서 다루지 않는 용어이기 때문입니다. 사실 초등학교 교사용 지도서에 왜 이 내용을 넣었는지 전혀 이해할 수 없습니다.

수학적 오류는 제목에서 그치지 않고 이하의 전체 문장이 통째로 오류투성이니 허탈하기까지 합니다. 위 그림에서 사용한 '분수'라는 용어는, 단 한 곳을 제외하고 모두 '유리수'로 정정해야 마땅합니다. '$\frac{1}{\sqrt{2}}$과 같은 수는 분수의 모양을 하고 있어도'에서만 바르게 기술되어 있습니다. $\frac{1}{\sqrt{2}}$은 당연히 분자가 1이고 분모가 $\sqrt{2}$인 분수이니까요. '분수 모양'[10]이라고 표현한 것은 분수가 수의 종류가 아니라 수를 나타내는 하나의 표기 방식임을 무의식적으로 인정하고 있음을 보여줍니다. 그럼에도

10 2절에서 유리수의 정의를 기술할 때 '분수 꼴'이라고 표현한 것과 같다.

전체 문장은 이를 부정하는 내용으로 갈팡질팡하고 있습니다.

그런데 수학을 전공한 중등교사들도 분수에 대하여 정확하게 인식하지 못하고 있다는 것을 알게 되었습니다. 유리수와 분수를 구별하라는 다음 문제의 정답률이 그리 신통치 않았으니까요.[11] 하지만 지금까지 이 책을 읽은 독자라면 정답을 그리 어렵지 않게 찾아낼 수 있으리라 기대합니다. 각자 스스로 답해보세요.

문제 다음 중 분수는? 그리고 유리수는?

(1) 3 (2) 0.2 (3) $\frac{-1}{4}$ (4) 2π (5) $\frac{\sqrt{2}}{3}$ (6) $\sin 30^\circ$ (7) $\frac{-\sqrt{3}}{\pi}$ (8) $\frac{2}{\frac{3}{2}}$

앞서 언급한 유리수의 정의에서 '분수 꼴'이라는 구절을 떠올린다면, 분수는 수를 나타내는 하나의 형태라는 점을 문제에 적용할 수 있습니다. 즉, 분모와 분자를 말할 수 있다면, 당연히 분수인 것이죠. 따라서 문제에 제시된 수들 가운데 분수는 다음과 같습니다.

풀이 분수는

(3) $\frac{-1}{4}$(분자 -1, 분모 4)

(5) $\frac{\sqrt{2}}{3}$(분자 $\sqrt{2}$, 분모 3)

(7) $\frac{-\sqrt{3}}{\pi}$(분자 $-\sqrt{3}$, 분모 π)

(8) $\frac{2}{\frac{3}{2}}$(분자 2, 분모 $\frac{3}{2}$)

한편, 유리수는 '분수(혹은 분수의 꼴)로 나타낼 수 있다'와 '분수의 분자와 분모가 정

---

11 수학을 전공한 중등교사 30명을 대상으로 하는 연수에서 테스트한 결과, 모두 정답을 표시한 사람은 고작 5명에 지나지 않았다.

수'라는 두 가지 조건을 모두 충족해야 합니다. 따라서 유리수는 다음과 같습니다.

풀이 **유리수는**

(1) 3 (2) 0.2 (3) $\frac{-1}{4}$ (6) sin30° (8) $\frac{2}{\frac{3}{2}}$

그 이유는 다음과 같이 각각 분자와 분모가 모두 정수인 분수로 나타낼 수 있기 때문이다.

(1) $3=\frac{3}{1}=\frac{6}{2}=\cdots$ (2) $0.2=\frac{2}{10}=\frac{1}{5}=\frac{4}{20}=\cdots$ (3) $\frac{-1}{4}$

(6) $\sin 30°=\frac{1}{2}$ (8) $\frac{2}{\frac{3}{2}}=\frac{\frac{2}{1}}{\frac{3}{2}}=\frac{4}{3}$

그렇다면 분수이며 동시에 유리수인 수는 $\frac{-1}{4}$과 $\frac{2}{\frac{3}{2}}$ 뿐입니다. $\frac{\sqrt{2}}{3}$와 $\frac{-\sqrt{3}}{\pi}$는 분자와 분모를 말할 수 있으므로 분수이지만, 유리수가 아닌 무리수입니다. 0.2는 유리수이지만, 소수일 뿐 분수는 아닙니다. 분자와 분모라는 분수의 형태를 갖추지 않았으니까요.

주위의 건물도 1층이나 2층 또는 저층과 고층으로 외관에 의해 분류할 수도 있지만 주택, 사무실, 공장 등과 같이 용도에 따라 분류할 수도 있습니다. 같은 대상을 분류하는 분류체계가 여럿 있을 수 있다는 겁니다. 분수와 유리수도 마찬가지로 각기 서로 다른 분류체계에 적용되는 용어입니다. 따라서 당연히 그 의미가 각기 다를 수밖에 없습니다. 그럼에도 많은 사람들이, 전공자는 물론 전문가들조차 오류를 범하고 있습니다. 과연 그 이유는 무엇일까요?

04

분수에 대한 오해는 어디서 비롯되었을까?

수많은 심리학 용어 가운데 하나인 '기능적 고착functional fixedness'은 특이하게도 사물을 대할 때의 인지 과정에 대한 용어입니다. 기능적 고착은 사람들이 문제를 어떻게 해결하는가에 관심을 갖고 주요 연구 주제로 삼았던 미국 미시건대학의 노만 마이어Morman Maier가 1931년에 실험결과를 세상에 내놓으며 만든 용어입니다.

그는 그림과 같이 천장에 줄을 매달아놓고 실험에 참가한 피험자들에게 두 개의 끈을 동시에 잡을 수 있는 방안을 모색하라는 문제를 제시했습니다. 방 안에는 의자 한 개와 펜치 한 개가 놓여 있었습니다. 물론 끈 하나를 잡은 채 다른 끈을 잡을 수 없도록 두 끈의 길이와 간격을 설정하였습니다.

대부분의 피험자는 의자를 이용해 문제를 해결하려 했지만 결국 실패하고 맙니다. 이는 마이어가 원하는 해결책이 아니었는데, 애초에 의자 위에 서 있어도 두 끈

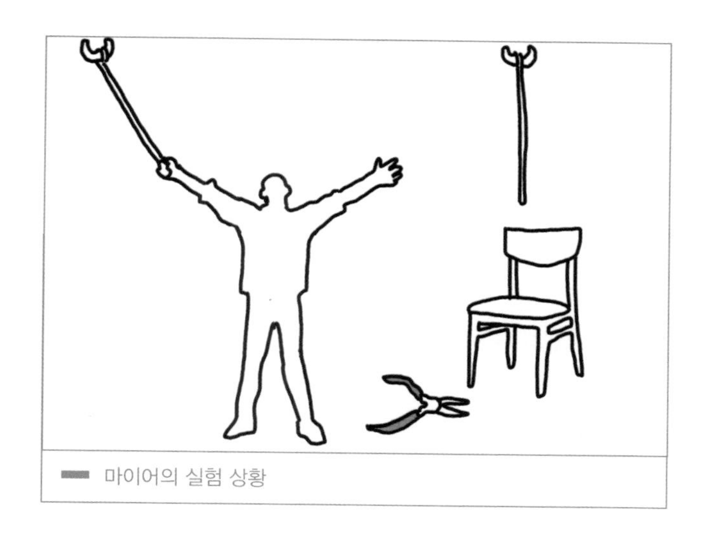

마이어의 실험 상황

을 동시에 잡을 수 없도록 실험실을 꾸며 놓았기 때문입니다.

이 문제의 유일한 해결책은 펜치를 활용하는 것입니다. 끈 한 쪽에 펜치를 매달아 추처럼 활용하여 그 끈이 움직이도록 해야 합니다. 이때 의자 위로 올라가서 다른 한 쪽 끈을 잡은 채 펜치가 묶인 끈이 가까이 올 때까지 기다리면 됩니다.[12]

마이어의 관심은 정답률이 아니라 문제 해결에 실패한 사람들의 반응이었습니다. 그리 어렵지 않은 문제임에도, 그들은 왜 풀지 못하겠다고 포기하는지 그 이유가 궁금했던 겁니다. 결국 마이어는 그 이유를 펜치라는 도구에서 찾았습니다. 피험자들이 문제를 어려워한 까닭은 펜치를 못을 뽑거나 철사를 끊고 구부릴 때 사용하는 공구로만 여겼을 뿐, 끈에 매달아 시계추처럼 활용할 생각을 전혀 하지 못했던 것이죠. 일반적으로 알고 있는 펜치의 용도, 즉 철사를 구부릴 때 쓰는 공구라는 인식이 고착화되었기 때문입니다. 이와 같이 어떤 대상이 갖고 있던 관습적 기능이

---

12 실험에 참가한 피험자들 중 39 퍼센트만이 10분 안에 이 문제를 풀 수 있었다. John Anderson, 인지심리학과 그 응용(Cognitive Psychology and Its Implication (4th ed), 1995), 이영애 옮김. 이화여자대학교 출판부

처음에 인식한 그대로 고착되어 그 외의 다른 용도로 사용하는 창의적 사고로 이어지지 못하는 현상을 마이어는 기능적 고착이라는 용어로 정리했던 겁니다.

기능적 고착이 단지 사물에만 적용되는 것은 아닙니다. 사람, 현상, 개념에 대해서도 확대할 수 있습니다. 대상이 무엇이든 처음 대하였을 때 형성된 선입관이 고착화되어 일종의 편견으로 작동함으로써 올바른 인지 활동이 훼방을 받을 수 있으니까요. 한쪽으로만 치우친 편견으로 인해 열린 사고를 하지 못하는 원인 가운데 하나를 설명할 때, 기능적 고착이 유용합니다.

이제부터 유리수를 분수로 또는 분수를 유리수로 착각하여 빚어지는 오류도 기능적 고착에 의해 생성된 편견과 다르지 않음을 살펴보려 합니다. 이 편견이 언제 어떻게 형성되는지 추적하려면, 분수와 유리수를 어떤 순서로 어떻게 배웠는지 그 흐름을 파악해야 합니다. 펜치에 대한 기능적 고착과 마찬가지로, 처음 분수를 접하며 형성된 선입관이 고착화됨으로써 분수를 유리수와 같은 것으로 인식하는 오류가 생성되었다는 사실을 밝히려고 하니까요.

분수에 대한 첫 경험은 대부분 초등학교 3학년 무렵에 이루어집니다. 자연수의 사칙연산 가운데 마지막인 나눗셈 학습을 마치면 분수 단원이 등장합니다. 이때 수의 범위는 자연수를 벗어날 수 없으므로 분수의 분자와 분모는 자연수일 수밖에 없고, 따라서 이때의 분수는 사실상 수 체계에서 유리수입니다.

하지만 유리수는 초등학교 3학년 아이들에게 적절한 용어가 아니므로 사용하지 않고 그냥 분수라고만 합니다. 분수는 그렇게 처음부터 유리수를 대신하여 하나의 수로 제시되었습니다. 이때 분수가 수를 표기하는 하나의 형태(꼴)라는 점을 파악할 기회가 전혀 제공되지 않았으니, 분수를 처음 접하는 아이들에게 분수는 하나의 수로 인식될 수밖에 없는 것이 당연합니다.

그 후에도 분수는 수를 나타내는 형태가 아닌 하나의 수라는 인식이 이어집니다. 자연수에 이어 분수의 사칙연산을 배우면서 자연스럽게 자연수와 비교하는 경험을 통해 새로운 종류의 수라는 인식이 자리잡게 됩니다. 물론 이 시기에도 분수가 수에 대한 표기라는 사실을 접할 기회는 없습니다.

중학교에서 수의 범위가 정수와 유리수까지 확장되면서 유리수라는 용어가 처음 도입되는데, 그렇다고 아이들에게 유리수가 새로운 수로 인식되는 것은 아닙니다. 초등학교에서 배웠던 분수를 유리수라 부를 뿐이고, 단지 정수에서 경험했던 음의 부호를 결합하여 음의 유리수라고 부르기 때문이죠. 이때 능동적 사고를 하는 아이들 가운데에는 왜 분수를 유리수로 바꿔 부르는지 의아해하는 경우도 있습니다. 이어서 유리수라는 이름으로 마치 새로운 연산인 것처럼 배우지만, 이것도 기실은 초등학교에서 이미 익힌 분수의 연산과 다르지 않으니 의아심은 더욱 커져만 갑니다. 하지만 불행하게도 이에 대한 답은 어디에서도 찾을 수 없습니다. 따라서 아이들이 품었던 의심은 미해결인 채로 그냥 잊어버릴 수밖에 없겠죠.

이때부터 대부분의 아이들은 유리수를 분수로 또는 분수를 유리수로 혼동하기 시작합니다. 어른들 역시 중학교 1학년 때 수학을 배우며 구별하지 못했던 유리수와 분수의 차이를 어른이 될 때까지도 정정할 기회가 없었기 때문에, 앞서 보았던 교사용 지도서 등에서 나타난 오류를 범했을 것이라고 추측할 수 있습니다. 그 당시에 분수가 아닌 유리수(예를 들어 소수 0.2는 유리수이지만 분수는 아니다)가 있다는 것을 몰랐던 것이죠. 유리수가 아닌 분수(예를 들어 $\frac{1}{\sqrt{2}}$은 분수이지만 유리수가 아닌 무리수다)는 무리수를 배운 후에나 등장해야 하니 아직은 그 가능성조차 모를 수밖에요.

그런데 중학교 3학년 때 무리수가 도입되면서 조금씩 이상한 분위기가 감돌기 시작합니다. 유리수와 분수를 같은 것으로 혼동했다 하더라도 이전에 의문을 품었던 아이들 가운데 일부는 혹은 스스로 생각하며 수학을 공부하여 예민한 감각을 키웠던 아이라면 무리수의 정의, 즉 '유리수가 아닌 수'라는 수학적 정의가 심상치 않음을 느낄 수 있을 겁니다. 그러면서 유리수에 대한 정의(앞에서 소개한)를 재확인하게 되고 이를 면밀히 검토한 결과 유리수는 분수와 다르다는 것을 발견할 수 있었을 겁니다. 또는 무리수를 배우면서 분수인 무리수(예를 들어 $\frac{1}{\sqrt{2}-3}$의 분모를 유리화하는 문제를 통해)의 존재를 확인하는 과정에서 분수는 더 이상 유리수의 전유물이 아님을 깨달을 수 있었을 겁니다.

하지만 배움의 과정에서 스스로 생각하지 못한 당시의 아이들을 탓할 수는 없습니다. 현재까지도 학교수학에서 앞서 지적한 오류들을 수정할 기회를 그 어디에서도 제공하지 않고 있기 때문에 분수와 유리수를 동일시하는 상황이 계속 이어지고 있다는 사실이 안타까울 뿐입니다.

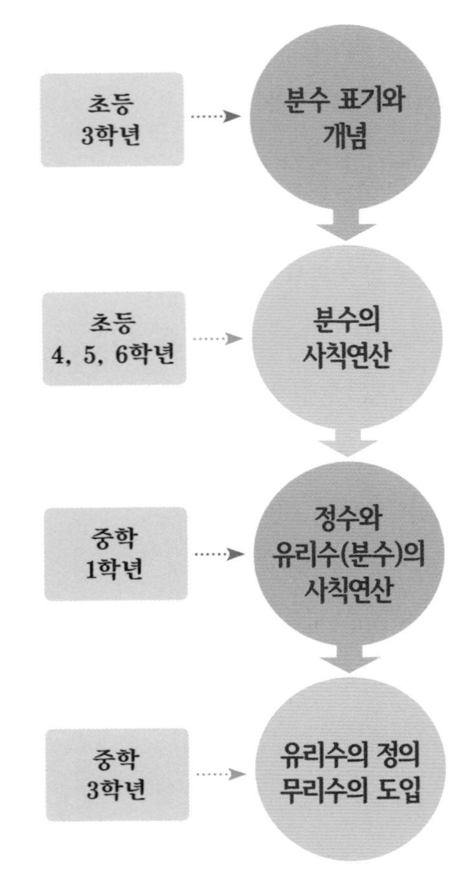

05

비겁한 무리수

실수로 확장되는 과정에서 '무리수'가 나타나는데, 이 용어는 중학교 3학년 수학 교과서에서 다음과 같은 문장으로 처음 등장합니다.

"무리수는 유리수가 아닌 수이다."

수학적 정의치고는 참으로 궁색하다고 느끼는 것은 저뿐일까요? 원래 수학적 정의란 앞의 유리수의 정의에서 보았듯, 정의하고자 하는 대상의 정체를 직접 명쾌하게 밝히는 것이 일반적입니다. 예를 들어 "짝수는 2로 나누어떨어지는 수"처럼 말입니다.

그런데 무리수의 정의는 대상을 직접 기술하기는커녕 '유리수가 아니면 무리수'

라고 공연히 애꿎은 유리수를 걸고넘어집니다. 그래서 무리수가 비겁하기 짝이 없다고 말하는 겁니다. 그러고 보니 학생들이 처음 무리수를 접하면서 애매모호한 정의 때문에 답답해하거나 어렵다고 불평하는 것도 충분히 이해할 수 있을 것 같습니다. 시작부터 명쾌하지 않으니까요.

스스로 배움을 찾아나서는 지적 호기심이 왕성한 학생이라면 무리수의 정의를 접하자마자, 책장을 앞으로 넘겨 다시 유리수의 정의를 살펴볼 겁니다. 유리수를 확실히 알아야 무리수에 비로소 한 발짝 다가갈 수 있다고 생각했기 때문입니다.

"유리수는 정수 a, b에 대하여 분수 $\frac{b}{a}$(단, $a \neq 0$)로 나타낼 수 있는 수다."

유리수의 정의에는 앞의 2절에서 상세하게 언급한 것처럼 '분수로 나타낼 수 있는 수'라는 조건과 '분모와 분자가 정수'라는 또 다른 조건이 들어 있습니다. 그러므로 어떤 수가 유리수가 아닌 수, 즉 무리수임을 밝히려면 '분모와 분자가 정수(양수인 경우에는 자연수)인 분수로 나타낼 수 없다'는 것을 보여주면 되겠다고 정리할 수 있을 겁니다.

그러면 이제부터 예를 들어 '제곱해서 2가 되는 수', 즉 $\sqrt{2}$는 왜 유리수가 될 수 없는지, 다시 말해 왜 무리수일 수밖에 없는지 그 이유를 밝혀볼까요?

이를 수학에서는 증명이라고 합니다만, 막상 증명을 시도하려니 시작도 안 했는데 벌써 벽에 부딪쳐 그만 온몸의 힘이 빠지는 느낌이 듭니다. 이 무력감의 정체는 도대체 무리수가 무엇인지 딱히 드러난 것이 없다는 것에서 찾을 수 있습니다. 무리수가 짙은 안개 속에 정체를 숨기고 있는 상황에서 $\sqrt{2}$가 무리수임을 보여줄 방안이 떠오르지 않는 겁니다.

지금 우리가 무리수에 대하여 알고 있는 것은 단 하나, 그것도 고작 '유리수가 아닌 수'라는 맥 빠지는 구절밖에 없습니다. $\sqrt{2}$는 '이러저러한 수'라고 직접 드러내 보여주는 것이 불가능하다는 결론에 이르렀으니 포기할 수밖에 없겠죠. '분모와 분자가 자연수인 분수로 나타낼 수 없다'는 사실을 어떻게 보여줄 수 있단 말인가요. 만일 '나타낼 수 있다'고 기술되어 있다면 수단과 방법을 가리지 않고 노력해볼 수도 있겠지만, '나타낼 수 없다'는 요구에는 도대체 어떻게 응해야 할지 정말 난감하기 이를 데 없습니다. 마치 늪에 빠져 허우적거리다가 더 깊이 빨려들어 영영 헤어나지 못할 것 같은 두려움마저 엄습합니다.

다시 정신을 차려봅니다. 결국 선택은 둘 중 하나, 유리수 아니면 무리수입니다. 물론 증명을 요구하고 있으니 $\sqrt{2}$가 무리수임에는 틀림없을 겁니다. 그렇지만 $\sqrt{2}$가 무리수라는 사실을 직접 밝혀낼 어떠한 실마리도 찾을 수 없기에 한 쪽은 포기하는 것이 현명할 것 같군요. 그래서 눈길을 유리수로 돌려, 일단 유리수일지 모른다고 가정하고 증명을 시작해보려 합니다. 무리수보다는 유리수에 대하여 우리가 좀 더 아는 것이 많기 때문에 그렇게 시작하는 것이 현명하다고 판단한 겁니다.

지금까지 갈팡질팡하며 어려운 시간을 보냈지만, 이제 마음을 가다듬고 '$\sqrt{2}$가 무리수'라는 명제에 대한 증명을 이렇게 시작해볼까 합니다.

$\sqrt{2}$가 유리수라고 하자.

일단 이렇게 시작하니까 마음이 조금 편안해지네요. 유리수의 정의를 그대로 적용할 수 있으니까요. 그래서 다음과 같이 분모와 분자가 자연수인 분수로 나타내 보았습니다.

$$\sqrt{2}=\frac{q}{p}\text{(}p,\ q\text{는 서로소인 자연수)} \text{ ———————— (A)}$$

여기서 'p, q는 서로소인 자연수'라는 조건이 왜 필요한가를 생각보세요. 다음 절에서 자세히 설명하겠지만, 이 조건은 분수만의 독특한 성질 때문에 필요하답니다.

사실 분수는 같은 값에 대하여 하나만이 아니라 무한개의 표기가 가능하죠. 예를 들어 분수 $\frac{2}{3}$와 같은 값의 분수로 $\frac{4}{6}$, $\frac{6}{9}$, $\frac{8}{12}$, … 등과 같이 얼마든지 한없이 나열할 수 있습니다.

그렇기 때문에 무수히 많은 같은 값의 분수들 가운데 어느 특정한 하나의 분수로 나타내라고 지정할 필요가 있습니다. 이를 위해 분모와 분자가 더 이상 약분할 수 없는(이를 '기약분수'라고 한다), 즉 분모와 분자의 공통인 약수가 더 이상 없는(이를 '서로소'라고 한다) 분수를 대표로 지정하여 사용하려 합니다.

'p, q는 서로소인 자연수'는 그런 이유로 설정한 조건입니다. 그리고 이 조건은 증명의 마지막 단계에서 결정적인 역할을 담당하므로 잘 기억하는 것이 좋습니다.

이제 이 식을 정리할 때가 되었습니다. 분모 p를 양변에 곱하고 나서 전체를 제곱하면 다음 식을 얻습니다.

$p\sqrt{2}=q$이므로 $2p^2=q^2$ ———— (B)

이 식에서 q^2은 2의 배수라는 사실이 드러났습니다. 그런데 우리의 관심은 q^2이 아니라 q에 있습니다. q가 어떤 수인지 궁금하니까요. 그렇다면 q도 과연 2의 배수인 짝수라고 말할 수 있을까요? 이 질문에 답해야만 그 다음 단계로 이어질 수 있는데, 여기서 또 다른 난관에 직면하게 되었네요.

이 난관을 극복하는 방안도 앞에서와 같이 일단 아니라고 해보는 겁니다. 즉, q가 2의 배수(짝수)가 아닌 홀수라고 가정합니다. 이를 다음과 같은 수식으로 나타내 봅니다.

$$q=2n+1 \text{ (}n\text{은 자연수)}$$

이 추론의 처음 시작은 q가 아니라 q^2이었다는 사실을 잊어서는 안 되겠죠. 그래서 다음과 같이 제곱해 보았습니다.

$$q^2=(2n+1)^2=4n^2+4n+1=2(2n^2+2n+1)+1$$

그렇군요. q가 홀수이면 q^2도 홀수라는 사실을 알게 되었습니다. 그런데 이 명제는 결국 'q^2이 짝수이면 q가 짝수'라는 명제와 다르지 않습니다. 왜냐고요?

'서울 사람이면 대한민국 사람이다.'라는 것과 '대한민국 사람이 아니면 서울 사람이 아니다.'는 결국 같은 뜻이니까요. 이들을 서로 대우관계에 있는 명제라고 합니다. 서로 대우관계에 있는 명제[13]의 또 다른 예를 들어보면, '봄이 오면 제비가 온다'와 '제비가 오지 않으면 봄이 오지 않은 것이다'는 두 개의 명제입니다. 두 개의 명제 가운데 어느 한 명제가 참이면 대우명제도 참이고, 만일 어떤 한 명제가 거짓이면 대우명제도 거짓입니다. ———— (C)

이제 q가 짝수라는 사실이 밝혀졌으니, 다음과 같은 식으로 나타낼 수 있습니다.

$$q=2k(k\text{는 자연수})$$

이를 식 (B)에 대입하여 다음과 같이 정리해보았습니다.

$$2p^2=q^2=(2k)^2=4k^2$$

$$p^2=2k^2$$

p^2이 짝수라는 사실도 드러났습니다. 앞에서 어떤 수를 제곱한 수가 짝수이면 그 수도 짝수임을 이미 밝혔으니, 따라서 p도 짝수입니다.

그런데 여기서 잠시 증명을 멈추고 생각을 가다듬어 봅니다. 지금까지 추론한 결과 분자인 q가 짝수, 즉 2의 배수임이 드러났는데 분모인 p도 짝수, 즉 2의 배수라는 이상한 결론을 얻은 겁니다. 도저히 있을 수 없는, 아니 있어서는 안 되는 상황이 초래된 겁니다. 왜냐하면 처음에 설정한 'p, q는 서로소'라는 조건(A), 즉 더 이상

---

13 논리학에서, 어떤 명제의 대우(對偶: 대할 대對와 짝 우偶, 영어: contrapositive)는 그 명제의 가정과 결론을 뒤바꾼 뒤 각각 부정을 취하여 얻는 명제다. 예를 들어, 'p이면 q이다'라는 명제의 대우는 'q가 아니면 p가 아니다'이다. 고전 논리에서 한 쌍의 명제가 서로 대우라면, 이 둘은 항상 논리적 동치이다. 즉, 서로 대우인 명제는 둘 다 참이거나 둘 다 거짓이다.

공약수가 없다는 조건에 위배되는 결과이기 때문입니다.

한자어 가운데 모순[14]이라는 단어가 있는데, 지금 벌어진 사태가 그야말로 모순입니다. 도대체 어찌 이런 일이 일어났는지 정말 알 수 없습니다. 증명의 초기 단계에서 잠시 머뭇거리기는 했지만, 그래도 지금까지 어떤 비약이나 오류도 없이 나름 성실하고 순조롭게 한 걸음 한 걸음 뚜벅뚜벅 나아가며 추론을 이끌어 오지 않았나요? 그런데 증명을 거의 마무리할 즈음인 지금 다시 막다른 골목이 나타난 겁니다. 이치에 닿지 않는 '모순!'이라고 그냥 주저앉아 버리게 하다니 참으로 야속하기 이를 데 없습니다.

그런데 더욱 분통 터지는 것은, 지금 생각해보니 이조차도 다분히 누군가가 의도적으로 그랬다는 의심이 드는 겁니다. 왜냐하면 지금 맞닥뜨린 이 모순을 어찌 해결할 것인지 증명 전체를 샅샅이 살펴보고 있는데, 정작 이 증명 방법의 안내자는 짐짓 팔짱을 끼고 함께 검토하는 시늉을 하는 둥 마는 둥 하더니 이렇게 한마디를 툭 던지고 있으니까요.

"의심스러운 것은 단 한 곳밖에 없어요."

그러면서 처음에 설정한 (A) $\sqrt{2}=\frac{q}{p}$(p, q는 서로소인 자연수)라는 명제를 지적하는 것이었습니다. 물론 이는 $\sqrt{2}$가 유리수라고 가정하였기에 나타난 식입니다. 그런데 이 가정이 의심스럽고 사실상 잘못되었다고 지목하는 것이 아닙니까. (마른하늘에 날벼락도 유분수지, 그럼 처음부터 말을 하든가.) 참 야속하고 인정머리 없다는 생각마저 듭니다.

---

14 모순矛盾은 창이라는 뜻의 한자 모矛와 방패라는 뜻의 한자 순盾으로 이루어졌다. 옛날 중국 전국시대 초나라에 무기 상인이 시장에서 창과 방패를 팔며 "이 방패는 매우 견고하여 어떤 창이라도 막아낼 수 있습니다."라고 외쳤고, 계속해서 창을 들어 올리며 "이 창은 너무나 예리해서 어떤 방패라도 단번에 뚫어버리는 천하일품"이라고 외쳤다. 그러자 구경꾼 중에 어떤 사람이 "그렇게 예리한 창으로 그렇게 견고한 방패를 찌르면 도대체 어찌 되는 거요?"라고 반박하자 상인의 말문이 막혀버렸다는 고사에서 나온 말이다. 유사한 뜻의 二律背反이율배반과 自家撞着자가당착이라는 한자어도 있다.

$\sqrt{2}$는 무리수다!

풀이

$\sqrt{2}$가 무리수가 아니라고 하자. 즉, 유리수라고 하자.

$\sqrt{2}=\frac{q}{p}$(p, q는 서로소인 자연수)

$p\sqrt{2}=q$이므로 $2p^2=q^2$

따라서 q는 짝수이고 $q=2k$(k는 자연수)라고 나타낼 수 있다.

$2p^2=q^2=(2k)^2=4k^2$이므로 $p^2=2k^2$

p^2은 짝수이고, 따라서 p도 짝수이다.

하지만 이는 'p, q는 서로소'라는 조건에 모순이다!

그러므로 $x=\sqrt{2}$는 유리수가 아니라 무리수이다. Q.E.D.*

---

* 유클리드의 『원론』은 현재 우리가 '정리'라고 하는 명제와 이에 대한 증명이 빼곡하게 수록되어 있다. 증명의 마지막 부분에 '증명되었음*which was to be proved.*'을 넣어 증명이 마무리되었음을 알려준다. 이를 라틴어로 번역하면 "quod erat demonstrandum,"인데, 첫 자를 딴 Q.E.D.가 수학 증명의 완료를 알리는 기호로 사용된다.

그런데 오히려 한술 더 뜹니다. 이곳 외에는 더 의심할 곳이 없으니, 자신도 어쩔 수 없다는 겁니다. 아쉽지만 이 명제를 폐기하는 수밖에 다른 도리가 없답니다. 다시 말하면, 제곱하여 2가 되는 수는 자연수의 비로 나타낼 수 없으니 최종적으로 유리수가 아니라는 결론에 이르렀다는 겁니다. 이렇게 하소연하듯 말하는데, 저라고 별수 있겠어요? 어쩔 수 없어서 그냥 서둘러 손을 털어버리고 일어났습니다.

"알겠어요. 그러니까 $\sqrt{2}$는 유리수가 아니라는 거죠?"

그런데 잠깐, 그러면 무리수네요! 그렇게 말하고 나니, 증명이 완성되었네요! 그렇군요. 마침내 $\sqrt{2}$가 무리수라는 사실이 밝혀진 겁니다! (잠시나마 약한 모습을 보여 미안합니다.)

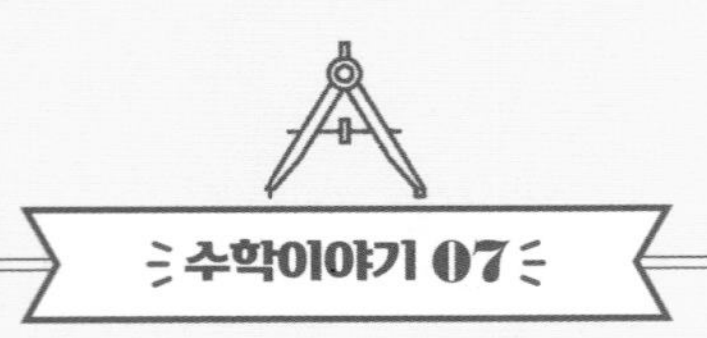

수학에서의 증명

(1) 간접증명과 직접증명

수학을 배우는 여러 이유 가운데 하나로 어떤 수학자는 '거짓된 주장에 현혹되어 속지 않기 위한 것'이라고 하였다. 이에 동의한다면, 수학적 증명법은 속지 않는 삶을 살기 위해 꽤나 유용한 도구임에 틀림없다.

본문에서 '$\sqrt{2}$는 무리수다'는 명제의 증명은 증명하려는 결론의 부정인, '$\sqrt{2}$는 유리수'라는 명제에서 시작한다. 이 증명법은 기원전 4세기 무렵에 만들어진 유클리드 『원론』 X장의 117번 명제에 들어 있었다. 하지만 그 시조는 유클리드가 아니라 아리스토텔레스이다. 이런 증명 방식을 '오류로 귀착된다'는 뜻을 담아 귀류법歸謬法이라고 한다. 라틴어 'Reductio ad absurdum'을 번역한 영어 'reduction to the absurd'를 우리말로 옮겼다고 하지만, 'proof by contradiction'(모순된 결론에 의한 증명)이라는 영어가 우리말에 더 가깝다.

한편 위의 증명과정에서 'q^2이 짝수'일 때 'q도 짝수'라는 명제의 증명도 결론의 부정인 'q가 짝수가 아닌 홀수'라는 명제에서 시작한다. 그러나 마지막에 단계에서 얻은 결과는 모순이 아니라 처음에 주어진 가정을 부정한 'q^2은 짝수가 아닌 홀수'라는 대우명제다. 결론의 부정이 가정의 부정으로 이어진다는 점에서, 결론의 부정에서 시작했지만 모순된 결과로 이어지는 귀류법과는 분명 다르다. 그래서 이를 대우對偶, *contrapositive*명제에 의한 증명이라고 한다.

귀류법이나 대우명제에 의한 증명을 간접증명법이라 한다. 이는 빙 돌아서 우회적으로 자신의 주장을 관철하므로 직접증명법과는 구별된다. 직접증명법은 주어진 가정에서 출발해 차례로 단계를 거쳐 결론에 이른다.

매우 단순한 명제인 '홀수끼리의 곱은 항상 홀수다'를 직접증명법으로 증명해보자.

우선 이 명제를 수학적으로 증명한다는 것이 무엇을 뜻하는지 설명할 필요가 있다. 예를 들어 두 개의 홀수 3과 7의 곱인 21이 홀수임을 보여주는 것은 수학적 증명이 아니다. 몇 개의 예를 제시하는 것에 그치지 않고, 모든 홀수에 대하여 성립한다는 것을 보여주어야만 증명이다. 하지만 막상 증명하려는 순간, 홀수의 개수가 무한이라는 벽에 부딪친다. 무한개의 홀수에 대하여 성립한다는 것을 어떻게 일일이 확인할 수 있을까?

다행히도 수학에는 이를 해결할 수 있는 도구가 마련되어 있으니, 다음과 같은 대수적 기호체계가 그것이다.

'홀수는 $2n+1$이다(n은 0 또는 자연수).'

예 $1=2\times0+1$, $3=2\times1+1$, $5=2\times2+1$, … $11=2\times5+1$, … $2031=2\times1015+1$, …

단 한 줄의 기호로 이 세상에 존재하는 모든 홀수를 나타낼 수 있다는 사실이 놀랍지 않은가? 수학적 기호의 위력을 실감할 수 있다. 어떤 홀수이든 '$2n+1$'이라는 대수적 기호로 나타낼 수 있으니, 세상의 모든 홀수를 한 손안에 움켜쥐는 희열과 기쁨을 만끽하게 된다. 이것이야말로 수학공부의 즐거움이 아닐까. 이제 이 기호를 이용해 위의 명제를 증명하면 된다. 실제 증명은 다음과 같이 매우 간단하다.

임의의 두 홀수를 각각 $2m+1$, $2n+1$이라고 하자(m, n은 0 또는 자연수). ——— (1)

이들의 곱은 다음과 같다.

$(2m+1)(2n+1) = 4mn + 2m + 2n + 1$

$= 2(2mn + m + n) + 1$ ——— (2)

$2(2mn+m+n)$은 짝수이므로(m과 n이 어떤 자연수이건 $2mn+m+n$도 자연수이고 이 값에 2를 곱한 값 또한 짝수이다), 두 홀수의 곱은 홀수다. ——— (3)

매우 단순해 보이지만, 이 증명은 일반적인 수학적 증명의 골격을 그대로 보여준다. 주어진 전제로부터 시작하여 차례로 (1), (2), (3)이라는 몇 개의 단계를 거쳐 최종 결론에 이르는 과정이 그대로 드러나 있다.

교과서를 비롯한 모든 수학책에 들어 있는 수학적 증명의 골격은 이와 같이 가정에서 출발하여 정해진 순서대로 결론에 이른다. 이미 알려진 사실을 토대로 한 단계 한 단계 명쾌한 논리적인 추론을 거치는 이 증명의 전개는 정말 군더더기 하나 없이 깔끔하다.

하지만 보이는 것이 전부는 아니다. 책에 제시된 증명이 그렇게 보인다고 하여 실제 증명 과정도 그렇게 깔끔하게 이루어지는 것은 아니다.

(2) 증명의 고독한 길

우리에게 제시된 증명의 겉모습은, 격납고에 있다가 가정이라는 활주로를 거쳐 이륙한 후에 결론이라는 목적지에 멋지게 착륙하는 날렵한 전투기의 비행과도 같다. 하지만 막상 실제로 증명을 직접 시도하게 되면, 추운 겨울날 눈 덮인 외진 산속에 홀로 남겨진 채 고립되어 있다가 온갖 고난과 역경을 헤치며 죽을 고비를 넘긴 후에 겨우겨우 사람이 사는 마을에 다다르는 험난한 탈출과정과도 같은 혹독한 경험이 뒤따른다.

간접증명이 그렇듯이 직접증명도 첫 번째 단계가 가장 중요하다. 홀로 고립된 곳에서 어떤 방향으로 얼마만큼 첫발을 내디딜 것인가의 결정이 성패를 좌우한다. 잘못된 선택으로 인해 엉뚱한 길로 접어들면 원래 가고자 했던 도착점과 점점 멀어지며 공연히 헛고생만 하게 된다.

증명의 첫발을 내딛기 위해서는 주어진 가정은 물론이거니와 종착지인 결론을 동시에 면밀히 파악하는 시간이 필요하다. 사실 이 과정은 수학적 증명뿐만 아니라 모든 수학 문제의 해결 과정에도 그대로 적용된다.

첫 번째 선택이 적절했더라도 아직 갈 길은 멀다. 고립된 곳에서 빠져나왔건만 비바람이 불고 눈보라가 몰아치는 험난한 여정이 기다린다. 고통스러운 선택은 매순간 계속 이어진다. 간혹 증명 과정에서 길고 복잡한 식을 접하게 되는데. 이를 제대로 정리하지 못하면 빠져나오기 어려운 늪지대에서 허우적거리기 십상이다. 늪지대를 간신히 헤쳐 나왔다 하더라도 그 다음에 어떤 함정이나 또 다른 늪지대가 도사리고 있는지 알 수 없다.

증명의 다음 과정이 어떻게 전개될지 감을 잡을 수 없을 때는 그저 막막할 뿐이다. 한치 앞도 볼 수 없는 컴컴한 동굴 속에 갇혀 오직 촉각에 의지한 채 더듬더듬 기어가야 하는 상황에 놓이는 경우도 있다. 눈앞에 어떤 길이 펼쳐져 있는지 확 트인 시야를 확보할 수만 있다면 걷기 힘든 선인장 밭이나 모래사막 또는 가파른 암벽을 만나더라도 일말의 안도감을 가질 수 있으련만 그것도 여의치 않다. 증명 과정에서 가장 힘든 경우는 지금 이대로 계속 가는 것이 결론에 접근하는 길이라는 확신이 들지 않을 때다. 그럼에도 모종의 모든 결정은 오로지 혼자 스스로 감당해야만 한다. 수학적 증명이나 문제 풀이는 정말 외로운 작업이다. 그래서 수학자는 늘 고독한 존재다.

이쯤 되면 수학책에 깔끔하게 정리된 증명이 실제 증명 행위와는 거리가 멀다는 사실을 깨달았을 것이다. 아무리 간단한 증명이라도 가정에서 출발하여 한걸음에 내달릴 수는 없다. 가정과 결론 사이를 부단히 오가며 둘 사이를 연결하기 위한 쉼 없는 머리 굴림이 필요하다. 그 대가는 논리라는 접착제로 깔끔하고 세련되게 연결되어 아름답다고까지 말할 수 있는 완성된 증명이다.

간혹 수학 강의를 한답시고 문제 풀이나 증명 과정을 마치 태어날 때부터 알고 있었다는 듯 술술 풀어가는 장면을 목격할 수가 있다. 하지만 그것은 일종의 보여주기 위한 것일 뿐, 실제 수학의 본질을 구현하는 강의라고 말할 수 없다. 그 세련된 퍼포먼스에 현혹되어 수학을 잘한다고 착각하는 것은 아직 수학이 무엇인지 잘 모르는 또 다른 증거다.

그렇다면 모든 수학적 명제의 진위를 따지기 위해 반드시 증명을 해야 하는 것일까? 예를 들어 '홀수들의 합은 항상 홀수다'는 명제가 거짓이라는 사실도 반드시 증명을 해야만 확인되는 것일까? 그렇지 않다. 앞에서 사용하였던 $2m+1$과 같은 일반적인 대수적 기호를 사용할 필요조차 없다. 그저 그 명제가 성립하지 않는 단 하나의 예(이를 반례反例라고 한다)만 제시하면 된다. 즉, $3+5=8$과 같이 두 개의 홀수를 더했더니 짝수를 얻었다는 것만 보여주면 된다. 그러나 앞에서 보았듯 '홀수들의 곱은 항상 홀수다'는 명제가 참이라는 증명은 아무리 많은 구체적인 실례를 들어도 증명이라고 할 수 없다.

수학에서의 증명법은 수학이 다른 학문과 차별화되는 수학만의 고유한 특성을 고스란히 드러내 보여주는 방법론적 도구다. 증명을 실행하기 이전에는 가정과 결론 사이를 연결하는 것이 불가능했다. 마치 높고 험한 산이나 물살 빠른 깊은 강이 가로막고 있는 듯하여, 둘 사이의 왕래는 가능하지 않았다. 그런데 증명이 확정되면 가정과 결론 사이에 시원하게 쭉 뻗은 고속도로가 놓이게 되어 가정에서 출발하기만 하면 필연적으로 결론에 도달할 수 있다. 귀류법이나 대우명제의 증명과 같은 간접증명법은 직접 터널을 뚫어 길을 내는 것이 너무나 어려웠기에, 멀찌감치 산을 에돌아가는 우회도로를 낸 것이라고 할 수 있다. 어쨌든 가정에서 출발하면 필연적으로 결론에 다다를 수 있는 것, 그것이 증명이다.

06

자연수-분수-유리수를 명확히 구별하라

분수라는 수의 형태는 무리수와 허수뿐 아니라, 분자와 분모가 다항식으로 이루어진 분수함수 $\frac{g(x)}{f(x)}=\frac{x-2}{x^2+x+1}$에도 나타납니다. 분자와 분모만 있으면 분수이니까요. 그래서 '수' 체계를 나타낼 때는 분수를 찾아볼 수 없었던 겁니다.

그런데 초등학교 수학에 등장하는 분수는, $\frac{2}{3}$와 같이 분자가 2이며 분모가 3이라는 표기 형태로서의 분수이면서 동시에 수 체계에서 유리수[15]에 속합니다. 앞에서도 언급했듯, 초등학교에서는 수의 범위가 자연수를 벗어나지 않으므로 분자와 분모가 모두 자연수이기 때문입니다.

---

15 더 정확한 용어는 '양의 유리수'이지만, 음수를 거의 사용하지 않기에 '유리수'라고만 지칭한다.

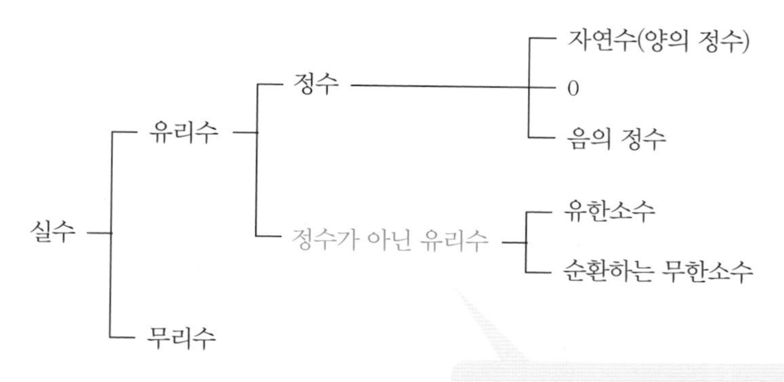

$0.1=\frac{1}{10}$ $0.23=\frac{24}{100}$

유한소수를 분수로

$0.333\cdots=0.\dot{3}=\frac{1}{3}$

$0.253253253\cdots=0.\dot{2}5\dot{3}=\frac{253}{999}$

순환하는 무한소수도 분수로

따라서 초등학교에서는 분수라는 용어가 수의 형태를 나타내는 분수인지, 아니면 수 체계에 속하는 유리수인지의 구별은 맥락에 따를 수밖에 없습니다. 예를 들어 수직선 위에 분수가 표시되어 있다면, 그것은 수의 형태가 아니라 유리수를 나타낸 것으로 자연수와 어깨를 나란히 하는 또 다른 종류의 새로운 수라는 겁니다. 그런데 유리수라 하더라도 분수로 표기되었다면, 분수만의 고유한 특징을 가지고 있습니다. 앞에서 보았듯, 똑같은 값을 나타내는 표기가 무한히 존재하는 성질을 말합니다.

$$\frac{2}{3}=\frac{4}{6}=\frac{6}{9}=\ \cdots\ =\frac{18}{27}=\ \cdots$$

같은 값의 분수를 마음먹은 만큼 무수히 만들어낼 수 있는 것은 다른 표기에서는 결코 상상할 수 없는 분수만의 특징입니다. 이들 같은 값의 분수, 즉 동치분수들은 분자와 분모가 모두 다르지만 일정한 규칙을 보이는데 분모 3이 2배, 3배, 4배, …가 될 때 분자 1도 각각 2배, 3배, 4배, …가 됩니다. 그러므로 분모와 분자에 0을 제외한 같은 값을 곱하거나 나누어, 같은 값을 가진 무수히 많은 분수를 만들 수 있습니다.

그러면 이번에는 분수로 표기되지만 유리수인 경우에 자연수와는 다른 어떤 특징이 있는지 살펴봅시다. 우선 자연수만의 고유한 특성을 알아보기 위해, 다음 일화를 소개합니다.

한창 수를 배우는 다섯 살배기 아이가 문득 이렇게 말합니다.

"아빠, 세상에서 가장 큰 수는 없어!"

"그걸 어떻게 알지?"

"아빠가 생각하는 큰 수를 어떤 것이든 말해 봐. 난 그 수보다 1이 더 큰 수를 말할 수 있거든."

아마도 아빠는 아이에게 누가 더 큰 수를 말할 수 있는가와 같은 게임을 하자고 제안했던 것으로 보입니다. 이런 게임을 통해 아이의 수 감각이 한층 더 높은 수준으로 향상될 수 있으니 슬기로운 교육이 무엇인지를 잘 알고 있는 정말 훌륭한 아빠입니다.

위의 일화에서 우리는 아이가 '특정한 자연수 바로 앞의 수와 바로 다음의 수가 무엇인지를 분명하게 말할 수 있다'는 자연수의 성질을 직관적으로 파악하고 있음을 알 수 있습니다. 예를 들어 자연수 3 앞에 자연수 2가 있고 그 뒤에 자연수 4가 있다는 것이죠. 너무나 당연한 사실인데 그것이 뭐 그리 대수이냐고 의문을 제기할 지도 모르겠습니다.

하지만 분수(유리수[16])에서는 이런 성질이 나타나지 않습니다. 예를 들어 분수(유리수) $\frac{1}{5}$의 바로 다음 분수(유리수)와 바로 앞의 분수(유리수)가 무엇인지 콕 집어 말할 수 있을까요? 불가능합니다.

분수(유리수) $\frac{1}{5}$(=0.2) 바로 다음 분수(유리수)를 $\frac{1}{4}$(=0.25)이라고 합시다. 이 두 수의 평균을 구하면 다음과 같습니다.

$$\frac{\frac{1}{5}+\frac{1}{4}}{2}=\frac{9}{40}\,(=0.225)$$

이 평균값 $\frac{9}{40}$를 수직선 위에 나타내면 그림과 같이 점 C에 위치합니다. 같은 방식으로, 분수(유리수) $\frac{1}{5}$과 분수(유리수) $\frac{9}{40}$의 평균값인 $\frac{17}{80}$(=0.2125)을 점 A와 점 C의 중점인 점 D로 나타낼 수 있습니다.

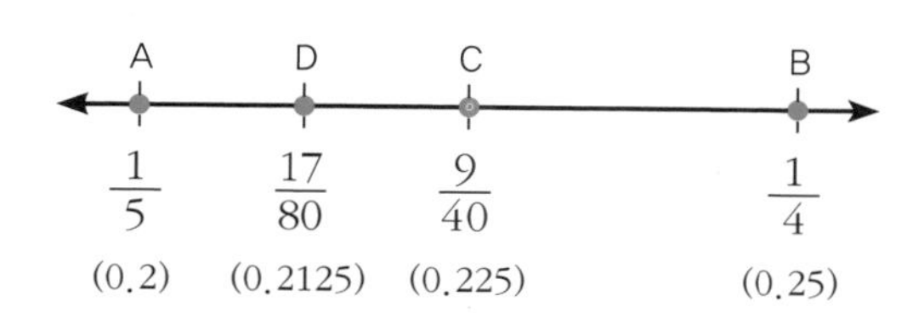

'유리수의 조밀성'을 보여주는 수직선

16 앞의 분수가 수의 표기를 나타낸 것이라면, 이하의 분수는 모두 유리수라는 수 체계에 들어있는 수를 나타내므로 이를 구별하기 위해 이 절에서는 분수(유리수)라고 하였다.

같은 방법으로 점 A와 점 D 사이에 또 다른 분수(유리수)를 만들 수 있고, 이를 무한히 반복할 수 있습니다. 결국 분수(유리수) $\frac{1}{5}$의 다음 분수(유리수)가 무엇인지 말할 수 없다는 결론에 이릅니다. 이를 수학에서는 유리수의 조밀성이라고 합니다. 분수를 이용하고 있음에도 분수의 조밀성이라고 하지 않습니다. 분수가 유리수를 나타내는 하나의 표기라는 것을 확인해주는 사례 가운데 하나입니다.

이제 우리가 해결해야 할 과제가 분명하게 드러났습니다. 자연수의 세계에 있는 초등학교 아이들에게 수를 표기하는 하나의 형태로서의 분수와, 수 체계에 들어 있는 유리수라는 새로운 수, 이 두 가지 의미를 이해할 수 있도록 어떻게 제시할 것인가 하는 것입니다. 이는 수학의 영역이 아닌 교육의 영역이므로, 이를 주제로 하는 다음 5장은 수학교육에 대한 이야기로 옮겨지게 된다고 미리 예고하는 겁니다.

07

유한의 세계와 무한의 세계는 다르다

유리수는 분자와 분모가 자연수인 분수로 나타낼 수 있는 수라고 하였습니다. 모든 유리수는 자연수와 마찬가지로 수직선 위에 나타낼 수 있습니다. 앞에서 유리수의 조밀성을 설명하기 위해 유리수를 수직선 위에 나타낸 것처럼 말이죠.

한편 모든 자연수는 다음과 같이 분자와 분모가 정수(자연수)인 분수로 나타낼 수 있습니다.

$$1=\frac{1}{1}=\frac{2}{2}=\frac{3}{3}=\cdots$$

$$2=\frac{2}{1}=\frac{4}{2}=\frac{6}{3}=\cdots$$

$$3=\frac{3}{1}=\frac{6}{2}=\frac{9}{3}=\cdots$$

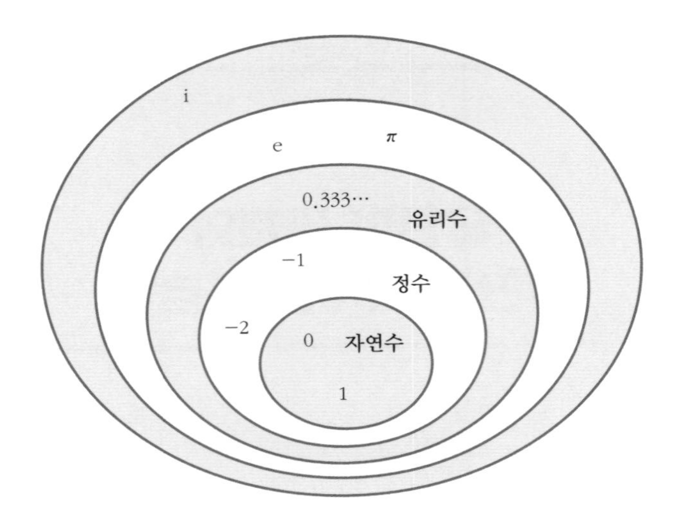

따라서 자연수는 유리수이며, 벤다이어그램에서 보듯 자연수의 집합은 당연히 유리수 집합에 포함되어 있습니다.

자연수 집합은 무한집합입니다. 개수가 무한개라는 겁니다. 유리수 집합도 당연히 무한집합입니다. 따라서 자연수와 유리수 집합 모두 무한집합입니다. 그런데 유리수의 개수가 자연수 개수와 똑같다고 합니다. 어찌된 것일까요? 부분이 전체와 같은 개수라니, 정말 그런 일이 가능할까요?

분수가 무엇인지 제대로 알아보자는 4장을 마무리하려는 이 시점에서 마지막으로 도저히 믿기 어려운 그 현상을 눈앞에 펼쳐보겠습니다.

어떤 대상의 개수를 센다는 것은 그것들에 하나, 둘, 셋, …과 같은 자연수를 하나씩 차례로 짝을 짓는 것과 같습니다. 이를 '일대일대응'이라고 하는데, 예를 들어 버스 승객이 몇 명인지 헤아릴 때 한 사람씩 짚어가며 자연수와 일대일대응을 하여 마지막 자연수를 버스 승객의 전체 수라고 합니다.

물론 이와 같은 수 세기는 원소의 개수가 유한인 집합에 적용됩니다만, 과연 이러한 일대일대응에 의한 수 세기를 무한집합에도 적용할 수 있을까요? 예를 들어 짝수와 홀수로 이루어진 자연수에서 그 부분집합인 짝수의 개수를 세어보려 합니다. 물론 짝수의 개수가 무한개임에는 틀림없지만 다음과 같이 나열해보았습니다.

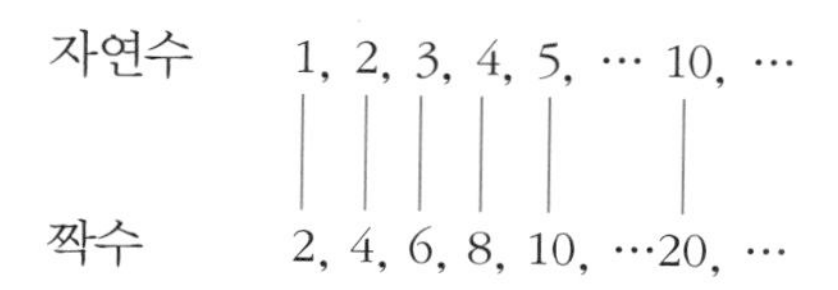

어떤 자연수에도 대응하는 짝수 하나를, 그리고 어떤 짝수에도 대응하는 자연수 하나를 발견할 수 있습니다. 일대일대응이 가능하다는 것이죠. 그렇다면 자연수 집합의 개수와 짝수 집합의 개수가 같다고 할 수 있지 않을까요?

그렇습니다. 무한집합의 개수를 헤아릴 때는 이와 같이 일대일대응에 의한 짝짓기를 이용합니다. 그리고 두 집합 사이에 일대일대응 관계가 성립하면, 두 집합의 원소 개수는 서로 같다고 합니다. 그런데 그 결과 이상한 일이 벌어졌습니다. 부분(짝수의 집합)이 전체(자연수의 집합)와 개수가 같다는 결론에 도달한 겁니다.

그렇습니다. 유한한 세계에서는 있을 수 없는 일이 무한에서는 가능합니다. 또 이 점이 바로 무한의 특성이기도 합니다.

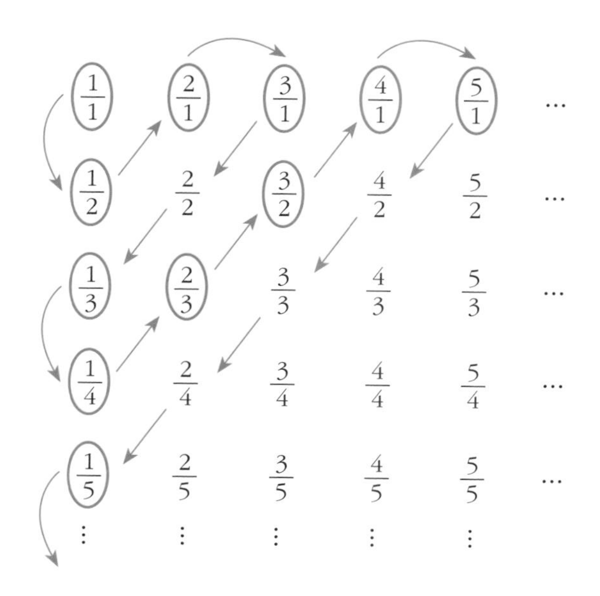

이제부터 분수로 표시된 유리수와 자연수의 일대일대응을 실행합니다.

그림과 같이 분모가 1인 분수를 첫줄에, 분모가 2인 분수를 두 번째 줄에, 분모가 3인 분수를 세 번째 줄에, … 그리고 각 줄에 분자는 1부터 왼쪽에서 오른쪽으로 차례로 나열합니다.

제시된 화살표를 따라 대각선 방향으로 분수로 나타낸 유리수를 차례로 재배열합니다. 이때 중복된 것을 제외하고 나머지 분수들만 차례로 나열하면 다음과 같습니다.

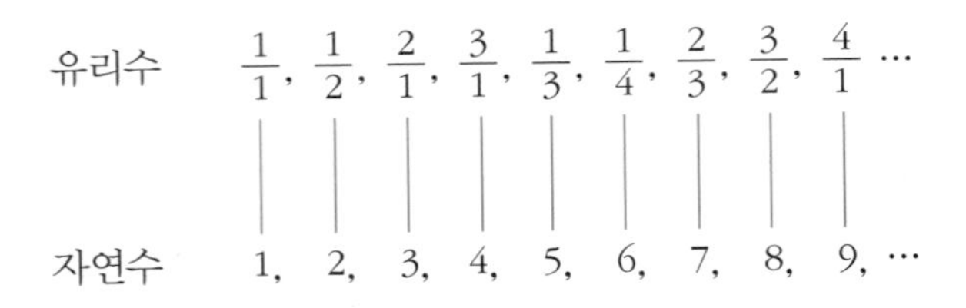

어떤 자연수에도 대응하는 (분수로 나타낸) 유리수 하나를, 그리고 어떤 유리수에도 대응하는 자연수 하나를 짝지을 수 있습니다. 일대일대응이 가능하다는 것이죠. 그렇다면 유리수 집합의 개수는 그 자신의 부분인 자연수 집합의 개수와 다르지 않네요!

칸토르 : 무한을 헤아렸던 영웅

갈릴레이

유한한 존재에 지나지 않은 인간은 무한을 두려워할 수밖에 없다. 무한과 관련된 문제는 고대 그리스 이후 그 어느 위대한 수학자와 철학자에게도 해결하기 어려운 고통스러운 과제였으며, 그 후에도 무한에 대해 제대로 해결한 것이 거의 없었다.

갈릴레이도 그중 한 사람이었다. 바로 앞에서 보았던 짝수와 자연수의 관계는 갈릴레이도 해결하지 못한 문제였다. 그는 자연수들의 개수를 숫자로 나타낼 수 없으니 무한이라 하였고, 짝수들의 개수도 숫자로 나타낼 수 없어 무한이라고 했다.

그런데 짝수 집합은 자연수 집합의 부분집합이다. 그렇다면 무한집합 안에 또 다른 무한집합이 있다는 것인데, 갈릴레이는 바로 이 지점에서 무척이나 당황해했고 이를 곤혹스럽게 여기다가 결국 포기하고 말았다. 마침내 갈릴레이는 무한의 양을 비교하는 것이 불가능하다고 결론 내렸고, 더 이상 이에 대하여 생각하지 않기로 했다. 그리고 그는 '무한과 나눌 수 없음이라는 것은 본질상 우리가 이해할 수 없는 개념이다.'라고 기술했다.

미적분학의 창시자였던 라이프니치도 다르지 않았다. 무한과 관련된 문제를 고민하던 그는 자연수의 개수가 몇 개인가라는 생각 자체가 자기모순이기 때문에 폐기되어야 한다고 말했다.

수학의 황제라는 가우스도 마찬가지였다. 그는 무한이라는 양에 대한 두려움을 다음과 같이 표현하였다.

"나는 무한을 하나의 수량으로 사용하는 데 이의를 제기한다. 그것은 수학에서 받아들이기 어려운 주제이다."

이처럼 수학자들마저 무한에 대한 연구를 더 이상 진행하지 못하고 포기하거나 제외시켰다. 이러한 현상은 19세기 중반까지 지속되었다. 무한의 세계에 대한 탐구는 실현 불가능한 절망적인 것처럼 보였다.

라이프니치

하지만 무한 개념이 없이는 수학이 더 이상 발전할 수 없는 지경에 이르렀다. 그 누군가는 무한이라는 장애물을 뛰어넘을 수 있는 다리를 구축해야만 했다. 쉽게 세워질 수 없는 다리였기에, 인류는 상식을 뛰어넘는 번뜩이는 직관을 소유한 천재가 나타나기를 기다려야 했다. 상식을 뛰어넘기 위해서는 용기도 겸비해야 했기에 영웅이 필요했다.

19세기가 저물고 새로운 20세기가 막 시작되기 직전, 마침내 비판적 사고로 무장하고 이를 성공적으로 공략한 용감한 천재가 등장했다. 칸토르라는 이름의 영웅이 『집합론』을 내놓은 것이다.

칸토르는 갈릴레이가 포기했던 문제를 머뭇거리지 않고 과감하게 밀어붙였다. 짝수의 집합이 자연수 집합의 부분집합인 것은 분명한 사실이다. 그리고 두 집합 사이에 일대일대응 관계가 존재하는 것도 사실이다. 물론 유한집합에서는 이 두 가지 상황이 동시에 나타날 수 없다. 어느 하나가 다른 것의 부분이라면 일대일대응 관계가 성립하지 않고, 만일 일대일대응 관계가 성립한다면 두 집합의 원소의 개수는 같으므로 부분이 될 수 없다.

그런데 지금 우리는 이 두 가지 상황이 공존하는 것을 목격했다. 이는 무한집합이기 때문에 나타나는 현상이다. 그러니까 바로 이것이야말로 무한의 특성을 잘 드러내는 것 아니겠는가.

어느 것이 다른 것의 부분이라는 사실을 부정하지 말자. 이는 바로 눈앞에 펼쳐지는 명백한 사실이니까. 단지 일대일대응 관계가 성립한다는 사실에만 초점을 두자. 한 집합의 원소 하나에 다른 집합의 원소를 오직 하나만 대응시킬 수 있고, 그 역도 성립한다는 사실에만 주목하자.

여기까지 생각이 미치게 되자, 그는 다음과 같은 결론을 얻었다.

"두 집합의 크기, 즉 원소의 개수는 같다."

그러자 곧바로 "부분이 전체와 같다."는 이상한 결과가 나오지 않느냐는 이의제기가 이어졌다. 이에 대하여 칸토르는 다음과 같이 대응했을 것으로 짐작된다.

유한의 세계에서는 "부분이 전체와 같다."는 말은 분명 오류이다. 하지만 무한에서는 오류가 아니다.

가우스

두 무한집합의 크기가 동일하다, 즉 원소의 개수가 같다고 판단할 때는 그 근거로 일대일대응 관계를 받아들이기만 하면 된다. 개수가 동일하다는 판단은 오직 일대일대응 관계만을 준거로 하자. 그렇다면 논리적으로 아무런 문제가 발생하지 않는다. 자연수들의 개수와 짝수들의 개수가 같다는 사실이 불합리하게 인식되는 것은, 우리가 그동안 유한집합의 테두리 안에서 추론하며 획득해온 습관적인 사고에서 비롯한 것일 뿐이다. 이런 사고방식은 유한집합에서는 쓸모가 있을지 몰라도, 무한집합을 이해하는 데는 그다지 신뢰할 만한 지침이 되지 못한다.

전통적으로 유한에만 적용되는 사고에 젖어 있던 당시 수학자들은 칸토르의 이러한 파격적인 제안을 도저히 이해할 수 없었다. 칸토로의 접근방식을 따르면, 무한집합은 다음과 같은 새로운 정의가 필요하다.

"무한집합은 자신의 부분집합과 일대일대응 관계를 이룰 수 있는 집합이다."

무한집합을 원소의 개수가 무한인 집합이라고 말하는 것은 아무런 의미가 없는 동어반복이다. 하지만 무한집합을 위와 같이 정의하면 유한집합과 그 성질에서 분명하게 구별된다. 그러므로 자연수 집합을 무한집합이라고 말하는 것은 이전과 동일하지만 이제부터는 그 이유를 다른 것, 즉 '자신의 부분집합인 짝수의 집합과 일대일대응 관계를 이룰 수 있다'는 사실에서 찾을 수 있다는 것이 그의 결론이었다.

하지만 인류의 역사가 늘 그렇듯 상식과 배치되는 날카롭고 독창적인 혁신은 혹독한 대가를 치르는 법이다. 칸토르의 『집합론』에 대한 세상의 평가도 마찬가지였다. 세상 사람들은 -그들도 물론 수학자들이지만- 그를 무시하고 조롱하는 한편 인신공격까지 아낌없이 퍼부었다. 그의 절친한 친구였던 크로네커마저 가혹한 비난의 대열에 가세하였고, 19세기 후반의 가장 유명한 수학자였던 푸앵카레도 다음과 같은 혹독한 말을 남겼다.

"후세대들은 칸토르의 『집합론』을 이제 막 치료 받기 시작하는

칸토르

질병으로 간주하게 될 것이다."

푸앵카레의 말은 그래도 온건한 축에 속했다. 수학자들도 자신이 이해하지 못하는 것에 대해서는 비논리적이고 폐쇄적이라는 점에서 여느 보통 사람들과 크게 다를 바 없었다. 결국 자신에게 쏟아지는 비난과 공격을 온전히 혼자 힘으로 감당해야 했던 칸토르는 외톨이가 될 수밖에 없었다. 급기야 스스로도 자신의 연구 결과를 의심하는 지경에 이르렀고, 우울증에 걸려 정신병원 신세를 져야 했다. 얼핏 단순해 보이는 일대일대응의 원리는 20세기 수학의 전환점을 불러왔지만, 이 위대한 발상의 주인공 칸토르에게 주어진 대가는 삶의 마지막을 정신병원에서 보내야 하는 혹독한 시련뿐이었다.

상식을 뛰어넘는 칸토르의 천재적인 사고는 그가 사망하던 해인 1918년이 되어서야 비로소 몇몇 수학자들의 인정을 받기 시작한다. 20세기의 가장 위대한 수학자 가운데 한 사람인 힐베르트는 다음과 같이 말했다.

"칸토르가 우리를 위해 만들어놓은 천국에서 우리를 추방할 사람은 아무도 없을 것이다."

힐베르트의 찬사가 인고의 세월을 보내다 묘지에 누워서야 간신히 자유로운 영혼이 된 칸토르에게 한 가닥 위로의 말이 되었기를!

05

분수, 제대로 배우면 어렵지 않다

01

분수, 무엇을 가르치고 배울까?

〈4장. 분수의 정체〉에서 분수의 정체가 밝혀졌으니, 이제 아이들이 분수를 자연스럽게 받아들이고 제대로 이해할 수 있는 방안을 모색해보려 합니다. 과연 아이들에게 어떠한 활동을 어떤 순서와 방식으로 제시하면 좋을지 구체적으로 살펴봅니다. 그러니까 4장은 수학, 5장은 수학교육의 영역으로 구분할 수 있습니다.

분수란 $\frac{B}{A}$와 같은 형태(꼴)를 갖춘 수 또는 수식이라는 것을 확인했습니다. 이때 분모 A와 분자 B가 어떤 수인지에 따라, 분수 $\frac{B}{A}$가 유리수 또는 무리수 또는 복소수일 수 있습니다. 만일 분모와 분자가 다항식인 경우에는 상황에 따라 분수식 또는 분수함수일 수도 있습니다.

그런데 초등학교에서는 수의 세계가 자연수 범위로 한정되어 있으므로, 분수 $\frac{B}{A}$의 분자와 분모는 모두 자연수입니다. 따라서 이때의 분수는 유리수입니다. 즉, 초등학교에서는 분수라는 용어를 쓰지만 실제로는 유리수를 배우는 겁니다. 그렇다면 초등학교에서 가르쳐야 할 분수교육의 핵심 내용은 다음 네 가지로 요약됩니다.

(1) 분수기호 및 분자와 분모의 의미에 대한 이해

(2) 주어진 수량을 분수로 나타내기

(3) 분수가 나타내는 수량을 주어진 상황에서 나타내기

(4) 분수의 사칙연산[1]

(1)부터 (3)까지는 결국 수학적 기호의 하나인 분수 표기를 말합니다. 혹시 단순한 분수기호 하나를 익히는 데 이렇게까지 세분하여 많은 시간을 들일 필요가 있을까 의구심이 든다면, 중학교 시절 처음으로 무리수를 접할 때 또는 고등학교 시절에 복소수를 처음 배울 때 느꼈던 생소함과 당혹감을 떠올려보세요.

수학을 배우는 과정에서 새로운 수 세계로의 확장은 헤르만 헤세의 소설 『데미안』의 한 구절처럼 정말 힘겨운 싸움이 아닐 수 없습니다.

> 새는 알을 깨고 나오려고 몸부림을 치며 투쟁한다. 알은 세계다. 태어나려고 하는 자는 하나의 세계를 깨뜨리지 않으면 안 된다. -『데미안』 중에서

초등학교 아이들이 어느 정도 자연수 개념을 형성할 수 있는 시기는 3학년입니다. 분수를 배우기 바로 직전, 마지막 사칙연산인 나눗셈을[2] 배움으로써 비로소 자연수가 무엇인지 충분히 이해하게 됩니다. 이로부터 3년 후 중학교에서 자연수를

---

1 수학에서 수 연산은, 자연수(정수, 유리수, 무리수, 복소수)의 사칙연산과 같이 일반적으로 수 체계에 들어 있는 수를 대상으로 한다. 따라서 분수의 연산보다는 유리수의 연산이 더 적절한 용어이지만 초등학교에서는 유리수를 분수라 하므로 '분수의 연산'으로 표기한다. 그럼에도 올바른 수학적 용어는 '유리수(양의 유리수)의 사칙연산'이다.

벗어나 새로운 수의 세계인 유리수와의 만남이 공식적으로 이루어지는데, 그 과도기에 분수가 등장합니다. 헤세가 『데미안』에서 묘사한 것처럼 유리수라는 새로운 세계로 나아가려면, 자연수라는 알을 깨뜨려야 합니다. 분수는 자연수를 둘러싼 알의 껍데기인 것이죠. 알을 깨고 나오기 위해 몸부림을 칠 때, 그 투쟁의 대상이 분수인 겁니다. 아이가 얼마나 당혹스럽고 힘겨워할지 충분히 짐작할 수 있습니다.

이전까지 하나의 자연수만 다루었던 아이들은 이제부터 분모와 분자라는 두 개의 자연수를 동시에 다루어야 하는 분수를 만나게 됩니다. 이때 매우 신중하게 접근해야 하는데, 다음과 같은 순서에 따르도록 안내해야 합니다.

먼저 (1) 분수 $\frac{B}{A}$의 분모 A와 분자 B의 수가 무엇을 뜻하는지, 분자와 분모를 구분 짓는 분수기호 '−'는 어떤 의미를 갖는지 파악할 수 있도록 충분한 시간과 기회를 제공해야 합니다. 이를 위해 (2) 주어진 상황에서의 수량을 분수로 능숙하게 표기할 수 있고, 역으로 (3) 주어진 분수가 나타내는 수량이 어느 정도인가를 각각의 상황에서 파악할 수 있는 활동을 충분히 제공해야 합니다. 그래야만 비로소 (4) 분수(양의 유리수)의 사칙연산으로 나아갈 수 있습니다.

그런데 앞서 언급했듯, 사칙연산은 수를 대상으로 하는 것이니만큼 (4) 분수의 사칙연산에 앞서 반드시 거쳐야 하는 중요한 단계가 있습니다. 거의 대부분의 교과서와 교사들이 이를 간과하고 있지만, 분수기호가 새로운 수라는 것, 그래서 자연수와 어깨를 나란히 할 수 있다는 사실을 직관적으로나마 인식하는 단계를 말합니다. 때문에 분수의 사칙연산에 앞서 분수기호를 익히는 (1), (2), (3)의 내용을 가르치기 위해서는 매우 정교한 교수 설계를 심사숙고해야 합니다.

---

2 3학년에서 자연수의 나눗셈을 배우고 나서 분수를 처음 배우는 것을 전제로 할 때 그렇다는 것이다. 아직 덧셈과 뺄셈도 제대로 배우지 못한 채 1학년부터 분수를 배우는 미국 초등학교 아이와 곱셈구구만 겨우 익히고 나서 나눗셈을 배우지 못한 채 2학년부터 분수를 배워야 하는 일본 초등학교 아이는, 자연수 개념이 완성되지 않은 상태에서 분수를 배워야하기 때문에 더더욱 어려움을 겪을 수밖에 없다.

02

50년대 1차 교육과정 교과서의 분수

초등학교 분수가 어렵다고들 합니다. 하지만 앞에서 살펴보았듯, 아이들을 가르치는 어른들조차 분수를 잘못 알고 있는 상황에서 그 원인을 아이들 탓으로 돌릴 수는 없습니다. 아이가 음식을 잘 소화하지 못하고 탈이 났을 때 소화기능이 허약해서라고 아이 탓으로 돌릴 수만은 없는 것과 같은 이치입니다.

〈수학에서의 증명〉에서 문제 해결은 첫 걸음이 가장 중요하다고 했습니다. 첫 걸음의 올바른 방향과 알맞은 거리를 결정하는 일은, 문제가 무엇인지에 대한 정확한 진단부터 시작해야 합니다. 그래서 우리나라에 분수가 처음 모습을 드러낸 지금으로부터 약 70년 전 국민학교(지금의 초등학교) 산수(지금의 수학) 교과서를 만나봅니다. 그것이 일종의 전통으로 자리잡아 분수 교육의 토대가 된 것은 아닌지, 현재 교과서와는 어떻게 다른지 살펴보려고 합니다.

동아일보 ㊵ 제30354호 2019년 3월 25일 월요일

수포자 첫 갈림길은 초등 3학년 '분수'

〈수학포기자〉

교육평가원 학생 50명 2년 추적
이해하기 어려운 추상적 개념
제대로 못익히면 고학년까지 영향
"개념 이해 학습 집중지원 필요

"나 수학하기 싫은데…. 수학 포기하고 싶어
권모 양(10)은 수학시간이 무섭다. 분자
모 등 선생님이 하는 말은 수수께끼 같기
이다. 4학년인 권 양은 분수의 연산을 이해
못해 방학 때 담임교사와 따로 공부를 하
했지만 여전히 '진분수와 가분수'가 헷갈린
권양처럼 '수포자(수학을 포기한 학생)'
가능성이 높은 시기는 초등 3학년 '분수' 개
배울 때라는 연구결과가 나왔다.
한국교육과정평가원이 최근 발표한 '초·
교 학습부진학생의 성장 과정에 대한 연
따르면 학습부진에 빠진 학생 50명을 2017

터 2년간 추적 조사한 결과 대부분 '수학'에서 어려움을 경험했다. 특히 수학을 배우는 데 어려움을 경험한 최초의 시점은 초등 3학년 분수 단원으로 나타났다.

다"고 밝혔다.
1, 2, 3으로 시작하는 '자연수'는 연필 한 자루, 사람 두 명 등 비교적 쉽게 설명할 수 있다. 반면 '분수'는 추상적 개념이라 이해하기가 어

경향신문 제23753호 2022년 1월 6일 목요일 11

수포자 첫 고비는 '분수 사칙연산'

올해 고3 셋 중 한 명이 "수학 공부 포기"… 기초학력 미달 비율보다 2.4배 높아

수학 공부를 포기한 이른바 '수포자' 고교생 비율이 정부가 파악하고 있는 기초학력 미달 학생 비율보다 2.4배 높다는 분석이 나왔다. 수포자 양산의 가장 큰 이유는 '누적된학습결손'으로, 초등학교 분수와 분수의 연산 단원이 첫 번째 난관으로 지목됐다. 초등학교 6학년 10명 중 7명은 '수학 성적을 올리기 위해 사교육이 필요하다'고 생각하는 것으로 나타났다.

교육시민단체 사교육걱정없는세상(사걱세)과 국회 교육위원회 강득구 의원(더불어민주당)은 초·중·고등학교 학생 3707명과 초·중·고교 교사 390명을 대상으로 설문조사를 실시한 결과 이같이 나타났다고 5일 밝혔다.

조사 결과를 보면 '스스로 수포자라고 생각하나요'라는 질문에 초등학교 6학년 학생의 11.6%, 중학교 3학년생의 22.6%, 고등학교 2학년생의 32.3%가 '매우 그렇다' 또는 '그렇다'고 응답했다. 이 같은 응답 비율은 지난해 한국교육과정평가원이 발표한 국가수준 학업성취도평가 결과 수학교과의 기초학력수준 미달 비율을 크게 웃도는 것이다. 당시 조사에서 중학교(3학년)와 고등학교(2학년)의 수학교과 기초학력 미달 비율은 각각 13.4%, 13.5%로, '본인을 수포자라 생각한다'는 비율이 이보다 각각 1.7배, 2.4배 높다.

수포자비율만큼 수학으로인해 정서적 스트레스를 받고 있다는 학생들의 응답도 많았다. '나는 수학 때문에 스트레스를 받는다'는 질문에 초등학교 6학년 학생의 44.9%, 중학교3학년생 60.6%, 고등학교2학년생의 72.4%가 '그렇다'고 응답했다. 이같은 현상은 학교 급이 올라갈수록 수학 개념이 복잡해지고 수학 공부의 양이 많아지기 때문인 것으로 분석된다.

중학교 수학 교사들은 학생들이 수학을 포기하게 되는 가장 큰 이유로 '누적된 학습 결손'(69%)을 꼽았다. 이어 '수학 교육과정의 양이 많고 내용이 어려워서'(17%), '변별을 위한 평가제도 때문'(16%) 순이었다.

사걱세 측은 "'누적된 학습 결손'은 주로 초등학교 때부터 시작돼 중·고등학교로 연속되는 것이기 때문에 초등학교 수학교육에서 학습 결손이 일어나지 않도록 세심하게 대책을 마련해야 한다"고 밝혔다.

수포자 발생 학년과 내용에 대해 응답한 결과를 보면 다수의 교사가 초등학교 3학년 나눗셈과 분수, 그리고 5~6학년으로 이어지는 분수의 사칙연산을 지적했다. 초등학교 3학년 나눗셈과 분수를 배우는 시기에 이해가 부족한 학생이 발생했을 때 수업하는 교사는 물론 교내 교사학습공동체에서 부진한 학생을 위한 지원방안을 모색해야 한다는 조언이다.

학생 설문 문항 중 '성적을 올리기 위해 사교육이 필요한가요'에는 초등학교 6학년 학생의 75.8%가 '매우 그렇다' 또는 '그렇다'고 응답했다. 중학생(3학년)은 83.8%, 고등학생은 86.7%에 달했다.

이호준 기자 hjlee@kyunghyang.com

우리 손으로 만든 교과서에 처음 분수가 모습을 드러낸 것은, 1955년 문교부에서 발행한 1차 교육과정에 따른 산수교과서에서였습니다. 다음 페이지 그림은 당시 1학년 1학기와 2학년 2학기 산수 교과서에 나오는 내용입니다.

현재 초등학교 3학년부터 배우는 분수가 그때는 1~2학년 교과서에 나오다니 참 뜻밖입니다. 왜 그랬는지 자못 궁금하네요. 1학년 1학기 교과서에서는 분수 관련 내용이 마지막 쪽에 단 한 문제만 나옵니다. 분수 표기는 없고, 단지 사과 반쪽과 반의 반쪽이 어느 것인지를 묻는 문제입니다. 비록 한 문제이지

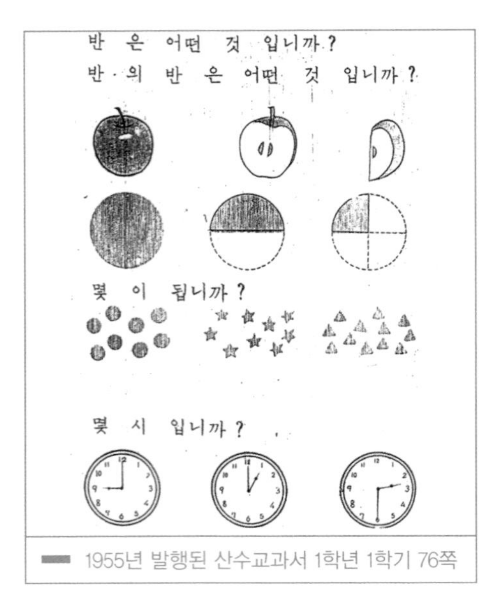

1955년 발행된 산수교과서 1학년 1학기 76쪽

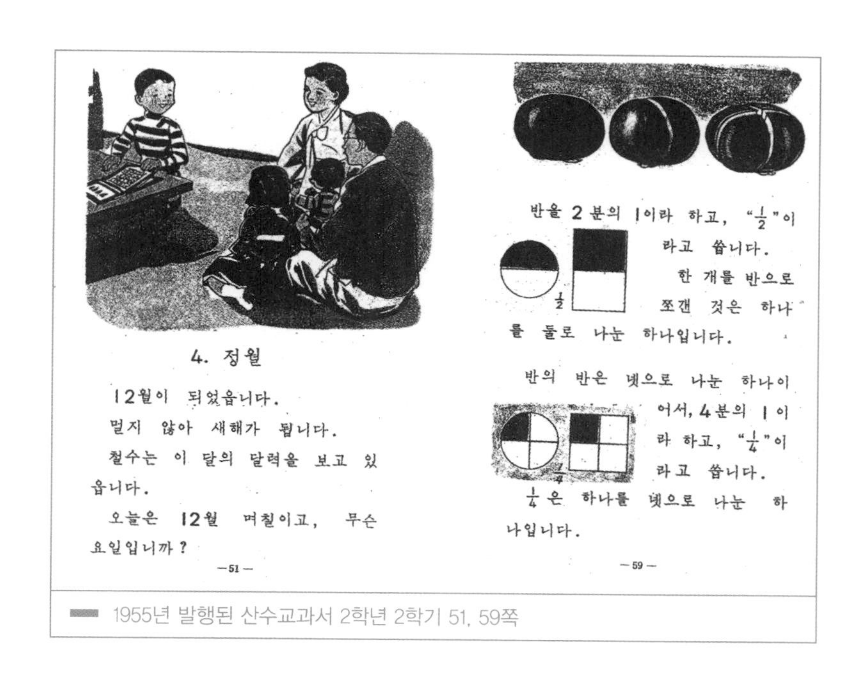

4. 정월

12월이 되었읍니다.

멀지 않아 새해가 됩니다.

철수는 이 달의 달력을 보고 있읍니다.

오늘은 12월 며칠이고, 무슨 요일입니까?

— 51 —

반을 2분의 1이라 하고, "$\frac{1}{2}$"이라고 씁니다.

$\frac{1}{2}$

한 개를 반으로 쪼갠 것은 하나를 둘로 나눈 하나입니다.

반의 반은 넷으로 나눈 하나이어서, 4분의 1이라 하고, "$\frac{1}{4}$"이라고 씁니다.

$\frac{1}{4}$

$\frac{1}{4}$은 하나를 넷으로 나눈 하나입니다.

— 59 —

1955년 발행된 산수교과서 2학년 2학기 51, 59쪽

만 분수 개념의 시작을 예고합니다.

2학년 2학기 교과서에 분수 표기가 처음 등장하면서 분수학습이 본격적으로 시작됩니다. 단위분수 $\frac{1}{2}$과 $\frac{1}{4}$을 제시하며, '반' 그리고 '반의 반'이라는 일상적 용어를 각각 둘과 넷으로 나눈 것 가운데 하나라고 알려줍니다.

이어서 다음 쪽(60쪽)에 기하학적 도형인 원과 사각형을 각각 둘과 넷으로 등분하여 그중 한 조각을 색칠하고 $\frac{1}{2}$과 $\frac{1}{4}$이 어느 것인지 찾으며 크기를 비교하게 합니다. 주어진 상황을 분수기호로 표기하는 활동입니다. 마지막으로 분수 표기의 순서까지 친절하게 알려줍니다.

그런데 70년 전에 발행된 옛날 교과서에서 몇 가지 특이한 점이 눈에 띕니다.

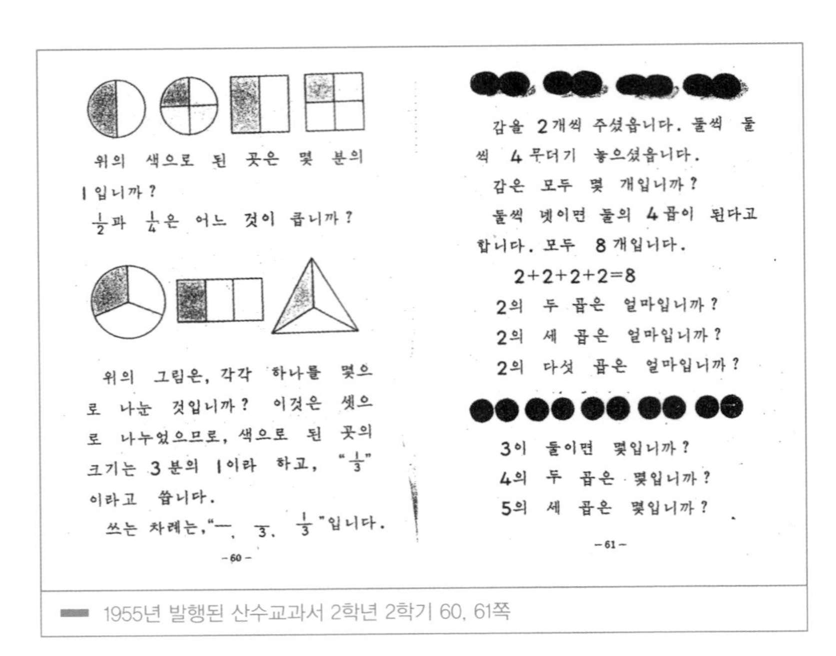

위의 색으로 된 곳은 몇 분의 1입니까?

$\frac{1}{2}$과 $\frac{1}{4}$은 어느 것이 큽니까?

위의 그림은, 각각 하나를 몇으로 나눈 것입니까? 이것은 셋으로 나누었으므로, 색으로 된 곳의 크기는 3분의 1이라 하고, "$\frac{1}{3}$" 이라고 씁니다.

쓰는 차례는, "—, 3, $\frac{1}{3}$"입니다.

-60-

감을 2개씩 주셨읍니다. 둘씩 둘씩 4무더기 놓으셨읍니다.

감은 모두 몇 개입니까?

둘씩 넷이면 둘의 4곱이 된다고 합니다. 모두 8개입니다.

2+2+2+2=8

2의 두 곱은 얼마입니까?

2의 세 곱은 얼마입니까?

2의 다섯 곱은 얼마입니까?

3이 둘이면 몇입니까?

4의 두 곱은 몇입니까?

5의 세 곱은 몇입니까?

-61-

1955년 발행된 산수교과서 2학년 2학기 60, 61쪽

분수가 모두 분할 활동에 의해 도입되고 있다는 겁니다. 이는 방정식 $3x=7$의 풀이에서 얻었던 $x=\frac{7}{3}$이라는 분수, 그리고 좌표평면에서 직선의 기울기를 구할 때 얻었던 분수(y축의 변화량을 x축의 변화량으로 나눈 값)와는 전혀 다릅니다.

그리고 1학년과 2학년부터 분수가 등장하는 것도 특이하지만, 단원명이 〈분수〉가 아니라 〈4. 정월〉이라는 점도 눈길을 끕니다. 그래서 이 단원에는 분수뿐 아니라 73+25와 84−22와 같은 두 자리 수 덧셈과 뺄셈[3] 연습문제가 함께 들어 있습니다. 이로 미루어볼 때 분수 표기를 처음 배우는 시점에 아이들은 아직 자연수의 덧셈과 뺄셈에 충분히 익숙한 상태가 아님을 알 수 있습니다.

분수 $\frac{1}{3}$을 도입한 후 바로 다음 쪽에는 '2의 두 곱, 세 곱, 다섯 곱'이 얼마인지 답하라는 문제가 있습니다. 그렇다면 나눗셈은커녕 곱셈의 용어와 기호도 아직 등장

3 덧셈과 뺄셈의 다음 단계인 39+47과 73−29와 같은 받아올림과 받아내림이 있는 덧셈과 뺄셈은 3학년에서 배운다.

하지 않았고, 그런 상태에서 분수라는 새로운 수를 제시한 것입니다. 전체 교육과정을 확인한 결과 곱셈과 나눗셈은 이듬해인 3학년에 처음 접하는 것으로 밝혀졌습니다. 도대체 어찌된 일일까요?

이 의문에 답하려면, 위의 교과서가 출판된 당시의 사회적 역사적 배경을 짚어봐야 합니다. 1945년 해방이 되었으나 곧이어 한국 전쟁이 발발했던 시대적 배경을 간과할 수 없기 때문입니다. 시대의 소용돌이에서 학교 교육이 영향을 받지 않을 수 없었을 겁니다.

3학년 산수교과서의 분수 내용을 좀 더 살펴봅시다. 3학년 분수는 2학년 때 배운 분수와는 사뭇 다릅니다. 2학년에서의 자르거나 쪼개는 분할 활동이 사라지고, 나누어주는 분배 상황이 등장합니다.

연필 1다스, 즉 12자루를 2사람에게 똑같이 나누었을 때 1사람의 몫을 구하는 문

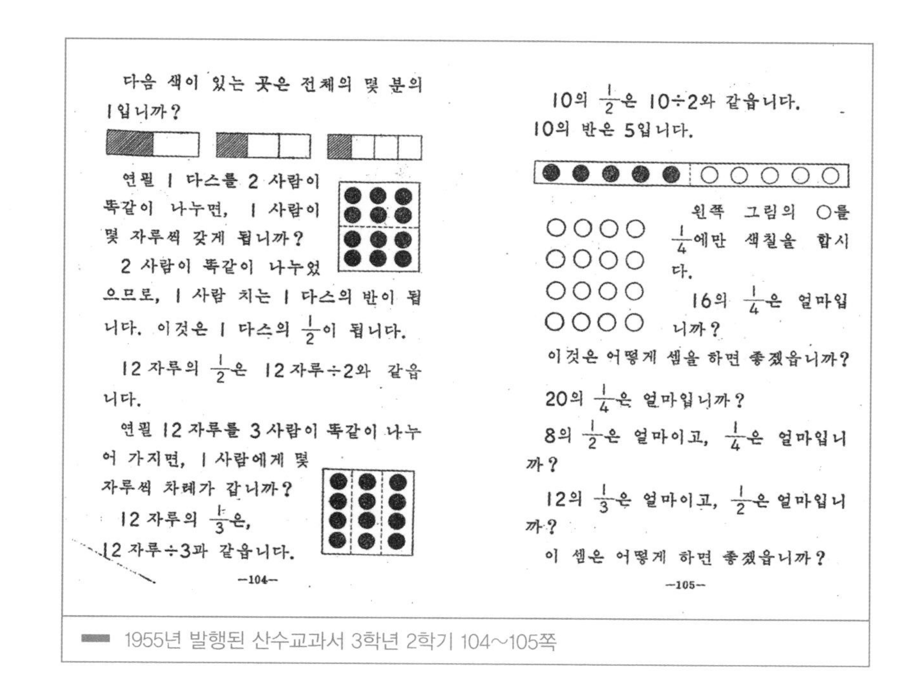
다음 색이 있는 곳은 전체의 몇 분의 1입니까?

연필 1 다스를 2 사람이 똑같이 나누면, 1 사람이 몇 자루씩 갖게 됩니까?

2 사람이 똑같이 나누었으므로, 1 사람 치는 1 다스의 반이 됩니다. 이것은 1 다스의 $\frac{1}{2}$이 됩니다.

12 자루의 $\frac{1}{2}$은 12 자루÷2와 같읍니다.

연필 12 자루를 3 사람이 똑같이 나누어 가지면, 1 사람에게 몇 자루씩 차례가 갑니까?

12 자루의 $\frac{1}{3}$은, 12 자루÷3과 같읍니다.

—104—

10의 $\frac{1}{2}$은 10÷2와 같읍니다.
10의 반은 5입니다.

왼쪽 그림의 ○를 $\frac{1}{4}$에만 색칠을 합시다.

16의 $\frac{1}{4}$은 얼마입니까?

이것은 어떻게 셈을 하면 좋겠읍니까?

20의 $\frac{1}{4}$은 얼마입니까?

8의 $\frac{1}{2}$은 얼마이고, $\frac{1}{4}$은 얼마입니까?

12의 $\frac{1}{3}$은 얼마이고, $\frac{1}{2}$은 얼마입니까?

이 셈은 어떻게 하면 좋겠읍니까?

—105—

1955년 발행된 산수교과서 3학년 2학기 104~105쪽

제입니다. 이는 사실상의 나눗셈입니다. 그런데 교과서에는 이를 1다스(12자루)의 $\frac{1}{2}$이라고 분수로 표기하도록 합니다. 하지만 곧 이어 이는 결국 나눗셈 12÷2와 같다고 합니다. 분수가 나눗셈과 밀접한 관련이 있음을 이렇게 알려줍니다.

그리고 '12자루의 $\frac{1}{3}$은 나눗셈 12÷3, '동그라미 10개의 $\frac{1}{2}$'은 나눗셈 10÷2, '동그라미 16개의 $\frac{1}{4}$'은 16÷4 등과 같이, 분수와 나눗셈과의 연계를 도모하는 활동이 이어집니다. 2학년과는 다르게 3학년에서는 곱셈과 나눗셈을 배운 직후이므로, 분수를 이렇게 나눗셈과 적절하게 연계하고 있습니다.

3학년에서 분수 학습은 계속됩니다.

앞에서는 분자가 1인 분수, 즉 단위분수만 다루었는데 $\frac{2}{3}$, $\frac{2}{5}$, $\frac{3}{5}$, $\frac{4}{5}$와 같이 분자가 1보다 큰 분수들이 등장합니다. 분수 표기에 대한 학습을 완성하겠다는 의도를 엿볼 수 있습니다.

이번에는 연필이나 동그라미와 같이 개수를 헤아릴 수 있는 소재 대신 엿이 등장합니다. 사실 엿이라고 하였지만 실제 제시된 모델은 막대 자와 같은 직사각형입니다. 이를 3등분한 조각 세 개 가운데 하나를 분수 $\frac{1}{3}$로 표기하고, 조각 두 개는 $\frac{1}{3}$이 둘이라고, 즉 두 배이므로 $\frac{2}{3}$로 표기한다고 알려줍니다.

그렇다고 분할 활동만 있는 것은 아닙니다. 사실 분배 상황에서도 분할이 필요한데, 분수 $\frac{2}{3}$를 다음과 같이 제시합니다. 엿 2가락을 3사람이 똑같이 나누어 먹을 때 1사람의 몫을 구하라는 분배 상황이 그것입니다. 앞에서 분할 활동에 의해 엿 한 가락을 3등분한 조각 2개를 $\frac{2}{3}$로 표기했던 것을, 엿 2가락을 3사람에게 나누어주는 분배 활동에서 얻은 1사람의 몫으로 변환할 수 있음을 보여줍니다. 이와 같이 분자가 1보다 큰 분수 표기를 두 가지 다른 상황을 통해 제시함으로써 사고의 폭을 넓힌다는 점에서 높은 점수를 줄 수 있습니다.

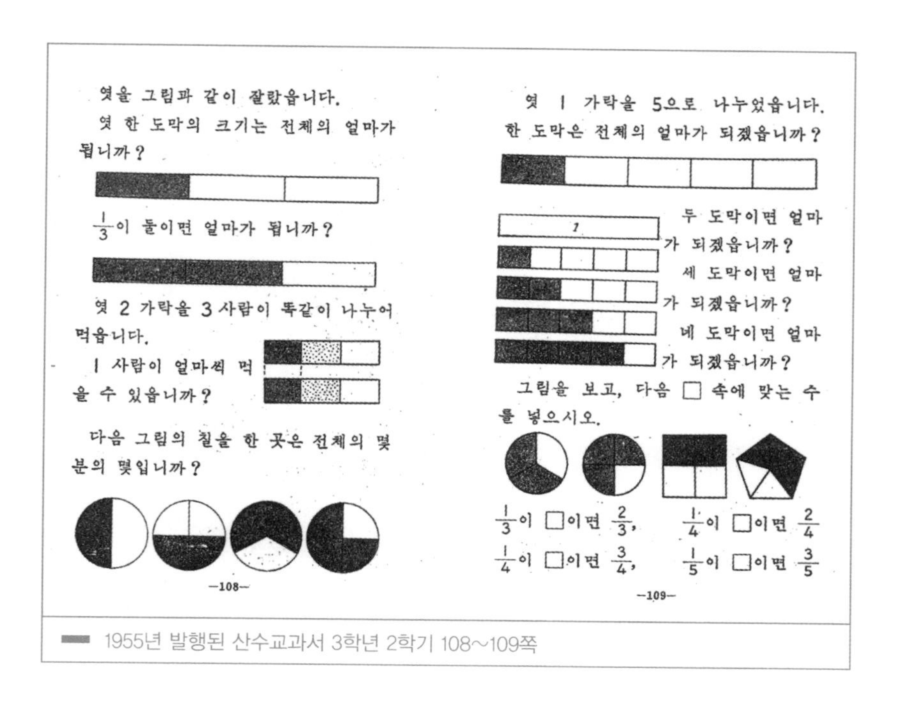
엿을 그림과 같이 잘랐읍니다.
엿 한 도막의 크기는 전체의 얼마가 됩니까?

$\frac{1}{3}$이 둘이면 얼마가 됩니까?

엿 2 가락을 3 사람이 똑같이 나누어 먹읍니다.
1 사람이 얼마씩 먹을 수 있읍니까?

다음 그림의 칠을 한 곳은 전체의 몇 분의 몇입니까?

—108—

엿 1 가락을 5으로 나누었읍니다.
한 도막은 전체의 얼마가 되겠읍니까?

1

두 도막이면 얼마가 되겠읍니까?
세 도막이면 얼마가 되겠읍니까?
네 도막이면 얼마가 되겠읍니까?

그림을 보고, 다음 □ 속에 맞는 수를 넣으시오.

$\frac{1}{3}$이 □이면 $\frac{2}{3}$, $\frac{1}{4}$이 □이면 $\frac{2}{4}$

$\frac{1}{4}$이 □이면 $\frac{3}{4}$, $\frac{1}{5}$이 □이면 $\frac{3}{5}$

—109—

1955년 발행된 산수교과서 3학년 2학기 108~109쪽

그런데 분할과 분배의 두 가지 상황은 여기서 그칩니다. 이어지는 활동은 모두 분할에만 초점을 두었습니다. 예를 들어, 분수 $\frac{3}{5}$은 엿 1가락을 5등분하였을 때의 3조각을 나타낸다고 소개합니다.

3학년에서는 이렇게 분수 표기를 중점적으로 다루고 있습니다. 그렇다면 굳이 1학년과 2학년에서 분수가 등장할 필요가 없습니다. 그럼에도 왜 굳이 자연수의 사칙연산도 배우지 않은 아이들에게 분수를 소개하려는 시도를 하였을까요?

03

미국을 따라한 생활 중심 교육의 산수

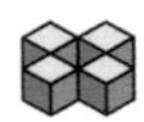

1955년에 발행된 2학년 2학기 산수교과서의 단원명이 〈분수〉가 아니라 〈4. 정월〉이라는 점에 주목한 바 있습니다. 내용도 분수와 함께 달력보기, 세 자리 수 읽기가 나옵니다. 3학년 2학기 교과서도 〈6. 학예회〉라는 제목으로 36÷4와 같은 나눗셈, 시계와 달력보기가 분수와 통합된 내용으로 채워져 있습니다. 이는 우리의 수학 교과서가 당시 미국 진보주의자들이 주창하던 생활 중심 교육을 표방한 미국 교과서를 따랐기 때문입니다.

뿐만 아니라 곱셈과 나눗셈은커녕 아직 덧셈과 뺄셈도 능숙하지 않은 1학년과 2학년 아이들에게 분수를 도입하는 교육과정의 구성도 2장에서 보았던 미국 교과서의 순서와 다르지 않으니 그들의 교과서를 그대로 따른 것입니다.

미국 아이들은 아주 작은 양을 뜻하는 fraction이 일상생활에서 사용되는 용어이기 때문에 1학년 교과서에 나와도 아무런 저항감을 갖지 않는다고 이미 앞에서 지적한 바 있습니다. 하지만 분수가 수학적 용어인 우리의 경우에는 사정이 다릅니다. 그러니까 우리의 1~2학년 교과서에 분수가 등장한 것은, 집필자가 분수라고 썼지만 머릿속에서는 fraction이라고 읽었기 때문입니다. 분수를 처음 배우며 겪는 우리 아이들의 어려움은 이때부터 시작됩니다.

더군다나 앞서 분수가 전체-부분만을 나타내는 기호가 아니라는 사실도 지적한 바 있습니다. 때문에 fraction으로 분수 개념을 처음 도입한 미국 교과서는 이후에 어쩔 수 없이 가분수Improper fraction와 대분수Mixed number라는 억지 용어를 새로 도입해야만 했습니다. 그래서 미국 교과서의 분수 도입은 첫 단추를 잘못 꿴 판단이었다고 한마디로 평가절하했던 겁니다.

따라서 어떠한 비판적 검토도 없이 미국 교과서의 분수 관련 내용을 그대로 모방한 우리의 교육과정과 교과서도 이후에 심각한 부작용을 낳게 될 것이라고 쉽게 예측할 수 있습니다. 그렇다고 당시의 교육과정 수립자나 교과서 집필진을 비난할 수는 없습니다. 50년대를 전후한 우리의 시대적 상황을 조금이라도 이해한다면, 당시 미국 교과서를 그대로 따른 모방 행위를 오늘날의 시각으로 재단할 수는 없을 테니까요.

2022년 현재 우리나라 아이들은 G7은 아니더라도 G10에 속하면서, 아시아에서는 일본과 함께 두 나라뿐인 OECD 회원국의 자녀들로 태어나 성장하고 있습니다. 하지만 1차 교육과정에 따른 산수 교과서가 발행되었던 1955년 한국은 전혀 딴 세상이었습니다.

1945년 9월 11일, 입대 전에 시카고의 한 커뮤니티대학(시립초급대학)에서 영어를 가르친 경험 때문에 교육부문 담당자로 임명된 미 육군대위 라카드E. L. Lockard는 중앙청 2층 동편 1실에 도착합니다. 한 달 전만 해도 제국주의 일본의 조선총독부가 있었던 현재의 광화문 자리에 위치한 사무실에서 그는 영어 대화가 가능한 한국인

교육자를 수소문하였습니다. 1930년대 미국 컬럼비아에서 학위를 받고 보성전문학교에서 재직하고 있던 오천석과의 만남은 그렇게 이루어졌습니다. 교육에 대하여 그리고 한국에 대해 아는 것이 거의 없었던 리카드 대위는 오천석과 함께 한국 교육의 골격을 마련하기 시작합니다.

닷새 후인 9월 16일 두 사람은 조선교육위원회를 구성하고 조선총독부의 학무국을 인수하여 전국에 있는 모든 학교의 개교를 서둘러 준비합니다. 그리고 두 달 후인 1945년 11월 23일, 100여 명으로 이루어진 조선교육심의회를 구성합니다. 이 심의회는 비록 미군정 시기에 미 군정청의 문교정책 자문기구의 성격을 띠고 있었지만, '홍익인간의 건국이상'이라는 교육이념과 6-3-3-4의 미국식 학제를 채택하여 이후 대한민국 교육의 기본 틀을 완성합니다.[4]

학무국에서 승격한 문교부(지금의 교육부)의 편수국은 미국 『민주주의 교수법』, 미국 콜로라도 주의 『초등학교 교수요목』과 캘리포니아 주의 『교수요목』 등의 외서를 번역하는 등 미국 교육과정 도입을 위한 준비에 바쁜 나날을 보냅니다.

한편, 오천석은 소위 '새교육운동'을 시작하여 미국 진보주의자들이 주장하는 아동 중심 수업 방식, 생활 중심 교육과정 및 진보적 교수법을 한국의 교육자들에게 전달하는 과제에 주력하였습니다. 그는 현장교사의 재교육을 위해 미국의 저명한(?) 교육학자들로 구성된 미국 교육사절단을 초청하기도 합니다. 그리고 문교부 주최로 열린 전국교육지도자 강습회에서 미국의 교육 철학자 듀이의 민주교육에 대한 이론을 설파하는 한편, 미국 학교를 모방하여 이전의 수신, 역사, 지리 등으로 분리되었던 과목을 통합하여 '사회생활'이라는 새로운 교과를 만들었습니다. 물론 그 배경에는 듀이의 사상이 있었다는 훗날 그의 술회를 통해 볼 때 오천석의 듀이

---

4 미군정하의 한국교육의 실상에 대해서는 오천석, 한국 신교육사, 1964년 현대교육총서출판사, 380-400을 참조하였다. 하지만 이 책은 제목과는 다르게 그의 수기와 같다는 점을 감안해 읽어야 한다. 이 책에서 부분 발췌하여 편집한 내용임을 밝힌다.

에 대한 애정이 한국교육의 기초가 되었다고 해도 과언이 아닐 겁니다.

하지만 곧 이어 1950년에 발발한 전쟁은 한국인의 삶을 송두리째 혼돈과 무질서의 소용돌이 속으로 몰아넣었습니다. 교육도 예외일 수 없었습니다. 그럼에도 당시 한국 교육에는 세계 역사상 유례없는 특이한 현상이 나타납니다.

1951년 4월 23일자 뉴욕타임스에는 다음과 같은 서울 발 기사가 실렸습니다.

> "마을 외곽의 어떤 산 위에 있는 예전 일본 신사 그늘에서, 어떤 초등학교는 개천 옆에서, 한 남자 중학교는 산 밑의 골짜기에서 수업이 진행된다. 남한에서는 어디를 가든지, 정거장에서, 약탈당한 건물 안에서, 천막 안에서, 심지어 묘지에서도 수업을 하고 있다. … 여학생들은 닭을 치고 계란을 팔아서 학교를 돕는다. 안동에서는 학생들이 흙벽돌로 교사 세 채를 이미 건축하였다. …"

그리고 한 달 반이 지난 6월 8일자 뉴욕타임스는 또 다른 소식을 전합니다.

> "굶주림과 질병으로 수천의 생명이 희생된 엄동설한에도 초등학교 학령아동의 대부분은 정규수업을 받고 있다. 이전에 초등, 중등, 고등, 대학의 학교로 사용하던 건물 대부분은 손상되거나 완전히 파괴되지 않으면 군에 접수되어 병영으로 사용되었기에 노천 교육이 이루어질 수밖에 없다. … 시골에 가도 학생들이 나무 밑에 모여 앉아 나뭇가지에 흑판을 걸고, 다 떨어져 헤져버린 책을 돌아가며 보고 있다. 누더기를 걸친 선생이 머리 위에 있는 나뭇가지를 꺾어서 만든 교편으로 가르칠 때, 6명 내지 8명의 학생들이 책 한 권을 나누어보며, 암송하기 위해 그 책을 이리저리 돌리고 있는 광경을 볼 수 있다."

눈물 없이는 볼 수 없는 처참한 광경이 아닐 수 없습니다.

우리는 최근에 외신을 통해 아프카니스탄 내전, 시리아 내전, 그리고 이 책을 집필하는 동안에도 진행되고 있는 러시아의 우크라이나 침공 등 지구 곳곳에서 벌어지는 여러 전쟁의 참상을 전해들을 수 있었습니다. 하지만 그 어떤 나라에서도 한국전쟁 당시 이곳 한반도에서 벌어졌던 교육장면은 볼 수도 들을 수도 없었습니다.

앞에서 살펴본 국민학교 교과서는, 전쟁 통에 벌어진 비참하면서도 어떤 말과 글로 형용할 수 없는 가슴 뭉클한 교육상황 하에서 발행되었다는 점을 간과해서는 안 됩니다. 당시 상황을 고려하면 미국 교과서를 그대로 따라 모방하였다는 것이 결코 비판의 대상이 될 수 없다는 겁니다.

하지만 70여 년이 지난 지금, OECD 회원국의 자녀들의 교육도 계속 다른 나라 교과서의 내용을 그대로 따른다면 정말 커다란 문제가 아닐 수 없습니다. 어쩌면 오늘날 우리 아이들이 분수를 배우면서 겪는 어려움의 시초가 그 때문일 수도 있다는 의심을 해보는데, 만일 그렇다면 늦었다 하더라도 이제는 이를 극복해야 하지 않을까요?

기지촌 지식인, 기지촌 교과서(?)

"한국 철학자들은 문화적 자생력과 주체성을 키우는 대신에 그들의 것을 수입하는 식민지 매판 지식상이다. 그 증거가 그들이 사용하는 인용이다. 대가와 원전 뒤에 숨어서 무비판적으로 그들의 앎에 빠져 있고, 거기에 권위를 부여한다. 이들이 바로 기지촌 지식인이다."

『탈식민성과 우리 인문학의 글쓰기』에서, 철학자 김영민은 한국 학계의 논문쓰기 관행을 '기지촌의 지식인'이라는 지극히 자극적이며 신랄한 용어로 비판한 바 있다. 그는 한국 학계의 논문이 복거일의 소설 『캠프 세네카의 기지촌』에 등장하는 기지촌 여성들의 보건증과 맞먹는 위력을 행세한다고 시니컬하게 표현했다. 더 나아가 한국 인문학에 필요한 학자는 남의 것을 수입하여 그대로 전달하는 자칭 전문가가 아니라, 자신의 음성으로 자신의 생각을 읊을 수 있는 진정한 사상가라고 일갈했다. 야멸차게 쏘아붙이는 그의 생각과 감정은 '기지촌 지식인'이라는 섬뜩하고 자조적인 단어에 고스란히 담겨 있다.

여기서 우리 학계의 논문에 대한 김영민의 비판에 대하여 왈가왈부하는 것은 적절하지 않을 것이다. 다만 그의 논지에 따를 때, 행여나 앞에서 살펴본 제1차 교육과정에 따른 교과서를 기지촌 교과서(?)라고 비난할 수도 있겠다는 생각에 이르렀다. 하지만 기지촌 교과서라고 지칭한다고 하여, 김영민처럼 이를 싸잡아 비하하거나 매도하는 것이 과연 타당한가라는 의문을 동시에 가지게 된다. 일본 제국주의의 수탈과 한국 전쟁을 겪으며 황폐화된, 그래서 아무것도 남아 있지 않은 이 척박한 곳에서 우리보다 앞선 문물을 받아들이는 행위는 매도보다는 격려해야 마땅하다고 여기기 때문이다. 당시 상황은 그럴 수밖에 없었으니 너무 자조적이거나 자기 비하에 빠질 필요는 없다. 물론 그 후 70여 년이 지난 지금도 그런 일이 반복되거나 지속된다면 무엇이라 할 말은 없지만.

해방 이후의 기지촌은 육체적으로나 정신적으로 헐벗고 굶주린 이 나라의 불쌍한 백성들이 겨우 목숨을 부지하며 살아가도록 하는 최소한의 영양 공급원이었다. 그 무렵인 50년대와 60년대 한국에는 "미국 국민이 기증한 밀로 제분된 밀가루, 팔거나 다른 물건과 바꾸지 말 것"이란 문구와 함께 성조기를 상징하는 별 4개와 두 사람이 악수하는 그림이 새겨진 밀가루 포대를 어디서나 볼 수 있었다. 이를 두고 '악

해방 이후 미국의 원조로 제공된 '악수표 밀가루'

수표 밀가루'라고 불렀는데, 당시 기아선상에 시달리던 한국인의 식량난을 해결하기 위해 미국의 원조로 제공되는 농산물 가운데 하나였다. 오늘날 TV에서 '세이브더칠드런', '월드비전', '유니세프', '굿네이버스' 등과 같은 국제아동구호단체의 영상을 통해 볼 수 있는, 먹을 것 없어 바싹 마른 불쌍한 아이들의 모습은 옛날 바로 우리 자신의 모습이었다.

『나의 문화유산답사기 2』에서 문화재청장을 역임했던 유홍준은 "전쟁 뒤 구호물자로 우유가 쏟아져 들어오면서 우유와 물엿을 섞어 만든 '비가'가 나오자 그것은 나의 어린 시절 군것질을 지배했다."고 당시를 회상하는데, 만일 그것이 사실이라면 그는 비교적 풍족한 어린 시절을 보냈음이 틀림없다. 대부분의 사람들은 군것질은커녕 원조 받은 밀가루로 수제비를 끓여 허기를 달래고, 학교에서는 역시 원조 농산물인 옥수수를 가루로 빻아 시루떡처럼 만든 빵을 배급하여 그나마 굶는 일이 없도록 하였다.

악수표 밀가루는 포대까지 알뜰하게 사용되었다. 속옷감으로는 매우 거칠었음에도 '빤쓰'를 만들어 입었는데, 모든 것이 귀했던 시절이었으니 그나마 황감한 일이었다. 그렇다 하여 이 역시도 자조적이거나 자기 비하에 빠질 이유는 없다. 그렇게 공급된 밀가루는 지금의 칼국수와 수제비가 되었고 짜장면의 대중화를 이끌었으니까.

미국의 기지촌은 우리에게 정신적인 영양 공급원이었다는 점도 간과할 수 없다. 휴전 이후 미8군 사령부가 일본에서 서울 용산으로 이전하여, '미8군'은 한반도에 주둔한 미군을 통칭하는 용어가 되었다. 소속된 군인과 군무원들을 상대로 한 쇼 무대가 상설화되면서 미국 공연단이 한국을 방문해 위문공연을 하기도 했다. 그중에는 냇 킹 콜*Nat Kimg Cole*, 진 러셀*Gene Russell*, 마릴린 먼로*Marilyn Monroe* 등 당대 최고의 연예인들도 있었지만, 이후에는 수요를 감당할 수 없어 한국인들이 미군 무대에 서게 되었다. 한국 대중음악계의 중추적인 역할을 한 가수들은 대부분 미8군 무대를 경력을 쌓는 기회로 활용하였다.

1950년대 중반 264개에 달하는 미군 클럽의 무대에 서려면, 오늘날의 연예 기획사에 해당하는 용역업체의 오디션을 통과하고 다시 미8군의 정기 오디션을 통과하여 등급을 받고 나서야 전국 각지의 클럽에 설수 있는 자격을 얻을 수 있었다. 이를 위해서 미군 라디오 방송에서 흘러나오는 음악을 녹음기로 녹음한 후 각 파트의 악보를 그려 소속사 사무실의 창고에서 맹연습을 거듭하는 것 외에는 다른 방법이 없었다. 다양한 인종과 계층으로 이루어진 미군의 기호에 맞추기 위해 다양한 스타일의 음악을 섭렵하고 관중과 호흡을 같이 해야 했다. 미8군 무대에 서는 음악인들은 생계를 유지할 수 있는 다른 방안이 없었기에 그야말로 살아남기 위해 연습과 노력을 거듭할 수밖에 없었다.[5] 미8군 쇼 무대에 출연했던 김시스터즈, 한명숙, 최희준, 윤복희. 패티김, 현미에 이어 신중현은 그렇게 한국 팝의 역사가 되었다.

그리고 2017년 6월 26일 미국의 시사주간지 『타임』은 인터넷에서 가장 영향력 있는 25인*The 25 Most Influential People on the Internet*에 한국의 BTS방탄소년단를 선정했다. 당시 미국 대통령 도널드 트럼프와 해리포터의 작가 조앤 롤링의 이름도 함께 들어 있었다. 그리고 같은 해 12월 13일 팝 음악 순위 서비스를 제공하는 미국 빌보드는 BTS의 DNA가 '2017 빌보드 베스트 송 100'의 49위로 선정되었다고 발표하며 "미국의 영향을 받은 K-팝이 미국 현지에 다시 영향을 주는 드문 사례 중 하나"라는 친절한 해설까지 곁들였다. 그 후 BTS는 빌보드 1위를 점령했고, 이를 두고 빌보드의 피에로룽 부사장은 "외국어 노래가 이런 성과를 낸 것은 이례적이라며 이제 BTS는 비틀스와 맞먹는 영향력을 가진 아티스트다."라고 평가했다고 한다. 그렇게 K-팝은 빌보드를 발판 삼아 세계로 진출하였다. 물론 그보다 앞서 싸이의 '강남스타일'이, 그리고 지드레곤, 소녀시대, 2NE1과 엑소가 있었고, 지금도 세븐틴과 아일리원이 BTS와 함께

---

5 신현준, 최시전, 〈한국 팝의 고고학, 1960 탄생과 혁명〉. 을유문화사, 2022

『타임』지가 선정한 인터넷에서 가장 영향력 있는 25인 중 하나인 BTS

빌보드 차트에 이름을 올리고 있다. 이제는 K–팝이라는 용어가 익숙하지만, 그 시작은 기지촌이었다.

기지촌 음악이 K–팝이 되었던 것처럼, 기지촌 교과서 또는 기지촌 교육에서 출발한 한국교육도 오바마가 미국의 대통령이었을 때 여러 번 언급할 정도로 크게 성장했다. 하지만 그 성과는 K–팝이 그랬듯 국가에 의해 이루어진 것이 아니다. 그것은 학교공부를 마치고 다시 학원에서 밤잠 안 자고 입시공부에 몰두했던 한국 학생들과, 이른바 우골탑이라는 용어가 만들어질 정도로 의무교육이라는 허울 아래 수익자부담 원칙이라는 듣도 보도 못한 정부의 교육정책과는 무관하게 자녀의 교육을 뒷받침하기 위해 자신의 삶이 희생되는 것을 마다하지 않았던 한국의 학부모들이 이룩한 성과였다. 한국의 거물 작곡가로 성장한 김희갑이 기타 줄을 구할 수 없어 전화선을 뜯어 그 속에 있던 철사줄을 1–3번 줄로 썼던 것과 같은 피와 땀에 의해 이룩한 K–팝의 성과와 다르지 않다.

하지만 지금의 한국 교육은 점수라는 성과만 올렸을 뿐, 교육의 내용이 타의 추종을 불허할 만한 수준에 이른 것은 아니다. 교육의 내용과 실상을 들여다 볼 때, 한국의 교육을 K–교육이라고 말하는 것이 그저 민망할 따름이다. 다른 나라의 아이들을 어떻게 가르치는지를 엿보기 위해 여기저기 기웃거리는 것에서 벗어나야만 비로소 K–교육이라 할 수 있을 것이다. 우리 아이들이 사용하는 언어와 사고에 집중하는 것에서 한국의 교육이 다시 출발해야 하는 이유이기도 하다.

04

수학공부의 시작은 기호부터!

말을 배우고 나서 글을 배울까요, 아니면 글을 배우고 나서 말을 배울까요?

대부분은 말부터 배운다고 알고 있을 겁니다. 하지만 이는 절반만 사실입니다. 유치원 아이들의 경우에만 그러니까요. 초등학교에 입학하기 전에 말을 먼저 배우고, 그 다음에 한글의 자음 ㄱ, ㄴ, ㄷ, ㄹ, …과 모음 ㅏ, ㅑ, ㅓ, ㅕ, …를 조합하여 글자를 만들고 읽고 쓰기를 익히며 말을 글로 나타냅니다.

그런데 글(문자)을 완벽하게 읽고 쓸 수 있는 능력을 갖추면, 그 후에는 먼저 글(문자)을 보고 나서 새로운 말(단어)을 익히게 됩니다. 문자(글)로 기록된 새로운 단어(말)를 사전에서 찾아(요즘은 인터넷을 활용하기도 하지만) 정확한 뜻을 알아보곤 하죠. 새로운 말은 이렇게 글을 통해 배웁니다.

수학도 마찬가지입니다. 학교 입학 전에는 글(문자)에 해당하는 '수학기호'보다 말에 해당하는 '개념'을 먼저 익힙니다. 일상적 경험을 통해 하나, 둘, 셋, …이라는 자연수 개념을 익히고, 그 다음에 일종의 기호인 아라비아 숫자를 배웁니다. 이때 덧셈과 뺄셈 개념도 함께 배웁니다. "사과 3개를 갖고 있는데, 2개를 더 받으면 모두 몇 개?" 또는 "갖고 있던 사과 3개에서 1개를 먹으면 남은 사과는 몇 개?"와 같은 일상생활에서의 문제를 경험합니다. 이 과정에서 아이들은 (덧셈과 뺄셈 수학기호를 접하기 전에) 개수 세기에 의해 문제를 해결합니다.

아이들은 학교에 입학해서 비로소 자연수를 나타내는 기호인 아라비아 숫자와 덧셈과 뺄셈 개념을 나타내는 수학기호 '+, −, ='를 습득합니다. 그리고 이들을 결합하여 덧셈식과 뺄셈식이라는 생애 최초의 수학식 표기를 배웁니다. 자음과 모음을 결합하여 글자 쓰기를 하는 것처럼, 이미 습득한 개수 세기 활동을 기호 '+, −'로 나타내는 것에 아이들은 크게 어려움을 겪지 않습니다. 개념(말)을 먼저 익히고 이를 기호(문자)로 나타내는 것은 여기까지입니다.

그 다음에 이어지는 곱셈기호 '×'의 도입 과정은 덧셈과 뺄셈과는 미묘한 차이를 보입니다. 곱셈은 개념에 앞서 먼저 기호 '×'부터 도입합니다. 문자를 통해 말을 배우는 것처럼 말입니다.

곱셈기호 '×'가 이미 알고 있는 덧셈기호 '+'를 토대로 도입된다는 사실에 주목하세요. 예를 들어 곱셈 3×5는 3을 5번 거듭 더하는 3+3+3+3+3과 같은 것으로 정의합니다. 문자에 의한 사고가 새로운 문자로 이어지듯, 기존에 습득한 기호가 새로운 기호를 생성하는 것이죠. 이미 알고 있는 덧셈을 토대로 곱셈 기호와 용어를 점진적으로 익히면서 아이들은 곱셈 개념도 천천히 자연스럽게 형성할 수 있습니다. 이제부터 아이들은 수학기호를 사용하여 새로운 개념을 습득하고 새로운 수학적 사고를 하게 됩니다.

그렇다면 나눗셈기호 '÷'도 당연히 덧셈기호로부터 곱셈기호가 도입된 것처럼,

이미 알고 있는 곱셈기호를 토대로 도입되어야 합니다. 어떻게? 그냥 자연스럽게 자신의 사고 과정을 되돌아보면 저절로 해결책이 떠오릅니다. 예를 들어 나눗셈 8÷2=□의 답을 어떻게 구하는지 각자 생각해보세요.

나눗셈이 아닌 곱셈으로 답을 구하는 자신의 모습을 발견할 수 있을 겁니다. 즉, 나눗셈 8÷2=□=4의 답은 '2에 얼마를 곱하면 8이 될까'라는 곱셈식 2×□=8에서 얻을 수 있으니까요. 나눗셈이지만 실제로는 나눗셈이 아닌 곱셈으로 답을 구하는 겁니다.

그러므로 초등학교의 사칙연산의 도입 순서와 과정을 다음과 같이 요약 정리할 수 있습니다. 우선 덧셈과 뺄셈의 기호와 개념은 유치원에서 습득한 수 세기를 토대로 도입합니다. 이어서 곱셈기호 ×의 도입은 덧셈기호 +를 토대로, 그리고 나눗셈기호 ÷는 곱셈기호 ×를 토대로 도입됩니다.

이와 같이 수학기호가 꼬리에 꼬리를 물고 이어지면서 새로운 사고와 개념을 만드는 것은 전형적인 수학자의 지적 활동입니다. 따라서 초등학교 아이들의 수학 학습도 수학자의 그것과 다르지 않다고 말할 수 있습니다. 이는 미국 심리학자 브루너가 "지식의 최전선에서 새로운 지식을 만들어내는 학자들이 하는 것이나 초등학교 3학년 학생이 하는 것이나를 막론하고, 모든 지적 활동은 근본적으로 동일하다."[6]고 주장한 것과 같은 맥락입니다. 초등학교부터 수학의 세계에 본격적으로 입문하기 시작했다고 해도 틀린 말이 아닙니다.

이렇게 이미 알고 있는 개념을 토대로 새로운 개념이 도입되면, 아이들은 자연스럽게 곱셈과 나눗셈이 각기 분리된, 서로 다른 연산이 아니라 떼려야 뗄 수 없는 밀

---

6 브루너*J.S. Bruner*의 교육의 과정*The Process of Education*에 들어 있는 내용이다. 그의 이론이 그 어느 나라보다 대한민국 교육자들에게 널리 알려지게 된 것은 순전히 교육학자 이홍우의 『교육 과정 탐구』에 자세히 소개되었기 때문이다.

접한 관련이 있음을 깨닫게 됩니다. 다시 말하면, 곱셈과 나눗셈이 서로 역의 관계에 있다는 것을 직관적으로 파악하게 되는 것이죠. 그리고 이러한 깨달음은 3, 4년 후에 중학교의 약수와 배수 개념으로, 다시 3, 4년 후에 고등학교의 인수분해 개념으로 이어집니다. 이렇게 하나의 개념이 점진적으로 확대되는 것이 수학의 본질입니다. 그리고 이런 사고의 흐름에 따라 아이들의 수준에 맞게 나눗셈과 분수를 비롯한 수학적 개념을 도입하는 것은 수학이 아니라 교육의 영역입니다.

이렇게 하면 아이들이 자연스럽게 나눗셈을 습득할 수 있는데도, 현장의 선생님들은 나눗셈을 배우는 아이들도 어려워할 뿐 아니라 가르치는 자신들도 어려움을 겪는다고 입을 모읍니다. 아이들은 나눗셈을 어떻게 배우고 있는 걸까요? 직접 교과서 내용을 들여다봅시다.

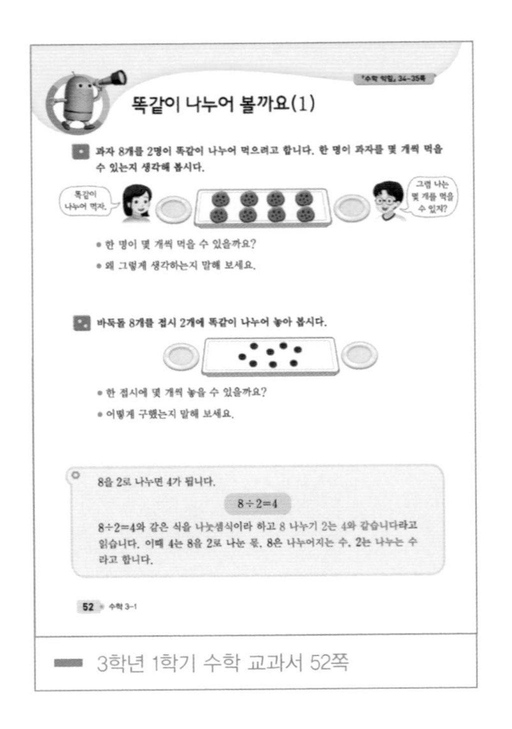

『수학 익힘』 34~35쪽

똑같이 나누어 볼까요(1)

과자 8개를 2명이 똑같이 나누어 먹으려고 합니다. 한 명이 과자를 몇 개씩 먹을 수 있는지 생각해 봅시다.

- 한 명이 몇 개씩 먹을 수 있을까요?
- 왜 그렇게 생각하는지 말해 보세요.

바둑돌 8개를 접시 2개에 똑같이 나누어 놓아 봅시다.

- 한 접시에 몇 개씩 놓을 수 있을까요?
- 어떻게 구했는지 말해 보세요.

8을 2로 나누면 4가 됩니다.

$8 \div 2=4$

$8 \div 2=4$와 같은 식을 나눗셈식이라 하고 8 나누기 2는 4와 같습니다라고 읽습니다. 이때 4는 8을 2로 나눈 몫, 8은 나누어지는 수, 2는 나누는 수라고 합니다.

52 수학 3-1

3학년 1학기 수학 교과서 52쪽

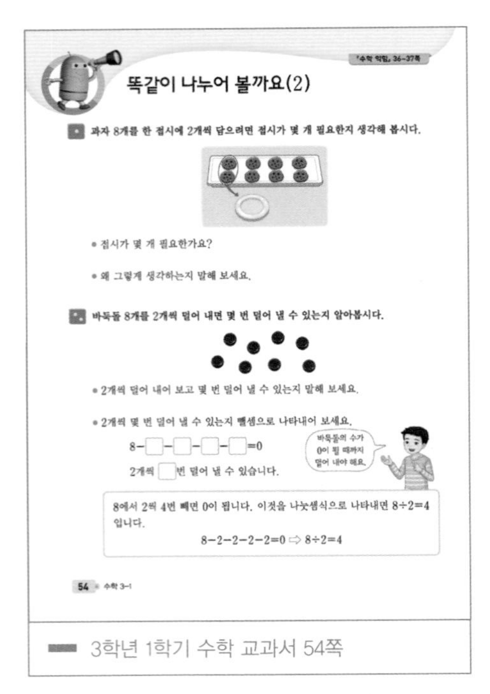

『수학 익힘』 36~37쪽

똑같이 나누어 볼까요(2)

과자 8개를 한 접시에 2개씩 담으려면 접시가 몇 개 필요한지 생각해 봅시다.

- 접시가 몇 개 필요한가요?
- 왜 그렇게 생각하는지 말해 보세요.

바둑돌 8개를 2개씩 덜어 내면 몇 번 덜어 낼 수 있는지 알아봅시다.

- 2개씩 덜어 내어 보고 몇 번 덜어 낼 수 있는지 말해 보세요.
- 2개씩 몇 번 덜어 낼 수 있는지 뺄셈으로 나타내어 보세요.

8−□−□−□−□=0

2개씩 □번 덜어 낼 수 있습니다.

8에서 2씩 4번 빼면 0이 됩니다. 이것을 나눗셈식으로 나타내면 $8 \div 2=4$입니다.

$8-2-2-2-2=0 \Rightarrow 8 \div 2=4$

54 수학 3-1

3학년 1학기 수학 교과서 54쪽

나눗셈 기호 ÷를 이렇게 도입하는군요. “8개를 2사람에게 나누어줄 때 한 사람의 몫”을 구하는 분배 상황을 8÷2로 나타낸다는 겁니다. 그리고 이를 나눗셈이라고 알려줍니다.

초등학교 3학년 아이들을 대상으로 한 문장이라기보다는, 마치 수학사전에서 나눗셈의 사전적 정의를 그냥 옮겨놓은 것처럼 기술하고 있습니다. 이전에 다루어보지 않았던 전혀 새로운 분배 상황을 느닷없이 제시하고 답을 구하라고 지시합니다. 어른이 읽어도 쉽지 않은 문체의 문장을 접한 아이들의 어려움이 어느 정도인지 충분히 짐작하고도 남습니다.

그런데 여기서 그치지 않습니다. 또 다른 나눗셈 상황이 바로 이어집니다. “8개를 한 접시에 2개씩 담으면 접시 몇 개가 필요할까?” 즉, 8개를 2개씩 묶으면 모두 몇 묶음인지를 묻는 묶음 상황입니다. 이것도 8÷2로 나타내고 나눗셈이라고 알려줍니다.

물론 나눗셈이 분배 상황과 묶음 상황[7]에 적용되는 것은 맞습니다. 하지만 이는 나눗셈 개념이 형성되고 난 다음에 나눗셈을 적용하는 응용문제입니다. 먼저 응용문제를 해결하라고 한 후에 이것이 나눗셈이라고 하는 것은 그야말로 주객이 전도된 겁니다.

아이들이 나눗셈을 어려워하는 이유를 이제 충분히 확인하였습니다. 수학지식을 그냥 나열한 교과서는 사전일 뿐입니다. 아이들에게 수학을 사전으로 공부하라고 할 수는 없는 노릇입니다. 교육 전문가가 그래서 필요합니다. 나눗셈 문제를 풀 수 있다고 나눗셈을 가르칠 수 있는 것은 아니니까요.

---

7 수학교육학에서는 분배 상황을 등분제 그리고 묶는 상황을 포함제라는 용어로 구분한다. 하지만 교사들조차 이 용어들의 구분을 헷갈려한다. 개념이 어렵다기보다는 적절하지 못한 번역 때문에 빚어진 참사다. 여기서는 쉽게 이해할 수 있도록 분배와 묶음이라는 용어를 사용한다.

05

어려운 나눗셈, 어떻게 쉽게 가르칠까?

아이들이 나눗셈을 어려워한다면, 나눗셈을 어떻게 가르쳐야 할지 대책을 마련해야겠지요? 나눗셈 기호를 처음 익히는 활동부터 나눗셈의 기본 개념을 체득할 수 있도록 전체 과정을 개략적으로 기술하면 다음과 같습니다.

활동 예시 1 덧셈, 뺄셈, 곱셈으로부터 나눗셈을 만드시오.

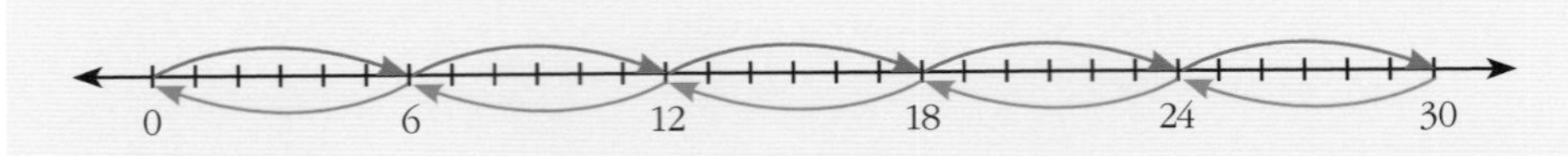

덧셈식 $6+6+6+6+6=30$ 뺄셈식 $30-6-6-6-6-6=0$

곱셈식 $6\times5=30$ 나눗셈식 $30\div6=5$

이전에 배웠던 덧셈, 뺄셈, 곱셈으로부터 나눗셈기호를 연계하고 있습니다. 이때 수직선 모델을 제공하여 각각의 연산이 어떻게 작동되는지 시각적으로 확인하도록 합니다. 덧셈에서 곱셈으로, 그리고 차례로 뺄셈과 나눗셈으로 이어지면서 나눗셈 기호를 익힙니다.

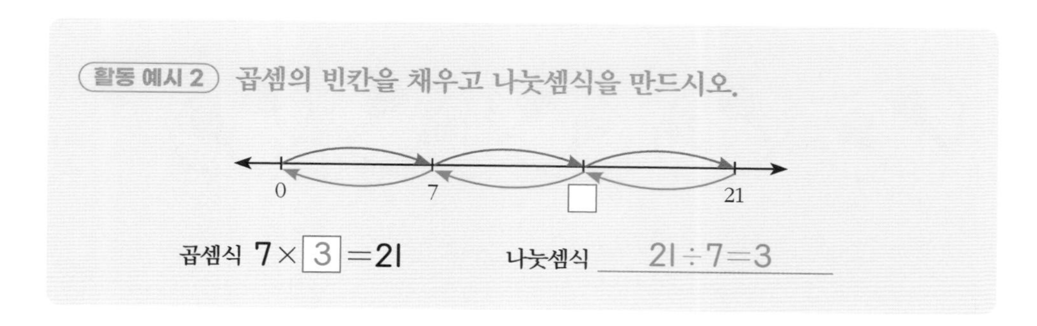

먼저 곱셈을 제시합니다. 곱셈 7×□=21의 □를 구하는 것이 결국 나눗셈 21÷7=□임을 파악하면서 나눗셈이 곱셈의 역이라는 것을 직접 확인할 수 있습니다. 이때도 수직선 모델이 시각적 도우미 역할을 담당합니다.

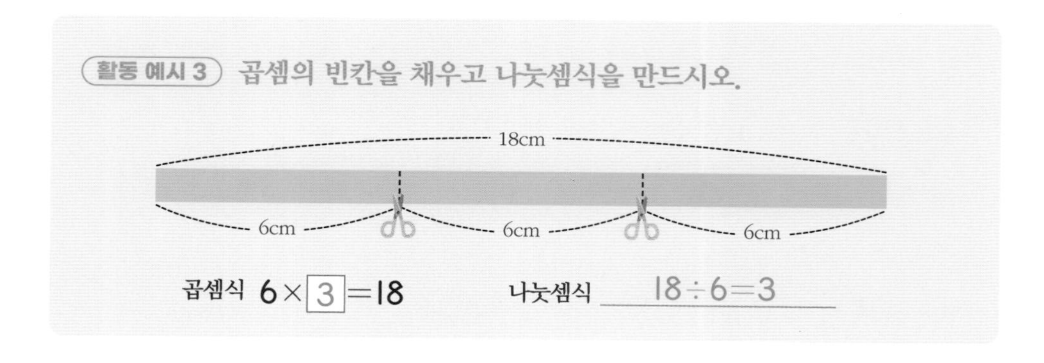

모델을 약간 변형해 제시합니다. 수직선 모델에서 벗어나 직사각형 모양의 테이프를 활용해 곱셈의 역으로 나눗셈기호를 도입합니다. 주어진 같은 길이로 반복하여 몇 번 자르는가의 상황을 나눗셈으로 표현하는 문제입니다. 곱셈식 6×□=18은 6을 몇 번 거듭 더하면 18이 되는가를 뜻하며, 이는 그림에서 덧셈 6+6+6=18이므로 □는 더한 회수 3이라는 사실을 재확인합니다. 그리고 이를 나눗셈 18÷6=3으로 나타내는 활동입니다.

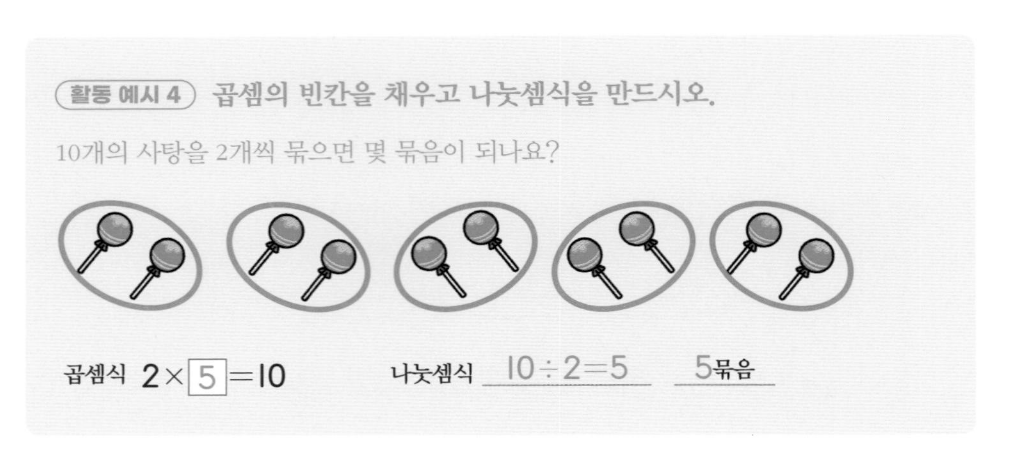

앞의 예시 3과 같은 형식이지만 대상이 다르다는 점에 주목합니다. 앞에서는 연결된 테이프를 같은 길이로 잘랐다면, 여기서는 같은 개수로 반복하여 묶는 상황입니다. 이를 먼저 곱셈식으로, 그리고 이어서 나눗셈식으로 표현합니다. 이때 나눗셈 결과가 묶음 수라는 것을 확인하는 과정도 필요합니다.

활동 예시 5 잉크가 번져 있는 곳을 채우시오.

4×9=36

9×　=36

36÷9=

36÷4=

곱셈과 나눗셈이 서로 역의 관계임을 마지막으로 확인합니다. 잉크가 번져 가려진 형태로 제시된 4개의 곱셈식과 나눗셈식을 완성하면서 서로 역의 관계임을 확인하는 것이죠. 곱셈구구만 알면 답을 할 수 있지만, 문제의 핵심은 두 연산의 관계를 이해하는 것입니다.

이런 흐름으로 활동을 진행하면 나눗셈기호의 이해는 물론 이전에 배운 덧셈, 뺄셈, 곱셈과의 연계까지 파악하면서 사칙연산의 개념을 완성할 수 있습니다. 물론 이와 유사한 여러 문제들을 연습할 기회를 충분히 제공해야겠지요.

이제 마지막으로 교과서의 첫 부분에 나왔던 분배 상황과 묶음 상황을 나눗셈으로 해결할 때가 되었습니다. 이 문제들은 교과서의 순서와는 정반대로 마지막에 제시해야만 아이들이 당황하지 않고 자연스럽게 받아들일 수 있습니다.

활동 예시 6 과자 8개를 2명이 똑같이 나누어 가질 때 한 사람은 몇 개를 가질 수 있을까요? 곱셈식과 나눗셈식의 빈 칸을 채우시오.

4(개) × 2(명) = 8(개) ⟷ 8(개) ÷ 2(명) = 4 = 4(개/명)

(4(개): 한 사람의 몫, 2(명): 사람 수, 8(개): 전체 개수 ⟷ 8(개): 전체 개수, 2(명): 사람 수, 4: 한 사람의 몫)

분배 상황의 나눗셈 문제입니다. 교과서와 같은 문제이지만 문제의 의도는 확연히 다릅니다. 이 문제의 초점은 나눗셈의 답을 구하는 것이 아니라 나눗셈의 의미를 파악하는 것이니까요. 즉, 나눗셈의 피제수와 제수의 의미를 구별하는 것에 중점을 두어야 합니다.

이를 위해서는 문제에 제시된 것처럼 각각의 단위에 주목하는 것이 중요합니다. 나눗셈 결과의 '단위'를 4(개/명)이라고 표기한 것은 한 (명)이 나누어 갖는 과자의 (개수)라는 것을 강조하기 위한 겁니다. 물론 이를 표기하도록 아이들에게 강요할 필요는 없습니다. (km/시간)과 같이 속도를 표시할 때를 제외하고 일반적으로 (개)라고 표기하니까요.

하지만 나눗셈 결과가 '제수(사람 수)가 1일 때 피제수(과자 수)의 값'이라는 점은 강조해야 합니다. 사실 이는 곱셈에도 적용되는데, 단지 명시적으로 구분하지 않았을 뿐입니다. 하지만 나눗셈 상황에서는 위에서와 같이 나눗셈 결과의 의미를 파악하는 것이 매우 중요하고, 곱셈과 비교하며 곱셈의 역이라는 관계를 함께 파악하도록 해야 합니다. 단위의 의미 또한 과학에서 사용하는 거의 모든 단위에 적용되므로 중요합니다.

마지막으로 묶음 상황의 나눗셈 문제도 같은 방식으로 제시해야겠지요.

활동 예시 7 과자 8개를 2명이 똑같이 나누어 가질 때 한 사람이 몇 개를 가질 수 있을까요? 곱셈식과 나눗셈식의 빈 칸을 채우시오.

2(개)	×	4 (명)	=	8(개)	⟷	8(개)	÷	2(개/명)	=	4 (명)
한 사람의 몫		사람 수		전체 개수		전체 개수		사람 수		한 사람의 몫

묶음 상황이 앞의 분배 상황과 구별된다는 것을 파악했을 겁니다. 하지만 지금과 같이 이 둘의 차이를 비교하며 명시적으로 구별해 제시하지 않으면, 나눗셈을 자유자재로 할 수 있는 어른들조차 실제 나눗셈을 할 때 이 두 가지 나눗셈을 구분하기 어렵습니다. 이 문제에서도 답을 구하는 것보다 피제수와 제수의 의미를 파악하는 데에 초점을 두어야 합니다. 사실 나눗셈 개념이 확립되면, 이 두 문제를 의식적으로 구분하지 않고 해결할 수 있습니다.

이제 나눗셈을 어려워한다는 아이들의 고충을 이해할 수 있지 않나요? 처음부터 나눗셈(÷)이라는 새로운 기호를 아이들이 이전에 경험하여 알고 있던 곱셈과 연계하였다면 아이들은 그리 어렵지 않게 그리고 매우 자연스럽게 나눗셈을 습득할 수 있었을 겁니다. 결국 나눗셈이 어려운 것은 아이들의 탓이 아니라 우리 어른들의 잘못이었습니다. 수학에서 기호가 얼마나 중요한가를 이해하셨을 겁니다. 분수도 다르지 않습니다.

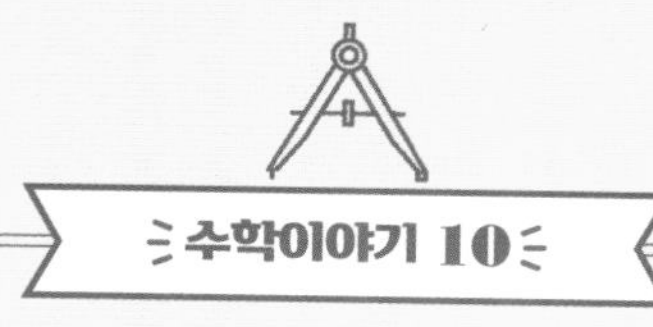

수학기호로 철학자의 무릎을 꿇린 오일러

18세기 러시아 제국의 예카테리나 여제는 머리가 비상하고 야심이 불타오르던 여성으로, 오늘날에도 러시아에서 높이 평가되는 인물이다. 독일 태생의 그는 당시 러시아 황태자였던 표트르 3세와 정략결혼을 하였지만, 저능아였던 남편 대신 섭정을 하다가 정변을 일으켜 남편을 폐위시키고 스스로 황제의 자리에 오른다. 그렇게 황제가 된 그는 낙후된 러시아의 재건과 부흥을 위해 그 누구보다 열성을 보였다. 특히 유럽 대륙의 학문과 문화를 유입하는 데 힘써 많은 학자들을 러시아 궁정으로 초청했는데, 그중에는 당대에 유명한 프랑스 철학자 디드로도 있었다. 광적인 무신론자였던 디드로는 자신의 박학다식을 무기로 이렇게 주장했다고 한다.

"여러분은 정말로 신이 존재한다고 생각합니까? 매일 아침 교회에 나가 기도하는 것으로 미래를 보장받을 수 있다고 생각합니까? 여러분! 신은 존재하지 않습니다. 그것은 모두 나약한 인간이 만들어낸 허상에 불과합니다. 선량한 서민들을 잘못 이끄는 미신이란 말입니다. 그러니 각자 자기 자리로 돌아가 가족의 평화를 위해 열심히 일하세요. 가족들의 굶주린 배를 채워주는 것은 신이 아니라 바로 여러분의 땀과 노력입니다."

디드로의 이러한 발언은 당시로서는 큰 충격이었다. 비록 중세시대 이후 오랜 시간이 흘렀지만, 유럽인들의 삶은 여전히 교회의 영향 아래 예속되어 있었다. 예카테리나 여제도 교회를 모독하고 신의 존재를 부정하는 디드로가 자신의 궁정에 오래 머무르는 것을 내심 못마땅하게 여겼다. 디드로를 내쫓을 묘책을 궁리하던 그는 스위스 출신의 수학자 오일러가 자신의 궁전에 머무르고 있다는 사실을 떠올렸다.

오일러가 얼마나 위대한 수학자였는지는, 다음과 같은 사람들의 평가를 소개하는 것으로 충분할 것이다.

"오일러는 마치 사람이 숨을 쉬고 독수리가 공중을 날듯이, 겉으로 보기에 전혀 힘들어하는 기색 없이 어려운 문제를 해결했다."

오일러에 대한 이러한 평가는 결코 과장이 아니다. 그가 남긴 저술의 양이 너무나 방대해서 모두 출판되기까지 그가 사망하고 나서도 43년이라는 시간이 걸렸을 정도였으니까. 당시 오일러가 러시아에 머무르게 된 것은 여왕이 후원하는 학사원에서 그의 가족이 걱정하지 않고 지낼 수 있도록 풍족한 재정 지원을 해주었기 때문이다. 예카테리나 여제는 오일러에게 무척이나 든든한 스폰서였다. 오일러는 러시아에 머무르며 연구도 했지만, 동시에 러시아 학생들을 위한 초등수학 교과서의 편찬작업에도 주력했다. 뿐만 아니라 정부의 지리 부문 사업을 총괄했으며, 도량형 개정작업에 관여하기도 했다. 그런 그가 디드로를 상대해달라는 여왕의 지시를 거역할 리가 만무했다.

어느 날 디드로는 여느 때처럼 여왕을 비롯하여 대신들이 모여 있는 자리에서 계속 열변을 토하고 있었다.

"저의 주장은 거짓이 아닙니다. 신의 존재를 어떻게 확신합니까? 거리의 시민들은 신앙심에만 의지한 채 무기력한 인간으로 살아가고 있으며, 교회는 온갖 달콤한 말로 이들을 현혹하고 있습니다. 자신의 삶을 실체도 알 수 없는 존재에게 송두리째 맡긴다는 것이 얼마나 어리석은 일입니까? 국가는 무지한 시민들을 일깨우는 데 앞장서야 하며, 그들에게 열심히 일할 수 있는 길을 안내해야 합니다."

디드로

오일러

강연 분위기가 한창 무르익어갈 무렵, 갑자기 앞에 앉아 있던 오일러가 손을 번쩍 들었다. 그리고 벌떡 일어서 성큼성큼 디드로에게 다가가서 말했다.

"디드로 선생, 무슨 이야기인지 잘 알겠어요. 하지만 나는 당신에게 신이 존재한다는 사실을 증명해보일 수가 있답니다. 내 계산에 의하면 $\frac{a+b^n}{n}=X$입니다. 그러므로 신은 존재할 수밖에 없습니다. 자, 말씀해보세요."

조금 전까지 침을 튀기며 열정적으로 무신론을 설파하던 이 불쌍한 프랑스 학자는 어안이 벙벙할 수밖에 없었다. 오일러가 제시한 수학식의 의미를 해석할 수 없었기 때문이다. 그는 결국 아무 말도 못하고 슬며시 프랑스로 돌아갔다고 한다.

물론 오일러가 제시한 수식은 순 엉터리다. 이 일화에서 주목할 점은 어리둥절해 아무 대꾸도 할 수 없었던 디드로의 모습이다. 그것은 이해할 수 없는 수학기호나 수학식을 접했을 때, 대부분의 사람들이 보이는 반응과 다르지 않다. 흔히 말하는 수학 불안증의 시초인 것이다.

수학 불안증이 일어나는 가장 큰 원인 중 하나가 추상적인 수학기호와 식이다. 간결한 수학식이 아무리 효율적이고 심지어 누군가에게는 아름답게 보일지라도, 어떤 사람에게는 그림의 떡일 수 있다. 수학적 개념과 이를 가리키는 용어 사이의 간격을 좁혀야 하듯, 수학기호와 수학식도 그것이 나타내고자 하는 의미와 간격을 좁히지 못하면 절대로 수학의 세계에 접근할 수 없다. 이는 수학의 몫이 아니라 수학교육의 몫이며, 그래서 교과서와 교사가 담당해야 할 역할의 중요성은 아무리 강조해도 지나치지 않다.

06

분수도 기호부터 가르쳐야 한다!

오른쪽의 사진은 아무것도 듣지 못하면서도 초연 공연에서 지휘대에 섰던 베토벤의 교향곡 9번 악보의 일부분입니다. 인류 최대의 걸작으로, 그의 자필 악보는 2001년 유네스코 세계기록유산으로 등재되었다고 하니 진귀한 보물임에 틀림없습니다.

악보를 보고 어떤 생각이나 느낌이 드나요? 만일 악보에 새겨진 기호를 보고 머릿속에서 음을 그려낼 수 있다면, 그렇게 악보를 읽을 수 있다면 아마도 베토벤이 의도했던 교향곡 9번이 전해주는 감동이 가슴 저 깊숙한 곳으로부터 우러나올 겁니다.

그러나 학교에서 음악을 배웠건만 그런 수준에 올라 있는 사람은 그다지 많지 않습니다. 대부분은 악보의 기호가 나타내는 의미를 제대로 파악할 수 없어 난해한 암호처럼 보일 테지요. 그 답답함은 프랑스 철학자 디드로가 러시아 궁전에서 느꼈

베토벤 교향곡 9번 초고 일부

을 심정과 크게 다르지 않을 것이고, 낫 놓고 기역자도 모른다는 표현이 딱 제격일 겁니다.

어쨌든 작곡가는 자신이 원하는 음악을 기호로 나타내고, 가수와 연주자는 이 기호를 해독하여 작가가 의도하는 선율에 자신이 곡을 해석한 감정을 더해 소리로 재현합니다. 그러고 보니 수학기호와 수식도 악보의 기호와 다르지 않습니다. 수학기호와 수식은 수학적 아이디어를 적어놓은 것이니까요. 이 기록을 읽는 사람은 수학기호와 수식을 통해 수학적 아이디어를 이해하고 다시 이를 매개로 새로운 수학적 아이디어를 생산합니다. 이렇게 수학기호와 수식은 재현과 소통의 수단이면서 동시에 새로운 수학적 개념과 아이디어를 생산하는 매개체 역할을 담당합니다.

그러므로 수학을 공부하거나 수학의 세계에 입문하기 위한 첫걸음이 '수학기호의 파악과 습득'이라는 사실에는 모두가 동의할 겁니다. 4절과 6절의 제목을 각각 〈수학공부의 시작은 기호부터!〉, 〈분수도 기호부터 가르쳐야 한다〉라고 한 까닭도 그 때문입니다.

그런데 도대체 무엇이 분수기호일까요?

초등학교 교과서에서 분수 용어와 분수 표기를 어떻게 제시하는지 살펴봅시다.

분수를 처음 소개하면서 $\frac{1}{2}$과 $\frac{2}{3}$과 같은 분수를 예로 들며 어떤 수를 분자와 분모라고 하는지 알려줍니다. 하지만 정작 분수 기호가 무엇인지는 제시하지 않으니 알 도리가 없습니다.

이와 같은 분수의 도입 방식은 이전 사칙연산의 도입과는 사뭇 다릅니다. 물론 덧셈, 뺄셈, 곱셈, 나눗셈을 처음 도입할 때도 $2+3$, $5-2$, 3×4, $8\div2$과 같은 예를 들었습니다. 그러나 이때는 각각의 기호를 콕 짚어 '+'를 덧셈기호, '−'를 뺄셈기호, '×'는 곱셈기호, '÷'는 나눗셈기호라고 친절하게 소개합니다.

덧셈 $2+3$에서 더해지는 수 2와 더하는 수 3의 구별이 중요함에도 이를 언급하지는 않고 덧셈 기호 '+'에만 집중합니다. 뺄셈과 곱셈도 마찬가지입니다. 뺄셈 $5-2$에서 빼어지는 수 5와 빼는 수 2, 곱셈 3×4에서 곱해지는 수 3과 곱하는 수 4의 구별도 생략하고 오직 기호 '−, ×'에만 집중합니다.

나눗셈의 도입은 이들과는 사뭇 다릅니다. 나눗셈기호 '÷'와 함께 나누어지는수

> 전체를 똑같이 2로 나눈 것 중의 1을 $\frac{1}{2}$이라 쓰고 2분의 1이라고 읽습니다.
>
> 전체를 똑같이 3으로 나눈 것 중의 2를 $\frac{2}{3}$라 쓰고 3분의 2라고 읽습니다.
>
> $\frac{1}{2}$, $\frac{2}{3}$와 같은 수를 분수라고 합니다.
>
> $\frac{1 \leftarrow \text{분자}}{2 \leftarrow \text{분모}}$ $\frac{2 \leftarrow \text{분자}}{3 \leftarrow \text{분모}}$

3학년 1학기 수학 교과서 115쪽

(피제수)와 나누는수(제수)를 구별하여 제시하였으니까요.

8을 2로 나누면 4가 됩니다.

$$8 \div 2 = 4$$

8÷2=4와 같은 식을 나눗셈식이라 하고 8 나누기 2는 4와 같습니다라고 읽습니다. 이때 4는 8을 2로 나눈 몫, 8은 나누어지는 수, 2는 나누는 수라고 합니다.

3학년 1학기 수학 교과서 52쪽

그런데 분수 도입에서는 어찌 된 것인지 분수기호에 대한 언급을 전혀 찾아볼 수 없습니다. 도대체 무엇이 분수를 나타내는 기호일까요?

$\frac{2}{3}$와 같은 분수 표기에서 분수기호는 분자와 분모를 구분하는 선분 '—'을 말합니다. 이 기호의 의미는 이미 앞에서 마치 영화의 예고편처럼 소개한 바 있습니다. 4장 2절 〈나눗셈기호로부터 탄생한 분수기호〉에 제시하였던 다음 그림을 떠올려보세요.

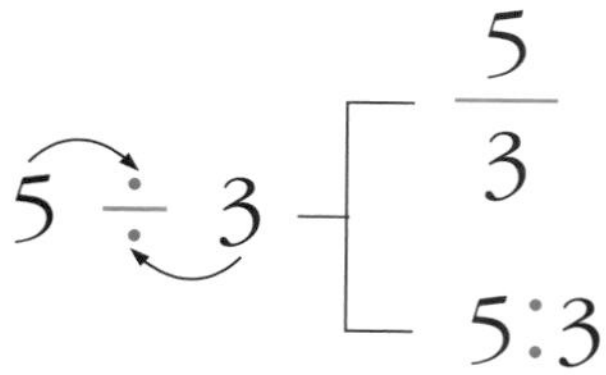

$$5 \div 3 \rightarrow \frac{5}{3}, \quad 5:3$$

그렇습니다. 분수기호 '—'는 나눗셈기호 '÷'에 들어 있던 선분을 그대로 사용하면 됩니다. 이 사실로부터 분수의 분자는 나눗셈의 나누어지는수(피제수)이고, 분모는 나누는수(제수)라는 것도 자연스럽게 추론할 수 있습니다. 나눗셈기호의 두 점 대신 분자와 분모가 들어간 것이죠. 그렇게 분수기호는 나눗셈기호의 일부를 차용하여 만들었습니다.[8] 만일 나눗셈기호에서 선분을 제외하면 두 점만 남는데, 이는 '5 : 3'과 같이 두 수의 '비ratio'를 나타내는 기호입니다.

앞에서 마리안-웹스터 사전의 용어설명에 따르면 분수Fraction, 나눗셈의 몫Quotient, 비Ratio가 결국 같은 수학적 의미를 담고 있다는 사실도 확인했습니다. 뿐만 아니라 초등학교에서 배운 분수가 이후에 방정식의 풀이, 직선의 기울기, 삼각비 등에 적용될 때 모두 나눗셈에 의한 결과임도 앞에서 언급한 바 있습니다.

분수기호가 나눗셈기호에서 비롯되었다는 증거는 이렇게 차고 넘칩니다. 이 증거들을 토대로 분수 도입의 새로운 방안을 다음 절에서 소개하려고 합니다.

그런데 여기서 또 다른 의문을 제기할 수 있습니다. 지금까지의 설명대로 분수가 나눗셈과 밀접한 관련이 있다면, 왜 교과서를 비롯한 그 어떤 곳에서도 이러한 언급이 없었을까요?[9]

미국 교과서를 따랐기 때문이라고밖에는 달리 설명할 여지가 없습니다. 앞에서 살펴본 것처럼, 비록 첫 단추를 잘못 꿰어 고육지책으로 가분수와 대분수를 만들 수밖에 없었지만, 그들은 fraction이 아주 작은 양이라는 뜻을 가진 일상적 용어이기 때문에 피자나 케이크를 등분한 조각을 분수, 즉 fracrion이라고 알려줄 수 있었습니다. 곱셈과 나눗셈은커녕 덧셈과 뺄셈도 아직 숙달되지 않은 1~2학년 아이들에게도 분수를 가르칠 수 있었던 것이죠.

하지만 분수가 우리 아이들에게는 일상적 용어가 아니라 수학적 용어라는 사실을 미처 깨닫지 못한 우리나라의 초등교육 전문가들은 미국 교과서의 구성과 내용을 아무런 저항감 없이 그대로 옮겨놓았습니다. 그들은 한글로 '분수'라고 썼지만 머릿속

---

8 이는 순전히 필자의 추측이다. 과문한 탓인지는 몰라도 수학의 역사와 관련된 수많은 자료를 조사하였지만 언제 누가 처음 사용했다는 기록(예를 들어 나눗셈 기호 ÷는 1659년 스위스 수학자 란*Johann Heinrich Rahn*이 최초로 사용했다)만 있고, 왜 그 기호를 사용했는지에 관해서는 추적이 불가능했다. 따라서 분수기호와 나눗셈기호의 관련성은 본문에 기술한 몇 가지 추론을 통한 필자의 결론이다. 이에 대한 이견이나 반론은 무조건 환영한다.

9 5장 1절에서 살펴본 1955년에 발행한 3학년 2학기 산수 교과서에서 유일하게 분수와 나눗셈의 관련을 찾을 수 있었다. 하지만 여기서도 12자루의 $\frac{1}{2}$이 몇 자루인가를 12÷2라는 나눗셈과 같다고 기술할 뿐, 분수의 도입이라는 관점에서 나눗셈과 관련지은 것은 아니다.

으로는 영어 'fraction'을 떠올렸던 것이죠. 우리말 분수에 주목하지 않고 fraction이라는 단어에 갇혀버린 탓에 사고도 영어 fraction에 의해 지배당했던 겁니다.

그렇다면 분수를 어떻게 도입하는 것이 바람직할까요?

뜻밖에도 '분수分數'라는 용어에 주목하면 길을 찾을 수 있습니다. 분수는 Geometry의 한자어 번역인 '기하'만큼 절묘한 한자어 번역 용어이니까요!

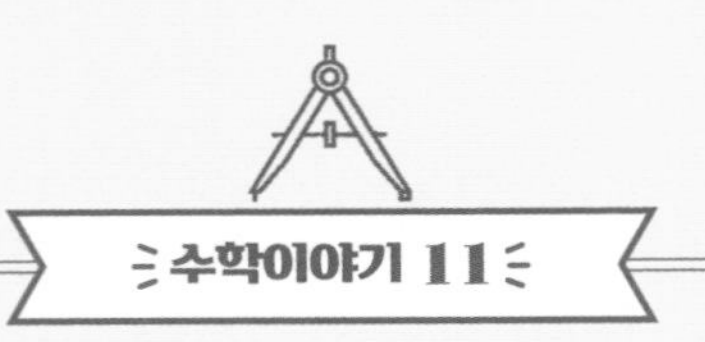

사고를 표현하는 언어가, 역으로 사고를 결정한다

벨라루스 출신으로 미국 캘리포니아주립대학에서 인지 과학자로 활동하는 리라 보르디츠키*Lera Boroditsky*는 "언어는 우리의 사고방식을 어떻게 형성할까?*How language shapes the way we think?*"라는 제목으로 TED 강연을 진행했다. 그의 강연 내용 일부를 요약 소개하면 다음과 같다.

> 누군가 실수로 꽃병을 깨뜨렸을 때, 영어로 다음과 같이 표현한다.
>
> "He(or She) broke the base.(아무개가 꽃병을 깨뜨렸다.)"
>
> 이 문장은 행위의 주체를 먼저 내세우는 영어의 특징을 보여준다. 이 때문에 영어 문장에는 종종 다음과 같은 이상한 표현이 등장한다.
>
> "He broke his leg." 또는 "He had his leg broken."
>
> 주어를 강조하다 보니, 사고로 다리가 골절되었는데도 "스스로 자기 다리를 부러뜨렸다."는 식으로 표현하는 것이다.
>
> 이런 현상은 유독 영어에만 두드러지게 나타난다. 스페인어로는 그냥 "El jarrón está roto.(꽃병이 깨졌다.)"라고 하면 된다. 주체보다는 상황에 주안점을 둔다는 점에서 영어와 비교된다.

만일 보르디츠키가 한국어에 능통했다면, 스페인어 대신 한국어를 예로 들었을 것이다. 주체보다 상황을 더 강조하는 표현은 스페인어보다 우리말에서 더 두드러지게 나타나기 때문이다. 예를 들어보자.

"점점 추워지고 있다. 아침에 일어났더니, 아직 어두웠다."

주어를 찾아보기 어렵다. 우리말은 상황에 따라 융통성을 발휘하여 주어를 넣거나 생략하기 때문이다. 만일 이 문장을 영어로 옮기면 다음과 같다.

"It is getting cold. I woke up in the morning, it is still dark."

영어는 아무런 의미가 없음에도 반드시 주어 It과 I를 기계적으로 넣어야만 하나의 문장이 성립한다. 보르디츠키의 강연 요지는, 언어가 우리의 생각과 행동에서의 차이를 어떻게 유발하는가를 드러내 보여 주는 것이었다. 그는 강연 말미에 다음과 같이 결론을 맺는다.

> 만일 꽃병이 깨지는 것과 같은 사고가 우발적으로 발생했을 때, 영어 사용자는 누가 그랬는지 잘 기억할 수 있다. 그래서 '그 친구가 그랬어.' 또는 '그가 꽃병을 깨뜨렸어.'라고 반응한다. 반면에 스페인어 사용자는 누가 그랬는지 잘 기억하지 못한다. 단지 사고가 일어났다는 것만 기억할 가능성이 높다.

만일 그의 주장이 옳다면 한국어를 사용하는 우리들도 스페인어 사용자와 같은 반응을 보일 것이다. 사용하는 언어가 우리의 사고와 행동에 지대한 영향력을 행사하여 그 틀과 방향을 결정한다는 그의 주장에 충분히 공감할 수 있다.

만약 서구의 수학교육자들이 처음부터 분수를 도입할 때 fraction이라는 용어를 피했더라면, 그 나라 아이들이 분수 때문에 겪는 어려움이 줄어들었을지도 모른다. 만약 우리의 수학교육자들이 학교 분수를 도입할 때 영어 fraction이 아닌 분수라는 우리말 용어에 좀 더 주의를 기울였다면, 분수 때문에 발생하는 수포자가 상당수 줄어들었을 수도 있다.

07

어려운 분수, 어떻게 쉽게 가르칠까

① 분수기호 도입

지금으로부터 200여 년 전 18세기 말 러시아 궁전에서 벌어진 해프닝을 접하고 나서 우리는 수학자 오일러보다 철학자 디드로에 더 큰 관심을 갖게 되었습니다. 느닷없이 코앞에 추상적 기호로 이루어진 수학식을 들이대는 어처구니없는 봉변을 당했던 디드로에게 일종의 연민과도 같은 감정을 느꼈으니까요. 아마도 수학을 공부했던 사람이라면 적어도 한두 번쯤은 그런 당혹감을 경험했을 겁니다.

그러고 보니 제곱근 기호 '$\sqrt{\ }$'를 처음 접할 때도 그랬던 기억이 떠오릅니다.

"어떤 수를 제곱이 되게 하는 수를 그 수의 제곱근이라 한다!"

이런 삭막하기 이를 데 없는 사전적 정의와 함께 제시된 제곱근 기호가 조장하는 무거운 분위기는 공포감마저 가져다주었습니다. 아마도 그것은 조금의 감정도 들어 있지 않아 바싹 메마른 건조함과, 위에서 아래로 찍어 누르는 것 같은 무거운 압

박감이 동시에 전해졌기 때문일지도 모릅니다. 헤어나기 어려운 늪으로 내 몸이 밑바닥을 향해 조금씩 빠져드는 것 같은 불쾌감마저 드는 악몽 그 자체였습니다. 중학교 3학년 무리수 단원은 공포 그 자체였고, 제곱근 기호가 그 원인을 제공한 장본인이라는 것을 훗날 깨닫게 되었죠.

기호의 역사를 찾아보았습니다. 제곱근 기호 $\sqrt{\ }$가 1637년 르네 데카르트가 집필한 『기하학La Geometrie』에 나온다는군요. 1220년경 R로 표기하다가 중간에 기호 √을 거친 후 오늘날과 같은 기호가 되었다고 합니다. 하지만 제곱근 기호에 관한 역사적 사실은 불안감과 공포감을 해소하는 데 아무런 도움도 주지 못합니다. 정작 필요한 것은 제곱근 기호 $\sqrt{\ }$에 누구나 쉽게 다가갈 수 있도록 그 기호를 순화시키는 겁니다. 맹수를 애완동물로 조련해달라는 겁니다. 그래서 교육이 필요한 것 아닌가요?

정사각형 넓이 구하기는 애완동물과도 같은 존재입니다. 적어도 무리수를 배우는 중학교 3학년 학생에게는 그렇습니다. 제곱근 기호라는 맹수를 포획하기 위해 정사각형이라는 애완동물을 이용할 수 있습니다. 아래 그림과 같이 여러 개의 정사각형을 늘어놓아 보았습니다. 각각의 넓이를 알려주고 한 변의 길이를 구해보려는 겁니다. 그런데 그것이 곧 제곱근 구하기라는 것을 누가 알았겠어요.

그렇군요. 제곱근 구하기는 결국 정사각형의 넓이 구하기의 역이라는 것을 눈으로도 확인할 수 있게 되었습니다. 바로 이때 제곱근 기호 $\sqrt{\ }$를 도입하면 됩니다.

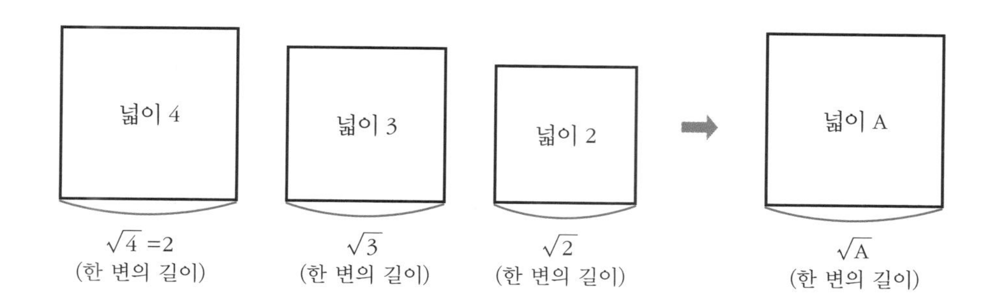

근호 안에 넓이를 넣어주는 것이죠. 그러면 $\sqrt{A}$는 넓이가 A인 정사각형의 한 변의 길이이고, 그것이 바로 제곱근입니다.

무작정 새로운 기호를 제시하며 "이러저러한 것을 이렇게 나타낸다"는 식으로 강요하는 훈련training이 아니라, 이미 알고 있는 것을 토대로 그 의미를 천천히 머릿속에서 그려볼 수 있도록 안내하는 교육education을 하자는 겁니다.

이제 이 원리를 분수 기호의 도입에도 적용해보겠습니다. 시작해볼까요?

보기 | 샌드위치 6개를 3명이 똑같이 나누어 먹을 때 한 사람의 몫은?

분수를 읽어볼까요?

$$4 \div 2 = \frac{4}{2} \qquad 4 \div 2 \rightarrow \frac{4}{2}$$

나눗셈 4÷2를 분수 $\frac{4}{2}$로 쓰고 '2분의 4'라고 읽습니다. 이때 4를 '분자', 2를 '분모'라고 합니다.

그냥 빨간색 연필로 빈칸만 채우면 됩니다. 아이들이 나눗셈기호 ÷를 분수기호 ―로 바꾸면서 나눗셈의 뜻을 분수에 적용할 수 있다는 것을 깨닫게 하자는 의도입니다. 나눗셈기호 ÷의 윗점에 나누어지는수(피제수)를, 아랫점에 나누는수(제수)를 놓으면 간단히 분수를 만들 수 있습니다. 분자와 분모가, 각각 나눗셈의 피제수와 제수와 연계되는 것을 직접 실행하는 겁니다. 잘라서 조각을 내는 것과 같은 분할 활동은 필요 없습니다.

그러니까 똑같이 나누어주는 분배 상황에서 한 사람의 몫을 뜻하는 나눗셈이 곧 분수입니다. 제수가 1일 때의 피제수 값이라는 겁니다. 정말 쉽죠? 이미 알고 있는 나눗셈기호를 활용하여 분수기호를 도입하였으니 처음 분수를 접했으나 그리 낯설지도 않아요.

나눗셈의 몫이 자연수 2라는 것은 지금 그리 중요하지 않아요. 큰 의미를 부여할 필요도 없습니다. 물론 자연수 2를 분수 $\frac{6}{3}$으로도 나타낼 수 있다는 것은 말해줍니다. 3년이 지난 후 이런 수가 유리수라는 것을 알게 되겠죠. 하지만 지금은 유리수라는 용어를 사용할 필요가 없으니 그것까지 몰라도 됩니다. 아무튼 이런 방식으로 분수기호를 도입하면, 아이들은 분수가 나눗셈의 또 다른 표기라는 것을 깨달으면서 부지불식간에 유리수 세계로 한 걸음 슬며시 내딛게 되는 겁니다. 분수로 나타내는 연습을 조금 더 해볼까요?

활동 예시 2 도넛을 사람 수대로 똑같이 나누어 먹을 때 한 명의 몫은?

	나눗셈	분수	읽기
보기	2 ÷ 4	$\frac{2}{4}$	4분의 2

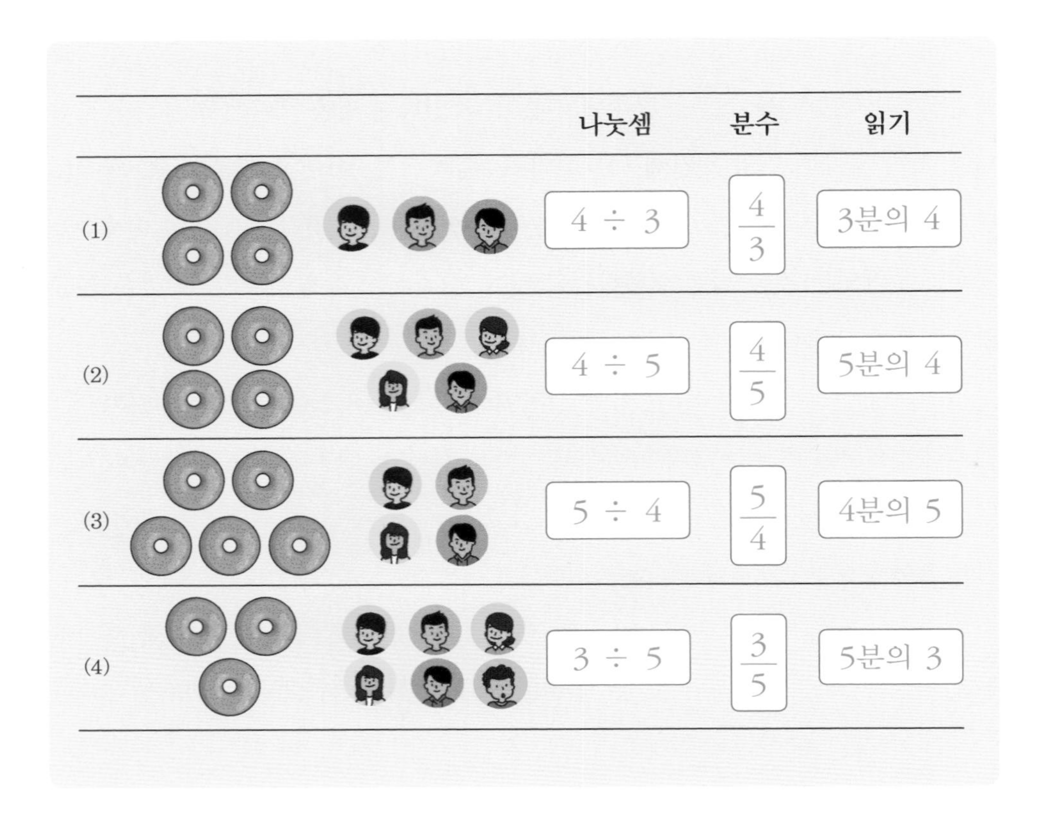

나눗셈을 분수로 나타냅니다. 그런데 이번에는 나눗셈 결과가 자연수가 아니네요. 분수 $\frac{4}{3}$, $\frac{4}{5}$, $\frac{5}{4}$, $\frac{3}{5}$은 자연수가 아니라는 것이죠. 어떤 수일까요? 하지만 지금은 그냥 분수라고 한다는 것만 알면 충분합니다. 그러고 보니 분수는 자연수일 수도 있지만 아닐 수도 있네요. 처음부터 너무 많은 것을 생각하지 맙시다. 지금은 그저 나눗셈으로부터 분자와 분모만 구별해서 분수로 나타낼 수만 있으면 충분합니다.

수학이야기 12

번지수를 잘못 짚은 분수 도입

색종이를 여러 가지 방법으로 똑같이 넷으로 나누어 봅시다.

저는 이렇게 나누었어요.

3학년 1학기 수학 교과서 113쪽

우리 교과서의 분수 단원은 첫 부분에서 분수는 안 보이고 엉뚱하게 자르기 활동부터 시작한다. 주어진 정사각형을 네 조각으로 똑같이 나누는 활동이다. 아마도 이후에 진행할 분수 $\frac{1}{4}$을 나타내는 활동을 미리 제시한 것으로 보이는데, 이는 분수를 전체-부분의 관계로 설정한 영어의 fraction의 번역어로 본 것이다.

하지만 미국 교과서에서도 fraction을 가르치기 위해 아이들에게 자르기를 지시하지는 않는다. 분수를 처음 배우는 아이들에게 등분 활동 자체가 감당하기 어려운 과제이기 때문이다. 이미 등분된 도형을 제시하거나 또는 직관적으로 눈으로 보아 등분이 되었는지를 확인하는 정도에 그친다.

등분 활동은 우리 아이들에게도 부담이 될 수밖에 없다. 아직 도형의 넓이 구하기를 배우지 않아 넓이 개념이 형성되지 않았기 때문이다. 뿐만 아니라 분수 $\frac{1}{4}$을 나타내기 위한 등분은 다음 그림에서 보듯 그리 간단치가 않다.

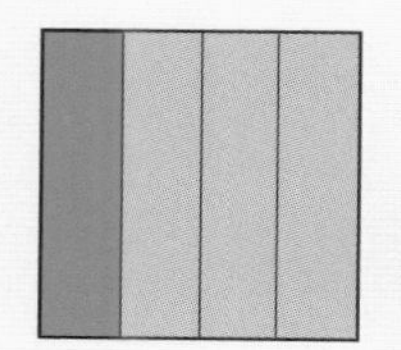
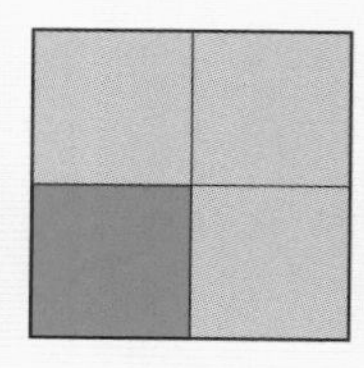
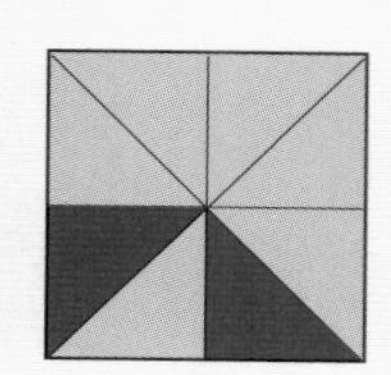
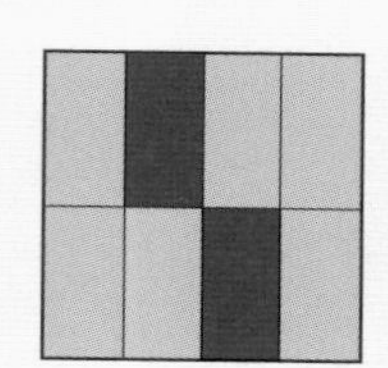
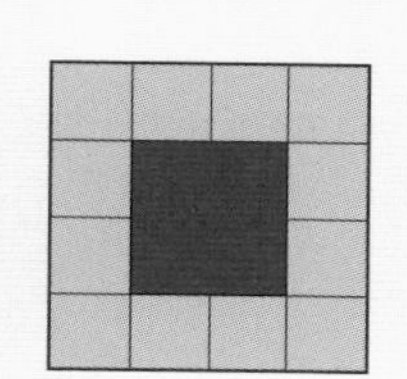

처음 두 개의 정사각형에서는 색칠한 부분이 분수 $\frac{1}{4}$임을 쉽게 파악할 수 있다. 같은 모양과 같은 크기(합동)인 4개의 도형 가운데 하나이기 때문이다. 하지만 그 다음 두 정사각형은 8등분한 조각 중에서 2개이고, 마지막 정사각형은 16등분한 조각 중에서 4개가 색칠되어 있다.

물론 모두 분수 $\frac{1}{4}$로 나타낼 수 있다. 따라서 중요한 것은 이 모든 상황을 분수 $\frac{1}{4}$로 표기할 수 있다는 것을 파악하는 것이다. 하지만 이와 같은 분수 표기 능력은 점진적인 단계를 거쳐 천천히 분수 개념의 형성과 함께 이루어진다. 따라서 분수 도입 초기에 등분 활동을 제시하는 것은 속된 말로 번지수를 잘못 짚었다고밖에 표현할 길이 없다. 이는 미국 교과서를 그대로 따랐던 50년대 교과서에도 없다.

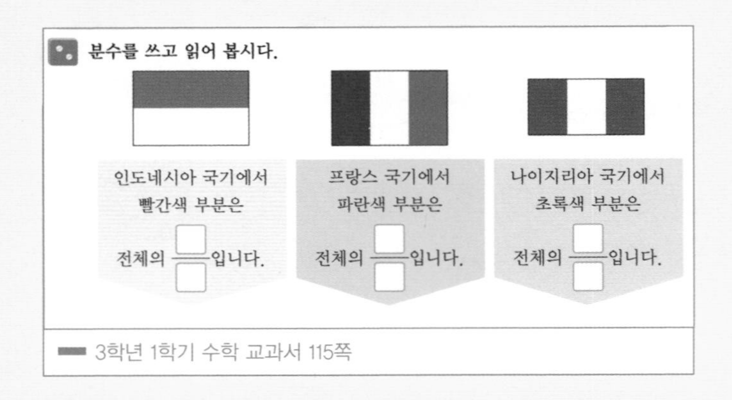

3학년 1학기 수학 교과서 115쪽

분수는 분명 새로운 수학적 기호다. 그러므로 분수 단원에서 분수기호의 도입을 등한시해서는 안 된다. 그럼에도 그림에서처럼 우리 교과서의 분수 문제에는 매우 친절하게도 분수기호인 선분을 미리 제시해놓았다. 아이들은 숫자만 채우면 되므로, 분수기호를 직접 사용할 기회를 가질 수 없게 만들어놓은 것이다. 이는 덧셈식 쓰기를 처음 배우는 아이들에게 미리 덧셈기호를 제시해놓고 숫자만 쓰라는 것과 같다. 이처럼 우리의 분수 교과서는 처음부터 무엇이 핵심내용인지를 제대로 파악하지 못한 것으로 보인다. 정말 번지수를 잘못 짚었다.

08

어려운 분수, 어떻게 쉽게 가르칠까

② 분자와 분모의 의미

분수기호를 나눗셈기호와 관련지으면서 분모와 분자를 제대로 파악하는 활동이 함께 이루어져야 합니다. 물론 이때도 아이가 스스로 사고할 수 있는 활동을 제공하면서 천천히 진행하도록 합니다. 다음은 이를 위한 활동입니다.

활동 예시 3 도넛 한 개를 똑같이 나누어 먹을 때 한 사람의 몫을 보기와 같이 색칠하고 빈칸을 채우시오.

			나눗셈	분수	읽기
보기		2명	1 ÷ 2	$\frac{1}{2}$	2분의 1

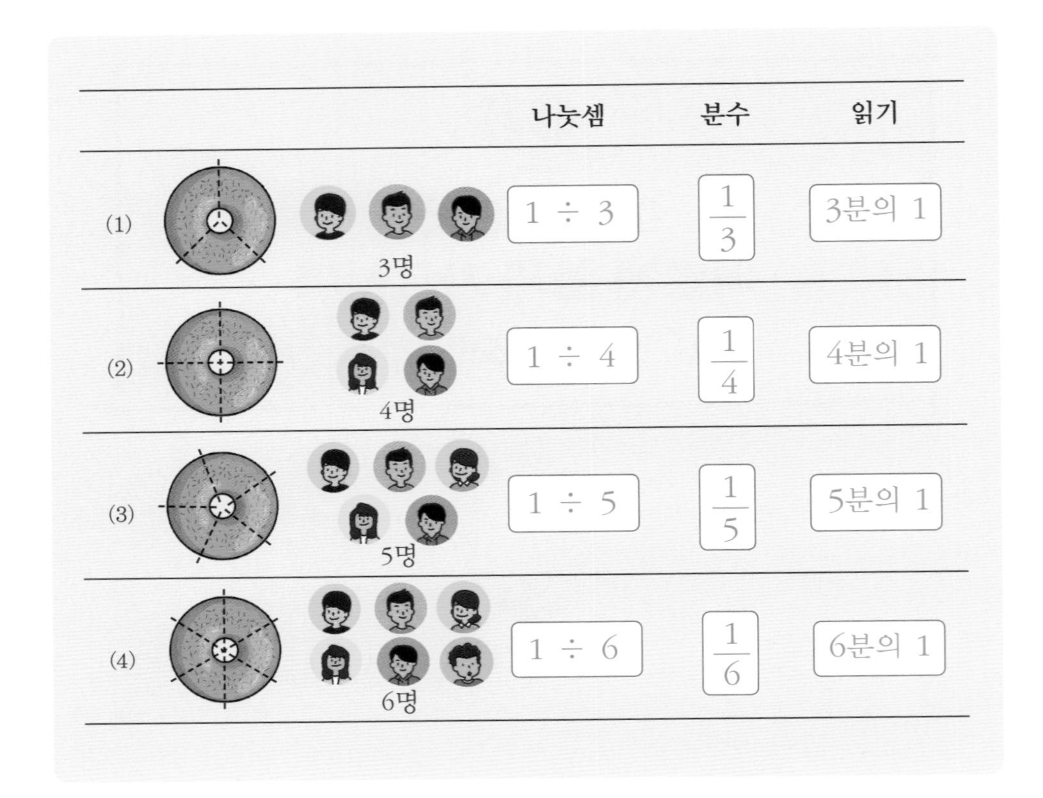

	나눗셈	분수	읽기
(1) 3명	1 ÷ 3	$\frac{1}{3}$	3분의 1
(2) 4명	1 ÷ 4	$\frac{1}{4}$	4분의 1
(3) 5명	1 ÷ 5	$\frac{1}{5}$	5분의 1
(4) 6명	1 ÷ 6	$\frac{1}{6}$	6분의 1

앞의 문제와 형식은 같지만 훨씬 간단합니다. 도넛이 한 개밖에 없으니까요. 이 문제는 분자가 1인 분수, 즉 단위분수를 익히는 것이 목표입니다. 분자가 1로 고정되어 있으니 분모가 증가하는 패턴을 파악하는 것에 초점을 두려는 것입니다.

그렇다고 우리 교과서처럼 무조건 잘라야 하는 '분할 상황'을 제시한 것이 아닙니다. 물론 분할을 해야 하지만, 사람 수만큼 똑같이 나눠 갖기 위한 '분배 상황'의 문제를 해결하기 위한 분할입니다. 그러니까 여기서도 영어의 fraction과는 전혀 관련이 없습니다.

사람 수만큼 똑같이 나누어 갖는 분배 상황은 역시 나눗셈으로 나타낼 수 있습니다. 이때 사람 수, 즉 분모가 커지면서 몫이 줄어드는 것을 그림에서 확인할 수 있습니다. 한 사람의 몫을 색칠하게도록 하는 이유입니다.

이 활동을 제시한 의도는 분명합니다. 전체를 몇 등분하는가를 나타내는 분모를 먼저 이해하고 나서 분자의 이해로 이어지는 점진적인 단계를 밟아 나아가기 위한 겁니다. 분자와 분모를 동시에 제시하여 분수를 이해하기 어렵게 만들 이유가 없으니까요. 이제 단위분수를 기점으로 분자가 1보다 큰 분수를 도입할 차례입니다.

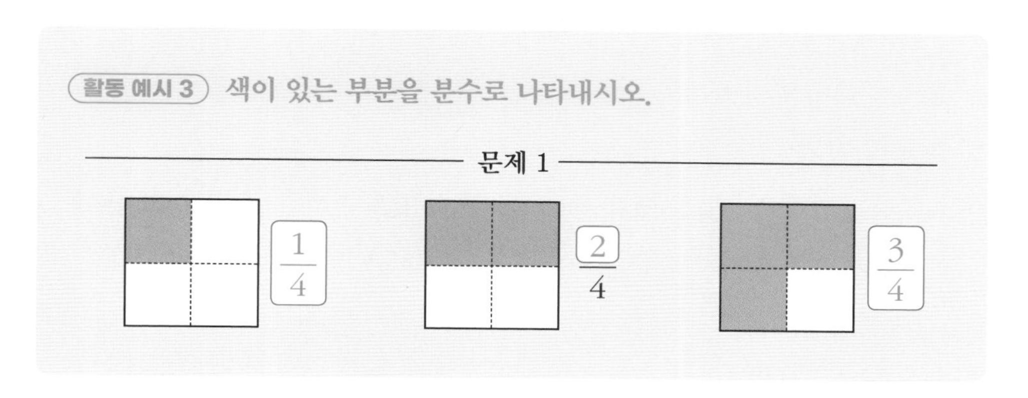

4조각 가운데 1조각이라는 분할이지만, 이미 앞에서 한 개를 4명이 똑같이 나눠 갖는 분배 상황과 동일하다는 것을 충분히 경험한 바 있습니다. 따라서 단위분수 $\frac{1}{4}$로 나타내는 것은 어렵지 않습니다. 두 번째 정사각형에서 분모 4를 제시한 것에 주목하세요. 앞의 것과의 차이는 색칠한 부분이 2개라는 것, 그리고 이는 즉각 분자에 반영된다는 것을 깨달을 수 있습니다. 스스로 $\frac{2}{4}$라고 표기하도록 유도하는 것이죠. 그 다음 정사각형의 색칠한 부분 3개를 분수 $\frac{3}{4}$으로 나타낼 수 있는 것은 자연스러운 반응일 겁니다.

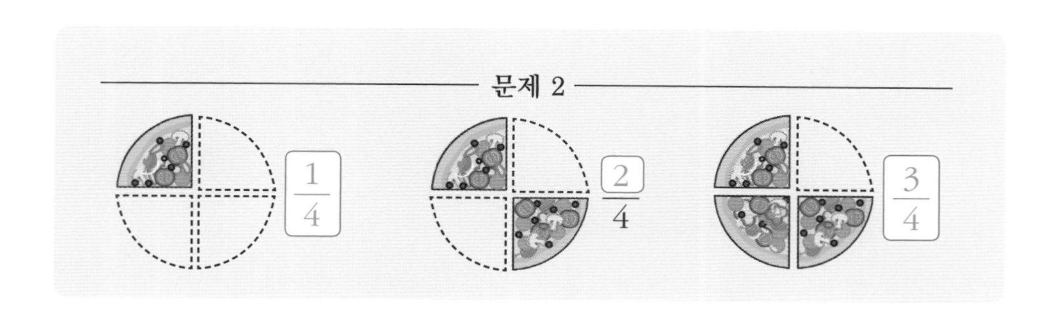

삽화에 주목하세요. 그냥 달걀 4개가 아니라, 달걀이 달걀판 위에 놓인 채로 제시되어 있습니다. 의도를 눈치챘을까요? 앞의 정사각형 이미지를 그대로 연결하려는 겁니다.[10] 달걀 4개를 달걀판 전체를 4등분한 것으로 인식하게 하여 인지 갈등을 최소화하려는 것입니다.

즉, 달걀 1개는 달걀판 전체를 4사람이 똑같이 나눈 1조각과 동일시할 수 있고, 따라서 앞의 문제와 다르지 않아요. 한 개의 노란색 달걀은 네 조각 가운데 한 조각과 같으므로 역시 분수 $\frac{1}{4}$로 나타낼 수 있습니다.

노란색 달걀이 2개와 3개인 경우, 앞에서와 같이 분모는 그대로이고 분자만 바뀌면 되므로 각각 분수 $\frac{2}{4}$와 $\frac{3}{4}$으로 표기하는 것은 어렵지 않습니다.

위 활동에서 분모가 같은 분수의 덧셈을, $\frac{2}{4} = \frac{1}{4} + \frac{1}{4}$이고 $\frac{3}{4} = \frac{1}{4} + \frac{1}{4} + \frac{1}{4}$과 같이 단위분수의 합으로 나타낼 수 있습니다. 물론 아직 덧셈기호로 나타낼 필요는 없고, 연산은 이후에 등장합니다. 하지만 이 활동을 통해 분수의 덧셈 개념이 조금씩 머릿속에서 만들어집니다.

분수로 나타내기는 어렵지 않지만, 앞에서 언급했던 분수의 특징을 떠올려보세요. 같은 값을 갖는 분수가 무한개 있다는 사실 때문에 조금 어려울 수 있습니다. 그래서 다음과 같은 문제가 필요합니다.

10 수학에서는 이를 연속량과 이산량으로 구분한다. 이 절의 마지막에 이에 대한 설명을 참조하라.

활동 예시 4 색칠한 부분을 두 개의 분수로 나타내시오.

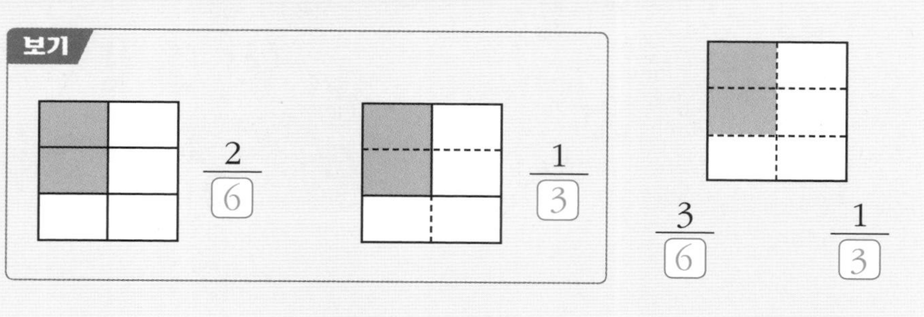

분자가 2인 분수입니다. 색칠한 조각이 2개라는 것이죠. 아이들은 전체 조각의 개수가 6이라는 것을 쉽게 파악할 수 있으므로 분수 $\frac{2}{6}$로 나타내면 됩니다. 그런데 그 옆에 있는 분수는 분자가 1입니다. 색칠한 2조각을 1묶음으로 하자는 겁니다. 전체 묶음 수가 3개이므로 분수 $\frac{1}{3}$로 나타내는 것도 어렵지 않게 할 수 있습니다. 그 옆에 있는 문제도 다르지 않네요. $\frac{3}{6}$과 $\frac{1}{2}$로 나타내면 됩니다. 여기서는 분자의 의미를 파악하는 것이 중요합니다. 아울러 같은 양을 표기하는 분수 표기가 여럿 있다는 것도 확인할 수 있었습니다.

활동 예시 5 토끼가 얼마나 있는지 두 개의 분수로 나타내시오.

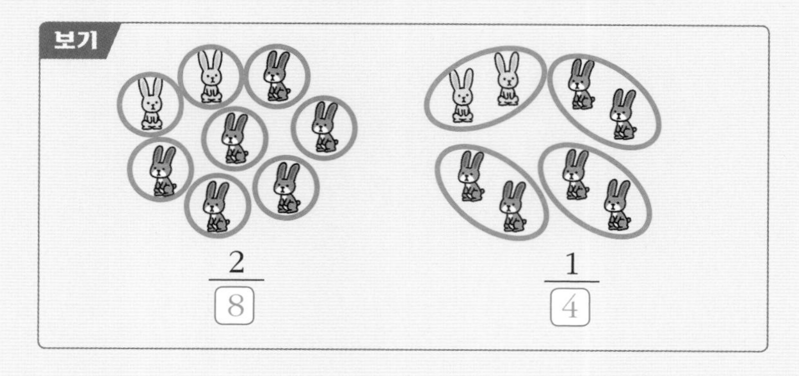

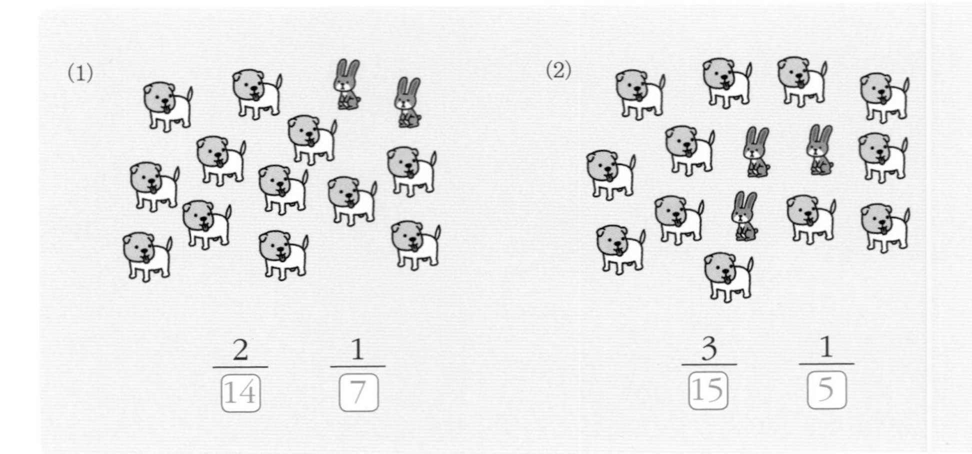

문제에서 "토끼가 얼마나 있는지"라는 구절에 주목하세요. '수량'이라는 용어를 아이들 수준에 적합하게 순화한 표현입니다. '몇 마리'라고 자연수를 이용하여 헤아리는 것이 아니니까요.

토끼와 강아지가 함께 있는 상황에서 토끼의 수량을 분수로 나타낼 때, 각각 한 마리씩 또는 두 마리씩 묶을 수도 있다는 것을 분자에서 확인하도록 합니다. 앞의 문제에 이어 제시한다면 아이들은 어렵지 않게 답할 수 있습니다. 이제 아이들은 분모와 분자가 무엇을 뜻하는지 어느 정도 알게 되었습니다. 분수 표기를 이렇게 순차적으로 연습한다면 그렇다는 겁니다.

이산량과 연속량의 구별?

우리 교과서의 분수는 1학기에 연속량을, 2학기에는 이산량을 구분하여 다룬다고 하였다.

연속량은 연필의 길이, 키, 몸무게, 시간, 도형의 넓이, 그릇의 부피 등과 같은 측정값을 말한다. 반면에 이산량은 바구니에 담긴 사과 개수, 달걀 개수, 책의 쪽수, 별의 개수 등과 같이 일일이 헤아릴 수 있는 수를 말한다.

따라서 이산량은 자연수로 나타낼 수 있지만, 연속량은 키를 예로 들면 170.2cm와 같이 소수를 이용하여 나타내기도 한다. 이때 키를 나타내는 측정값은 참값이 아니라 반올림한 근삿값이며, 이는 3학년 아이들이 이해할 수 없는 개념이다.

분수를 배우는 시점에 아이들의 수 세계는 자연수 범위에 있음을 앞에서 여러 번 언급한 바 있다. 그럼에도 1학기에 자연수의 범위를 벗어난 연속량을, 2학기에는 다시 자연수 범위에 있는 이산량을 분수 도입을 위해 제시하는 이유는 무엇일까?

1학기에서 분수를 도입할 때 등분, 즉 똑같이 나누는 활동에서 똑같다는 것은 넓이가 같다는 것을 뜻하기 때문에 연속량을 도입한 것으로 보인다. 그런데 이는 아이들의 수준을 고려하지 않았음을 스스로 고백한 것이나 마찬가지다. 아이들은 아직 넓이를 배우지 않았기 때문이다. 넓이 개념이 형성되지 않은 아이들은 결국 똑같다는 것을 모양과 크기가 같아 겹쳐지는 합동인 것으로 인식할 수밖에 없다. 그 때문에 아이들은 다음 그림에 제시된 정사각형에서 빨간색으로 색칠한 부분과 파란색으로 색칠한 부분의 넓이가 같다는 것을 이해하기 어렵다. 때문에 모양이 다른데 넓이가 어떻게 같을 수 있느냐는 아이들의 반응은 지극히 자연스러운 현상이다. 따라서 아이들 대부분은 이 그림을 보고 빨간색과 파란색으로 색칠한 부분이 똑같은 분수 $\frac{1}{4}$로 표기될 수 있다는 사실을 받아들이는 데 어려움을 겪을 수밖에 없다.

같은 넓이로 분할된 도형을 제시했을 때 아이들은 실제로 넓이가 아니라 잘려진 조각의 개수에 의해 분수를 표기한다. 넓이 개념이 형성되지 않았고 오직 자연수밖에 모르니 당연하다.

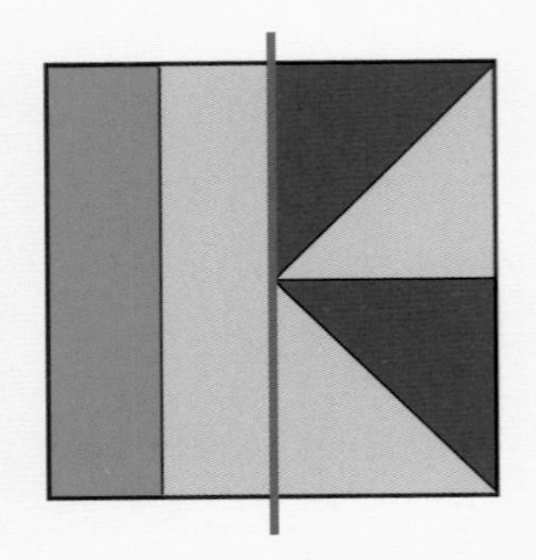

앞에서 분수 도입을 위한 분할 활동이 아이들에게는 쓸데없는 부담만 가중시키고 아무런 의미가 없는 헛고생에 지나지 않는다고 지적한 것은 이 때문이다. 연속량의 모델에 의해 분수를 가르칠 수 있다는 것은 오직 어른들 입장일 뿐, 실제 아이들에게는 개수 세기에 지나지 않는다.

그럼에도 도형의 등분이 등장하는 이유는 무엇 때문일까? 도형의 등분은 필요없다는 것일까? 그렇지 않다. 기하학적 도형의 등분은 조각 낸 전체를 한눈에 알아볼 수 있어 분수 개념을 이해하는 데 필요하다. 분자와 분모를 처음 익힐 때 편리하다. 그렇다고 이산량과 분리해서는 안 된다.

우리 교과서는 이 사실을 간과하고 1학기의 연속량과 분리하여 2학기에 이산량에 의해 분수를 제시함으로써 현장의 선생님들과 아이들을 더욱 곤경에 빠뜨리게 한다. 다음은 그 대표적인 교과서 문제다.

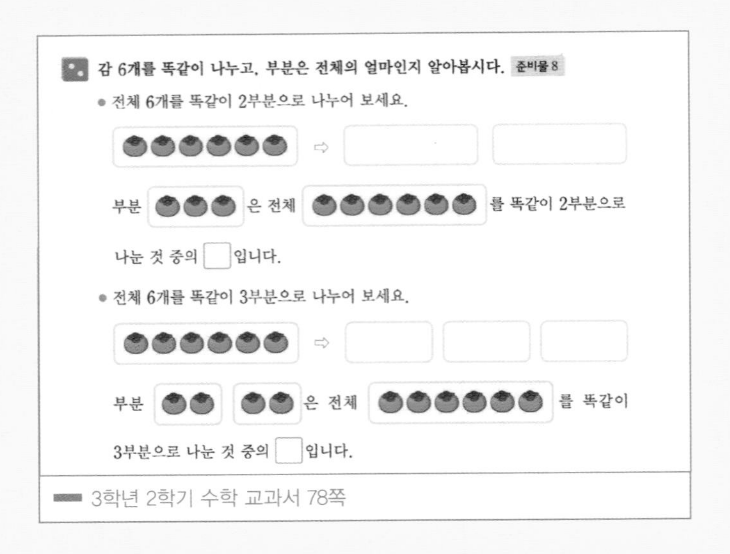

감 6개를 똑같이 나누고, 부분은 전체의 얼마인지 알아봅시다. 준비물 8

- 전체 6개를 똑같이 2부분으로 나누어 보세요.

부분 은 전체 를 똑같이 2부분으로 나눈 것 중의 □ 입니다.

- 전체 6개를 똑같이 3부분으로 나누어 보세요.

부분 은 전체 를 똑같이 3부분으로 나눈 것 중의 □ 입니다.

3학년 2학기 수학 교과서 78쪽

문제를 읽어 내려가는 것이 이렇게 어려울 수가! 하나의 문장에 그림과 문자를 뒤섞어 놓아 가독성이 형편없다고 느끼는 것은 필자만의 생각일까? 과연 3학년 아이들이 이 문장을 이해할 수 있을까?

문제의 의도는 충분히 이해할 수 있다. 이어지는 다음 문제에서와 같이 분수로 표기하는 것을 알려주

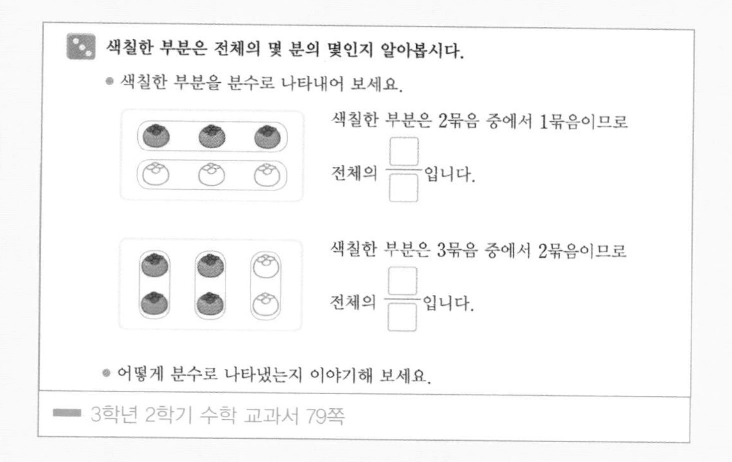
색칠한 부분은 전체의 몇 분의 몇인지 알아봅시다.

- 색칠한 부분을 분수로 나타내어 보세요.

색칠한 부분은 2묶음 중에서 1묶음이므로

전체의 $\frac{\square}{\square}$입니다.

색칠한 부분은 3묶음 중에서 2묶음이므로

전체의 $\frac{\square}{\square}$입니다.

- 어떻게 분수로 나타냈는지 이야기해 보세요.

3학년 2학기 수학 교과서 79쪽

겠다는 것이다. 그런데 참 어렵다! 분수가 아니라 문제를 제시하는 순서, 흐름, 문장이 모두 어렵다.

연속량과 이산량은 다음과 같이 함께 제시되어야만 효과를 발할 수 있다. 분리하지 말라는 것이다. 이와 같은 형식의 문제를 접한 아이들은 교과서에서 의도했던 분수 표기를 그리 어렵지 않게 해결할 수 있다. 그럼에도 우리의 교과서는 이런 형식을 배제한 채 왜 어려운 길을 택했을까?

미국 교과서와 같이 첫 단추를 잘못 꿰었던 것이다. 분수라고 읽으면서 fraction으로 생각하여 분할에 초점을 두었고, 이어서 이산량과 연속량을 구별(3학년 아이들에게는 적합하지 않음에도)해야 한다는 강박관념에 사로잡혀 기형적인 문제가 선을 보인 것이다. 한 번 길을 잘못 들면 엉뚱한 방향으로 향할 수밖에 없는 현상은 수학문제 풀이나 증명뿐만이 아니라 문제 출제에서도 나타난다.

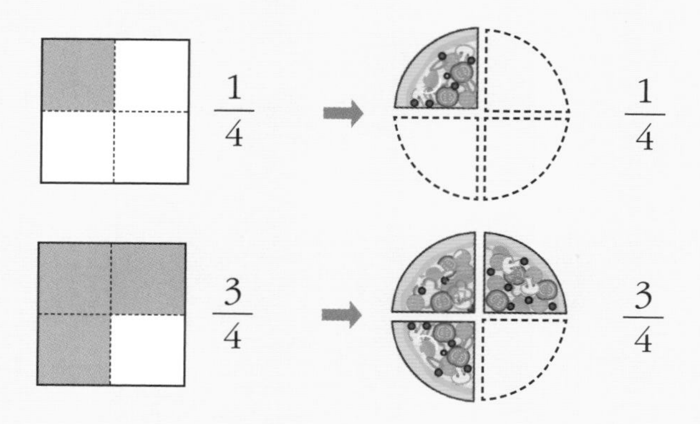

09

어려운 분수, 어떻게 쉽게 가르칠까

③ 분수가 나타내는 양

지금까지 분수를 처음 접하는 3학년 아이가 배워야 할 분수의 핵심 내용을 설명하였습니다. 정리하면 다음과 같습니다.

우선 분수기호를 나눗셈으로부터 도입하여 나눗셈과 연계하였습니다. 나눗셈 결과는 제수가 1일 때의 몫을 뜻하므로, 분수도 같은 뜻으로 받아들이도록 의도한 겁니다. 이를 분배 상황에 적용하여 한 사람의 몫을 구하는 것이죠. 그리고 이와 같은 분수 개념은 고대 이집트인들의 분수와도 맥을 같이 합니다.

그 후에 분자와 분모가 무엇을 뜻하는지 이해하도록 초점을 두었습니다. 분자가 1인 단위분수를 통해 분모의 의미를 확인하고 나서, 이를 토대로 분자가 1보다 큰 분수의 표기로 이어졌습니다.

그리고 같은 양을 나타내는 분수가 여럿 있을 수 있음을 확인했죠. 분할된 조각

하나하나를 세어 분모로 삼을 수도 있지만, 묶음을 단위로 하는 분모도 만들 수 있었습니다.

이제까지 주어진 양을 분수로 표기하는 데 중점을 두었다면, 지금부터는 주어진 분수에 해당하는 양을 구하는 문제입니다. 이를 능숙하게 처리할 수 있으면 분수 표기에 대한 학습은 거의 마무리되었다고 할 수 있습니다. 다음 문제에서 이를 확인해봅시다.

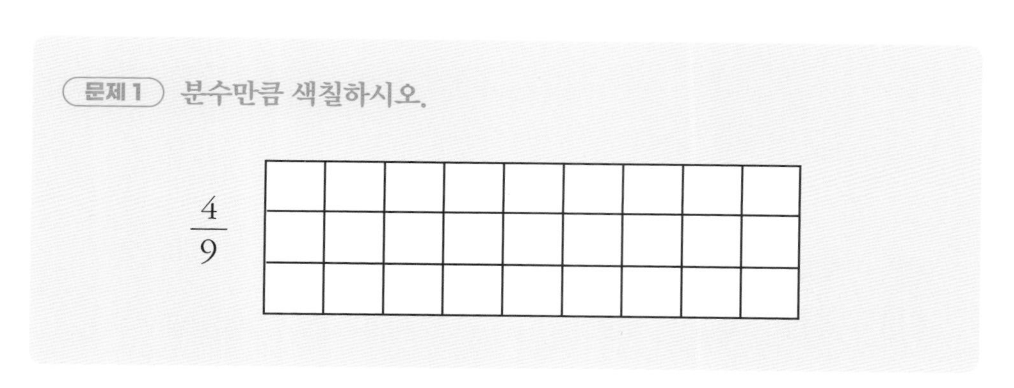

모두 27개의 정사각형 모눈이 있는 직사각형에서 분수 $\frac{4}{9}$에 해당하는 양을 구하는 문제입니다. 먼저 분모 9라는 사실에 주목해야 합니다. 즉, 분모가 9이므로 전체를 9등분해야 합니다. 따라서 전체 모눈 27개를 9등분하는 나눗셈에 의해 한 묶음의 모눈 개수 3개를 구합니다. 분수와 나눗셈의 연계가 중요한 이유를 이제 아시겠죠? 분자가 4이므로 4묶음인 12개의 모눈이 분수 $\frac{4}{9}$에 해당하는 양입니다.

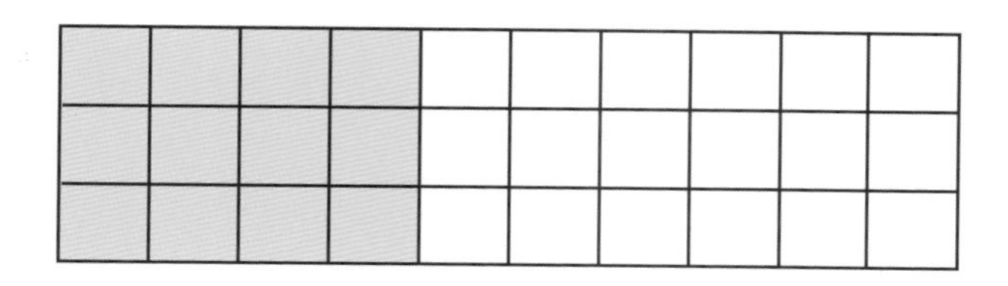

분수 $\frac{4}{9}$에 해당하는 양을 색칠할 때 반드시 위와 같이 함께 색칠할 필요는 없습니다. 한 묶음이 모눈 3개씩인 4묶음을 다음 그림과 같이 색칠해도 됩니다.

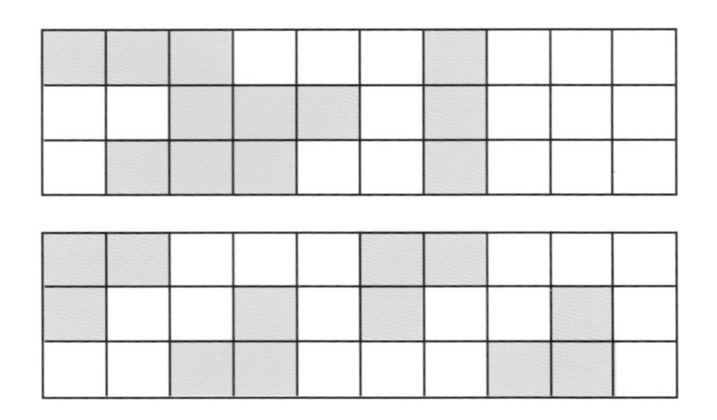

주어진 분수에 해당하는 양을 구하는 활동은 대상이 다른 다음 문제에서도 실행할 수 있습니다.

예를 들어 분수 $\frac{3}{8}$에서 먼저 분모 8에 주목합니다. 전체 16마리를 8등분해야 하므로 16÷8=2라는 나눗셈이 문제의 핵심이니까요. 그 다음에 분자 3에 주목합니다. 한 묶음에 2마리씩 모두 3묶음, 즉 6마리가 필요하다는 것을 말해주니까요. 참 쉽죠? 이제 드디어 분수 표기가 마무리되었습니다.

수학이야기 14

교과서 문제가 이상하다?

아이들이 분수를 어렵다고 하는데, 교과서에서 가장 어려워한다는 대표적인 문제 두 개를 소개한다.

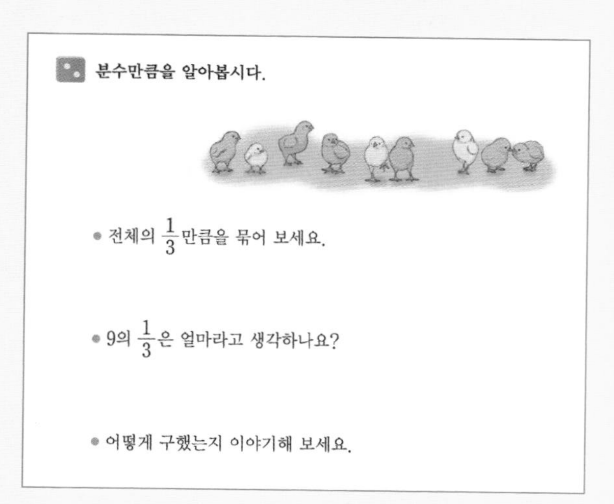
분수만큼을 알아봅시다.

- 전체의 $\frac{1}{3}$만큼을 묶어 보세요.
- 9의 $\frac{1}{3}$은 얼마라고 생각하나요?
- 어떻게 구했는지 이야기해 보세요.

역시 어렵다.

첫 번째 질문 "전체의 $\frac{1}{3}$만큼을 묶어 보세요."를 접한 아이들은 당연히 당혹감에 휩싸이게 된다.

문제의 핵심은 분수 $\frac{1}{3}$이 얼마인지, 즉 분수가 나타내는 양을 구하는 것이다. 그런데 처음부터 다짜고짜 $\frac{1}{3}$만큼 묶으라고 하니 어떻게 묶으라는 것인지 아이들은 그저 답답할 뿐이다. 이 질문은 다음 두 번째 질문 "9의 $\frac{1}{3}$은 얼마라고 생각하나요?"와 다르지 않다. 첫 번째 질문에 답할 수 있으면 두 번째 질문은 필요 없는 사족임에도 똑같은 문제를 두 번 제시한 것이다. 문장 속의 "생각하나요?"라는 쓸데없는 구절은 차치하고라도. 이 문제는 다음과 같은 문장으로 기술해야 한다.

- 전체를 똑같이 3부분으로 묶어 보세요.
- 9마리의 $\frac{1}{3}$은 얼마입니까?

분수 $\frac{1}{3}$에서 분모 3의 의미를 먼저 파악할 수 있는 기회를 제공해야 한다. 그럼에도 느닷없이 "전체의 $\frac{1}{3}$만큼을 묶어 보세요."라고 하니 당황할 수밖에 없지 않은가. 분수와 나눗셈의 밀접한 관계를 의도적으로 거부하는 이유를 이해하기 어렵다. 마지막 질문인 "어떻게 구했는지 이야기해 보세요."는 실소를 자아낸다.

이 문제는 앞의 본문에서 직사각형을 대상으로 분수 $\frac{4}{9}$에 해당하는 양을 색칠하는 문제와 같다. 분모의 파악, 즉 분모는 전체 개수를 똑같이 나누는 나눗셈의 제수라는 사실을 이해하는 것이 핵심이다. 묶는 것이 무엇인지를 자연스럽게 터득하고 나서 앞의 본문에 제시된 마지막 문제로 이어지는 것이 올바른 순서다.

이어지는 교과서의 다음 문제도 황당하기는 마찬가지다.

□ 안에 알맞은 수를 써넣어 봅시다.

- 8의 $\frac{1}{4}$은 □입니다.
- 8의 $\frac{3}{4}$은 □입니다.

분수에 해당하는 양을 구하는 문제 풀이의 핵심은 분모와 분자의 숫자가 각각 무엇을 뜻하는지에 대한 이해가 선행되어야 한다. 분모가 전체를 똑같이 나눈 것을 의미하므로, 이 문제에서도 전체 토끼 8마리를 분모 4로 나누는 과정이 필요하다. 그 결과 2마리씩의 묶음이 각각 1묶음과 3묶음이라는 분자의 의미도 확인해야 한다.

하지만 교과서의 문제에서 그런 의도를 발견할 수가 없다. 단지 문제를 위한 문제로 제시되어, 배우는 아이와 가르치는 선생님을 곤혹스러운 상황에 놓이게 만든다. 수학이 어려운 것이 아니라 교과서가 어렵다는 것이다.

그런데 이 문제에는 또 다른 문제점이 있다. 역시 문제가 문제인 것이다. "8의 $\frac{3}{4}$은 얼마인가?"라는 문장이 비문非文이기 때문이다. '8의 $\frac{3}{4}$'에서 '의'라는 조사가 곱셈을 뜻한다고 해석할 어떤 근거도 없다. 과문한 탓인지 그런 수학적 문장의 사례를 접한 적이 없다.

예를 들어 "100의 2는 얼마인가?"라는 질문에 답해보라. 과연 200이라고 답할 수 있을까? $\frac{2}{100}$라고 답하면 틀린 것일까? 이 문장에서 조사 '의'가 곱셈이므로 $100 \times 2 = 200$이라는 근거를 찾을 수 없다.

만일 문제의 의도가 곱셈을 뜻한다면 다음과 같이 명확하게 제시했어야 했다.

"100의 2배는 얼마인가?" 또는 "100 곱하기 2는 얼마인가?"

'100의 2'를 곱이라고 주장할 근거는 어디에도 없고, 문법에도 맞지 않는 비문非文이며 수학적으로 올바른 문장도 아니다.

그렇다면 어떻게 해야 할까? '9의 $\frac{1}{3}$'과 '8의 $\frac{3}{4}$'은 다음과 같이 수정되어야 마땅하다.

"병아리 9마리의 $\frac{1}{3}$은 몇 마리인가?"

"토끼 8마리의 $\frac{3}{4}$은 몇 마리인가?"

사실 이는 앞에서 보았던 직사각형에서 주어진 분수만큼 색칠하는 문제, 즉 "전체의 $\frac{1}{3}$을 색칠하시오."와 다르지 않다. 이 경우에는 직사각형에서 '전체'가 무엇인지 제시된 그림을 통해 한눈에 파악할 수가 있다. 그렇다면 위의 문제도 "병아리 9마리의 $\frac{1}{3}$, 그리고 토끼 8마리의 $\frac{3}{4}$은 몇 마리인가?"라고 전체를 명확하게 제시했어야 마땅하다.

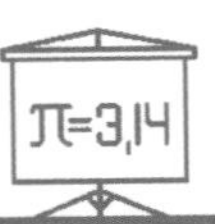

10

분수를 바라보는 새로운 안목

지금까지 〈분수, 제대로 배우면 어렵지 않다〉라는 제목 하에 분수 표기에 중점을 두어 살펴보았습니다. 분수라는 새로운 수학기호에 익숙해지기까지 상당히 많은 시간과 활동이 필요하다는 것을 알 수 있었죠. 사실은 앞서 언급한 것처럼 분수라는 용어를 사용하지만, 수학적으로는 유리수가 더 적절한 용어입니다. 따라서 아이들의 분수학습은 자연수의 세계에서 유리수의 세계로 들어서기 위한 준비 과정이라고 말할 수 있습니다. 분수 표기는 그래서 중요합니다. 분수라는 무기를 장착하고 자연수에서 확장된 새로운 유리수의 세계로 들어가게 되니까요.

분수 개념을 도입한 이후에 전개되는 분수 연산까지 자세히 설명하는 것은 책의 성격을 벗어나므로(이미 많이 벗어난 것 같지만) 이어서 출간되는 아이들을 위한 분수 교재를 참고하라는 약속만을 남기려고 합니다. 다만 유리수를 알려주는(물론 분수라는 이름으로) 하나의 모델을 소개하는 것으로 마지막을 대신하겠습니다. .

자연수를 표기하는 데 사용했던 수직선 모델은 다음과 같이 분수(유리수) 표기에도 사용할 수 있습니다.

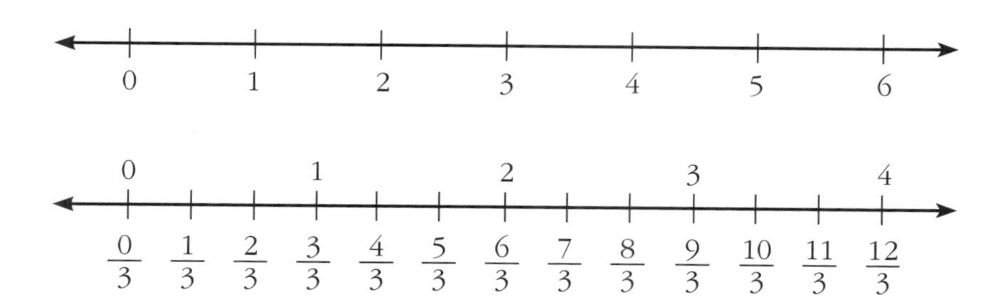

물론 수직선 모델 이전에 다양한 모델을 경험해야 합니다. 예를 들어 앞에서 보았던 직사각형이나 원과 같은 기하학적 도형과 막대모형과 같은 여러 종류의 모델을 충분히 경험하고 나서 수직선 모델을 제시해야 하니까요.

일단 수직선 위에 분수를 나타낼 수 있다면, 이제 비로소 분수는 자연수와 함께 어깨를 나란히 하며 새로운 수, 즉 유리수로서의 역할을 담당하게 됩니다. 그리고 유리수로서 덧셈과 뺄셈 그리고 곱셈과 나눗셈의 대상이 되는 것입니다. 수직선 모델은 이중에서도 덧셈과 뺄셈에 활용될 수 있으므로 매우 중요합니다.

뿐만 아니라 수직선 모델은 분수의 특성인 동치분수를 파악하는 데에도 사용할 수 있습니다. 예를 들어 분수 $\frac{4}{3}$는 단위 길이 1을 세 등분한 수직선 위에 다음과 같이 나타낼 수 있습니다.

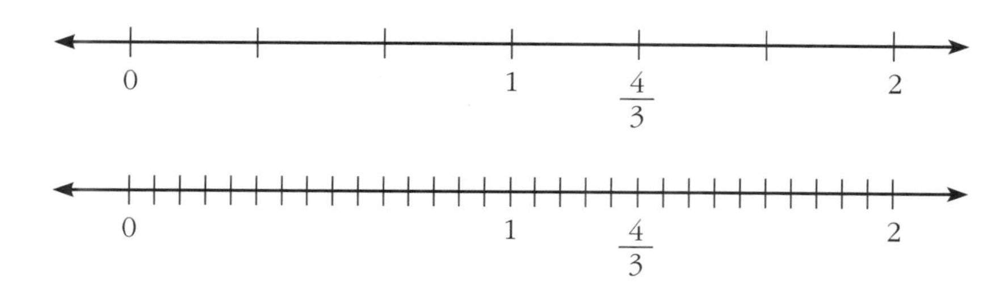

이때 $\frac{1}{3}$에 해당하는 구간을 다시 5등분하면 각 구간은 $\frac{1}{3 \times 5}$이라는 분수를 나타냅니다. 즉, 단위 길이 1의 수직선 위에 모두 15개의 구간을 만들 수 있는 것이죠. 그러므로 분수 $\frac{4}{3}$까지의 구간에는 모두 5×4개의 구간이 있으므로 다음이 성립합니다.

$$\frac{4}{3} = \frac{5 \times 4}{5 \times 3} = \frac{20}{15}$$

이제부터 드디어 분수를 이용하여 유리수라는 새로운 수의 세계인 신천지로 나아갈 수 있게 되었습니다. 분수라는 하나의 새로운 수학적 개념이 만들어지기까지의 과정이 얼마나 복잡하고 어려운가를 실감했을 겁니다. 분수 학습의 목표를 앞에서 인용한 프루스트가 남긴 다음 명언으로 대신해봅니다.

진짜 새로운 발견은 새로운 대상을 찾는 것이 아니라
새로운 안목을 갖는 것이다.
The real voyage of discovery consists not in seeking new landscapes
but in having new eyes.

★ 에필로그 ★

경마장에서 벗어나 푸른초원에서, 말은 달려야 한다

우리 아이들의 분수학습은 초등학교 3학년부터 6학년까지 다음과 같이 정해진 시간과 순서에 따라 진행되도록 빈틈없이 계획되어 있습니다.

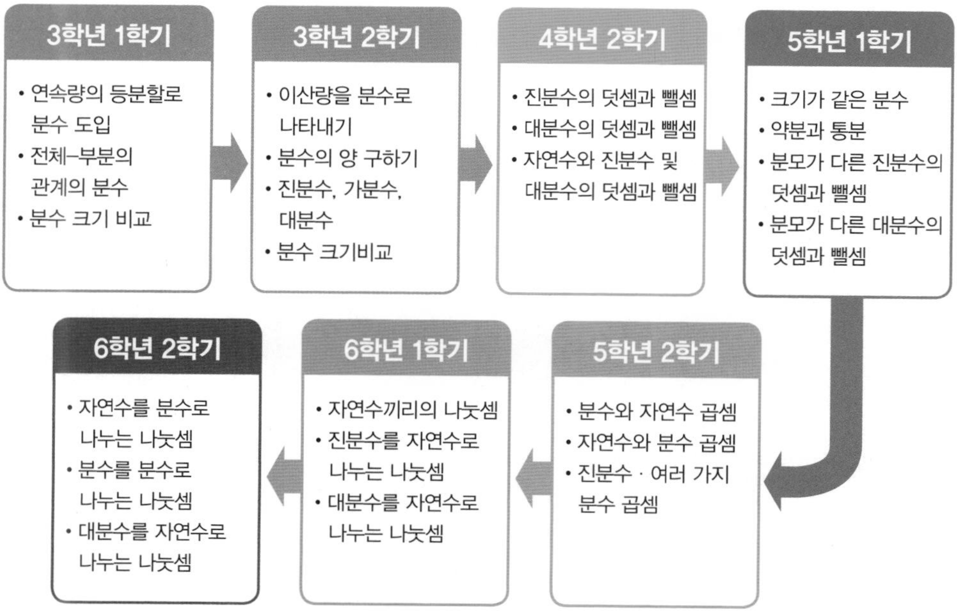

3학년 1학기
- 연속량의 등분할로 분수 도입
- 전체-부분의 관계의 분수
- 분수 크기 비교

→

3학년 2학기
- 이산량을 분수로 나타내기
- 분수의 양 구하기
- 진분수, 가분수, 대분수
- 분수 크기비교

→

4학년 2학기
- 진분수의 덧셈과 뺄셈
- 대분수의 덧셈과 뺄셈
- 자연수와 진분수 및 대분수의 덧셈과 뺄셈

→

5학년 1학기
- 크기가 같은 분수
- 약분과 통분
- 분모가 다른 진분수의 덧셈과 뺄셈
- 분모가 다른 대분수의 덧셈과 뺄셈

→

5학년 2학기
- 분수와 자연수 곱셈
- 자연수와 분수 곱셈
- 진분수 · 여러 가지 분수 곱셈

→

6학년 1학기
- 자연수끼리의 나눗셈
- 진분수를 자연수로 나누는 나눗셈
- 대분수를 자연수로 나누는 나눗셈

→

6학년 2학기
- 자연수를 분수로 나누는 나눗셈
- 분수를 분수로 나누는 나눗셈
- 대분수를 자연수로 나누는 나눗셈

이와 같이 학교에서 가르쳐야 할 내용을 체계적인 순서대로 시간표처럼 나열한 것을 '교육과정'이라고 합니다. 교육과정은 영어 curriculum의 번역어로 '경마장에서 말이 달리는 코스'를 뜻하는 라틴어 currere가 그 어원입니다.

그런데 경마장의 말들은 옆을 보지 못하도록 눈이 가리개로 덮여 있습니다. 그래서 오직 앞만 내다보며 뜨겁고 허연 콧김을 헉헉 내뿜으면서 숨차게 달려야만 합니다. 출발선이 잘못 그어져 있어도, 혹은 트랙이 중간에 엉켜 있어도 그저 앞만 보고 달려야 합니다. 왜 그래야 하는지 모른 채 말입니다.

우리나라의 분수 교육과정도 경마장의 코스와 다르지 않습니다. 3학년 1학기에서 등분할에 의한 연속량을, 2학기에는 이산량을 대상으로 하는 분수 개념을 배워야 합니다. 마지막에 배우는 분수 나눗셈도 6학년 1학기에는 나누는 수가 자연수, 2학기에는 나누는 수가 분수인 나눗셈으로 구분하여 배웁니다.

도중에 잠시 멈추어, 왜 그런지 의문을 갖거나 혹은 분수가 나눗셈과 관련이 있는지를 확인하기 위해 옆을 보아서도 안 됩니다. 이산량이 무엇이며 연속량이 무엇인지도 모른 채, 왜 나눗셈을 1학기와 2학기로 나누어 배워야 하는지도 모른 채,

그저 정해진 순서대로 계속 앞으로 나아가야만 합니다. 교육education이 아닌 훈련training을 마쳐야 합니다. 분수라는 이름으로 fraction을 도입한 것처럼 교육이라는 이름으로 훈련을 강요하기 때문입니다.

말은 달려야 합니다. 경마장의 트랙이 아닌 푸른 초원에서 달려야 합니다. 나무들이 빼곡하게 자란 산림에서 달릴 수 없기 때문에, 말에게는 맘껏 달릴 수 있는 초원이 필요합니다. 자연적으로 조성된 야초지든, 인간이 재배한 목초지든 드넓은 초원이 있어야 달릴 수 있습니다. 파란 하늘 아래 넓게 펼쳐진 초원에서 말이 힘차게 달리는 모습은 상상만으로도 가슴이 뻥 뚫리지 않나요.

우리는 이 책에서 말이 자유로이 달릴 수 있는 초원의 초지를 조성하는 마음으로, 우리 아이들에게 필요한 분수 학습의 장을 어떻게 마련할 것인지 살펴보았습니다. 분수라는 용어가 일반인들과 수학전문가들에게 어떻게 다르게 받아들여질 수 있는지 살펴보고자 블루투스라는 용어가 어떻게 만들어졌는지 추적해보았습니다. 인류에게 분수 개념이 왜 필요했는지 살펴보기 위해 시간과 공간을 훌쩍 뛰어넘어 고대 이집트 사회와 역사도 탐험했습니다. 그 결과 우리 아이들이 분수를 학습하는 장으로서의 교육과정에 어떤 결함이 있는지 알게 되었습니다. 이를 정정하기 위한 분수 도입의 몇 가지 방안도 마련했습니다.

이제 이를 토대로 아이들이 유리수라는 새로운 수의 세계로 나아갈 수 있는 힘을 기르기 위한 새로운 목초지를 조성할 차례입니다. 분수의 도입에서 출발하여 덧셈, 뺄셈, 곱셈, 나눗셈으로 이어지는 『박영훈의 똑똑한 분수』가 곧 세상의 빛을 볼 수 있기를 기대합니다.

이미지 저작권

4p 세계지도 by US Government, Central Intelligence Agency, Wikimedia Commons

24p 뉴욕시의 레드 빅 애플과 애플로고 by Rob Janoff, Wikimedia Commons

25p 아담과 이브 by Lucas Cranach the younger, Wikimedia Commons

46p 마름 by Eggmoon, Wikimedia Commons

57p 달러 by United States Mint, Wikimedia Commons

57p 쿼터 by United States Mint, Wikimedia Commons

57p 다임 by United States Mint, Wikimedia Commons

80p 「아이다」 공연 장면 by Christian Abend, Arena di Verona AIDA von Guiseppe Verdi, Wikimedia Commons

80p 프타 신 by Jeff Dahl, Wikimedia Commons

81p 신성문자 by Gunter Dreyerl, Wikimedia Commons

82p 신성문자로 기록된 이집트 숫자 by JOC/EFR, Wikipedia

86p 콤 옴보 신전 by Ad Meskens, Wikimedia Commons

90p 호멘헤브 by Rémih, Wikimedia Commons

90p 신들과 함께 있는 호멘헤브 by Jean-Pierre Dalbéra, Wikimedia Commons

94p 나일강 지도 by Jeff Dahl, Wikimedia Commons

96p 나일로미터 by Olaf Tausch, Wikimedia Commons

99p 낙트 무덤의 부조 by Charles Wilkinson, Wikimedia Commons

105p 미이라 2017© By 유니버설픽쳐스인터내셔널 코리아(유), 공정 이용, https://ko.wikipedia.org/w/index.php?curid=1775872

106p 오시리스 by Jeff Dahl, Wikimedia Commons

107p 이시스 by Jeff Dahl, Wikimedia Commons

108p 오시리스와 네프티스와 이시스 Mariette, Dendérah, http://www.archaeologicalresource.com

110p 호루스의 눈 by Jeff Dahl, Wikimedia Commons

110p 콤옴보 신전 벽에 새겨진 호루스의 눈 by JMCC1, Wikimedia Commons

110p 호루스 by Jeff Dahl, Wikimedia Commons

115p 미국 국장 by U.S. Government, Wikimedia Commons

120p 아메스 파피루스 Wikimedia Commons

145p 이상고 뼈 by Matematicamente.it, Wikimedia Commons

181p 갈릴레오 갈릴레이 by Justus Suttermans, Wikimedia Commons

182p 라이프니츠 by Christoph Bernhard Francke, Wikimedia Commons

183p 가우스 by Gottlieb Biermann, Wikimedia Commons

183p 칸토르 Wikimedia Commons

202p 미국 원조 밀가루 OPEN by 한국문화정보원, 부평역사박물관, 한국문화정보원, 2018

204p BTS by Gottlieb Biermann, 티비텐(TenAsia), Wikimedia Commons

216p 디드로 by Louis-Michel van Loo, Wikimedia Commons

216p 오일러 by Jakob Emanuel Handmann, Wikimedia Commons

219p 베토벤 교향곡 9번 초고 일부 by Ludwig van Beethoven, Wikimedia Commons

박영훈 선생님의
생각하는 초등연산
1~4학년 추천도서

당신이 잘 안다고 착각하는
허 찌르는 수학 이야기
어른들을 위한 초등수학
교사, 학부모 추천도서

어서와! 중학수학은 처음이지?
6학년 추천도서